建筑施工百问系列丛书

地基和基础工程

北京建工培训中心　组织编写

中国建筑工业出版社

图书在版编目（CIP）数据

地基和基础工程/北京建工培训中心组织编写．—北京：中国建筑工业出版社，2011.10
（建筑施工百问系列丛书）
ISBN 978-7-112-13532-5

Ⅰ．①地…　Ⅱ．①北…　Ⅲ．①地基-工程施工-问题-解答②基础（工程）-工程施工-问题解答　Ⅳ．①TU47-44 ②TU753-44

中国版本图书馆 CIP 数据核字（2011）第 177291 号

建筑施工百问系列丛书
地基和基础工程
北京建工培训中心　组织编写
*
中国建筑工业出版社出版、发行（北京西郊百万庄）
各地新华书店、建筑书店经销
霸州市顺浩图文科技发展有限公司
北京市密东印刷有限公司印刷
*
开本：850×1168 毫米　1/32　印张：10　字数：269 千字
2011 年 12 月第一版　2011 年 12 月第一次印刷
定价：**25.00** 元
ISBN 978-7-112-13532-5
（21303）

本书是“建筑施工百问系列丛书”之一。作者以地基和基础工程为专题，采用问答的形式，对工程中所涉及的各类问题作了详细解答。主要内容有：土方工程、地基处理、桩基础、深基坑挡土支护及降水工程。语言力求通俗易懂、图文并茂，便于基层技术和管理人员、操作人员掌握，起到自学辅导用书的作用，同时也可作为技术培训参考用书。

* * *

责任编辑：周世明
责任设计：张　虹
责任校对：肖　剑　刘　钰

北京建工培训中心
《建筑施工百问系列丛书》
编写委员会

本册主编：侯君伟　李晓烨　高军芳

前　　言

根据国内建筑市场的发展需要，为了使广大从事建筑施工的人员能对当前新材料、新工艺、新技术的飞速发展，以及对国家和行业规范规程不断更新的现状有一个比较深入全面的了解与掌握，北京建工培训中心在多年从事建筑施工人员岗位培训的基础上，邀请组织集团资深技术人员和顾问专家编写建筑施工百问系列丛书。该系列分：地基和基础工程、砌筑工程、混凝土结构工程（包括模板、钢筋、预应力、混凝土工程）、钢结构工程、防水工程（包括地下、屋面、楼层防水）、装饰装修工程、给排水及建筑设备安装工程、建筑电气安装工程、建筑节能技术、测量工程等。

这次组织编写的内容，采取一问一答的形式，力求所答的内容做到“新”即符合新标准，属于新技术；“详”即问题回答详细，通俗易懂，目的是既便于基层技术管理人员掌握，也使操作人员能看懂，起到继续再教育的作用。

本系列丛书在编写中正处国家行业标准大量修订中，本书编写尽量采用新标准。另外，由于编写者水平限制，难免存在挂一漏万和错误，恳请广大读者指正。

目　录

一、土方工程

1-1 在建筑施工中，如何进行土的工程分类?

在建筑施工中，是根据土的开挖难易程度，将土分为松软土、普通土、坚土、砂砾坚土、软石、次坚石、坚石和特坚石八类，见表 1-1 所列。

土的工程分类　　表 1-1

土的分类	土的级别	土的名称	坚实系数(f)	密度(kg/m³)	开挖方法及工具
一类土(松软土)	Ⅰ	砂土;粉土;冲积砂土层;疏松的种植土;淤泥(泥炭)	0.5～0.6	600～1500	用锹、锄头挖掘,少许用脚蹬
二类土(普通土)	Ⅱ	粉质黏土;潮湿的黄土;夹有碎石、卵石的砂;粉土混卵(碎)石;种植土;填土	0.6～0.8	1100～1600	用锹、锄头挖掘,少许用镐翻松
三类土(坚土)	Ⅲ	软及中等密实黏土;重粉质黏土;砾石土;干黄土、含有碎石卵石的黄土、粉质黏土;压实的填土	0.8～1.0	1750～1900	主要用镐,少许用锹、锄头挖掘,部分用撬棍
四类土(砂砾坚土)	Ⅳ	坚硬密实的黏性土或黄土;含碎石、卵石的中等密实的黏性土或黄土;粗卵石;天然级配砂石;软泥灰岩	1.0～1.5	1900	整个先用镐、撬棍,后用锹挖掘,部分用楔子及大锤

续表

土的分类	土的级别	土的名称	坚实系数(f)	密度(kg/m^3)	开挖方法及工具
五类土(软石)	Ⅴ-Ⅵ	硬质黏土;中密的页岩、泥灰岩、白垩土;胶结不紧的砾岩;软石灰岩及贝壳石灰岩	1.5~4.0	1100~2700	用镐或撬棍、大锤挖掘,部分使用爆破方法
六类土(次坚石)	Ⅶ~Ⅸ	泥岩;砂石;砾岩;坚实的页岩、泥灰岩;密实的石灰石;风化花岗石、片麻岩及正常岩	4.0~10.0	2200~2900	用爆破方法开挖,部分用风镐
七类土(坚石)	Ⅹ~ⅩⅢ	大理石;辉绿岩;玢岩;粗、中粒花岗石;坚实的白云岩、砂石、砾岩、片麻岩、石灰石;微风化安山岩、玄武岩	10.0~18.0	2500~3100	用爆破方法开挖
八类土(特坚石)	ⅩⅣ~ⅩⅥ	安山岩;玄武岩;花岗片麻岩;坚实的细粒花岗石、闪长岩、石英岩、辉长岩、辉绿岩、玢岩、角闪岩	18.0~25.0以上	2700~3300	用爆破方法开挖

注:1. 土的级别为相当于一般16级土石分类级别。
2. 坚实系数f为相当于普氏岩石强度系数。

1-2 土的工程性质有哪些?

(1) 土的可松性:天然土经开挖后,其体积因松散而增加,虽经振动夯实,仍不能恢复其原来的体积,这种性质为土的可松性。

(2) 土的透水性:土的透水性是指水流通过土中孔隙的难易程度。

(3) 土的压缩性:松土经运输、填压以后,均会压缩,一般土的压缩性用土的压缩率来表示,而土的压缩率与土的干密度有关。

(4) 土的含水率：土的含水率是土中水的质量与固体颗粒质量之比，以百分数表示。

(5) 土的密实度：土的密实度是表示土的紧密程度。工程上用土的干密度来反映相对紧密程度。

1-3　土的可松性与压缩性的参考数值是哪些？

(1) 土的可松性参考数值，见表 1-2 所列。

各种土的可松性参考数值　　　　**表 1-2**

土的类别	体积增加百分比(%)		可松性系数	
	最初	最终	K_p	K_p'
一类(种植土除外)	8～17	1～2.5	1.08～1.17	1.01～1.03
一类(植物性土、泥炭)	20～30	3～4	1.20～1.30	1.03～1.04
二类	14～28	1.5～5	1.14～1.28	1.02～1.05
三类	24～30	4～7	1.24～1.30	1.04～1.07
四类(泥灰岩、蛋白石除外)	26～32	6～9	1.26～1.32	1.06～1.09
四类(泥灰岩、蛋白石)	33～37	11～15	1.33～1.37	1.11～1.15
五～七类	30～45	10～20	1.30～1.45	1.10～1.20
八类	45～50	20～30	1.45～1.50	1.20～1.30

注：1. 最初体积增加百分比 $=\frac{V_2\ \ V_1}{V_1}\times100\%$；最后体积增加百分比 $=\frac{V_3-V_1}{V_1}\times100\%$；

式中　K_p——最初可松性系数，$K_p=\frac{V_2}{V_1}$；

K_p'——最终可松性系数，$K_p=\frac{V_3}{V_1}$；

V_1——开挖前土的自然体积；

V_2——开挖后土的松散体积；

V_3——运至填方处压实后之体积。

2. 在土方工程中，K_p 是用于计算挖方装运车辆及挖土机械的重要参数；K_p' 是计算填方时所需挖土工程的重要参数。

(2) 土的压缩率参考数值，见表 1-3 所列。

土的压缩率参考数值 **表 1-3**

土的类别	土的名称	土的压缩率 $P(\%)$	每 $1m^3$ 松散土压实后的体积(m^3)
一、二类土	种植土	20	0.80
	一般土	10	0.90
	砂土	5	0.95
三类土	天然湿度黄土	12～17	0.85
	一般土	5	0.95
	干燥坚实黄土	5～7	0.94

注：1. 在土方工程中，取土回填或移挖作填，松土经运输、填压以后，均匀压缩，土的压缩性程度一般以压缩率表示。

2. 土的压缩率 $P=[(\rho-\rho_d)/\rho_d]\times100\%$

式中 ρ_d——原状土的干质量密度（g/cm^3）；

ρ——压实后土的干质量密度（g/cm^3）。

1-4 土的休止角如何表示?

土的休止角参考数值见表 1-4 所列。

土的休止角 **表 1-4**

土的名称	干的		湿润的		潮湿的	
	度数	高度与底宽比	度数	高度与底宽比	度数	高度与底宽比
砾石	40	1∶1.25	40	1∶1.25	35	1∶1.50
卵石	35	1∶1.50	45	1∶1.00	25	1∶2.75
粗砂	30	1∶1.75	35	1∶1.50	27	1∶2.00
中砂	28	1∶2.00	35	1∶1.50	25	1∶2.25
细砂	25	1∶2.25	30	1∶1.75	20	1∶2.75
重黏土	45	1∶1.00	35	1∶1.50	15	1∶3.75
粉质黏土、轻黏土	50	1∶1.75	40	1∶1.25	30	1∶1.75
粉土	40	1∶1.25	30	1∶1.75	20	1∶2.75
腐殖土	40	1∶1.25	35	1∶1.50	25	1∶2.25
填方的土	35	1∶1.50	45	1∶1.00	27	1∶2.00

1-5 各类土是如何分类的?

（1）碎石土分类，见表 1-5、表 1-6 所列。

碎石土分类 表 1-5

土的名称	颗粒形状	颗粒级
漂石 块石	圆形及亚圆形为主 棱角形为主	粒径大于 200mm 的颗粒 超过全重 50%
卵石 碎石	圆形及亚圆形为主 棱角形为主	粒径大于 20mm 的颗粒 超过全重 50%
圆砾 角砾	圆形及亚圆形为主 棱角形为主	粒径大于 2mm 的颗粒 超过全重 50%

注：分类时应根据粗组含量由大到小以最先符合者确定。

碎石土的密实度 表 1-6

重型圆锥动力触探锤击数 $N_{63.5}$	密实度	重型圆锥动力触探锤击数 $N_{63.5}$	密实度
$N_{63.5} \leqslant 5$	松散	$10 < N_{63.5} \leqslant 20$	中密
$5 < N_{63.5} \leqslant 10$	稍密	$N_{63.5} > 20$	密实

注：1. 本表适用于平均粒径不大于 50mm 且最大粒径不超过 100mm 的卵石、碎石、圆砾、角砾。对于平均粒径大于 50mm 或最大粒径大于 100mm 的碎石土，可按表 1-14 鉴别其密实度。
2. 表内 $N_{63.5}$ 为经综合修正后的平均值。

（2）砂土分类，见表 1-7～表 1-9 所示。

砂土分类 表 1-7

项次	土的名称	颗粒级配
1	砾砂	粒径大于 2mm 的颗粒占全重 25%～50%
2	粗砂	粒径大于 0.5mm 的颗粒超过全重 50%
3	中砂	粒径大于 0.25mm 的颗粒超过全重 50%
4	细砂	粒径大于 0.074mm 的颗粒超过全重 85%
5	粉砂	粒径大于 0.074mm 的颗粒不超过全重 50%

砂土的密实度 表 1-8

松散	稍密	中密	密实
$N \leqslant 10$	$10 < N \leqslant 15$	$10 < N \leqslant 30$	$N > 30$

按标准贯入度试验判定砂土的密实度 表 1-9

密实度	密实	中密	稍松
锤击数 $N_{63.5}$	50～30	29～10	9～5

（3）黏性土分类，见表1-10、表1-11所列。

黏性土按塑性指数 I_P 分类　　表1-10

黏性土的分类名称	黏土	粉质黏土
塑性指数 I_P	$I_P>17$	$10<I_P\leqslant17$

注：塑性指数由相应76g圆锥体沉入土样中深度为10mm时测定的液限计算而得。

黏性土的状态按液性指数 I_L 分类　　表1-11

塑性状态	坚硬	硬塑	可塑	软塑	流塑
液性指数 I_L	$I_L\leqslant0$	$0<I_L\leqslant0.25$	$0.25<I_L\leqslant0.75$	$0.75<I_L\leqslant1$	$I_L>1$

注：当用静力触探探头阻力或标准贯入试验锤击数判定黏性土的状态时，可根据当地经验确定。

（4）粉土分类

粉土为介于砂土与黏性土之间、塑料指数 $I_P\leqslant10$ 且粒径大于0.075mm的颗粒含量不超过全重50%的土。粉土（少黏性土）又分黏质粉土（粉粒>0.05mm占不到50%，$I_P<10$）、砂质粉土（粉粒>0.05mm占50%以上，$I_P<10$）。

（5）人工填土分类；见表1-12所列。

人工填土的分类　　表1-12

土的名称	组成和成因	分布范围
素填土	由碎石土、砂土、粉土、黏性土等一种或数种组成的土	常见于山区和丘陵地带的建设中，或工矿区、及一些古老城市的改建、扩建中
杂填土	含有建筑垃圾、工业废料、生活垃圾等杂物的填土	多见于一些古老城市和工矿区
冲填土	由水力冲填泥砂形成的填土	常见于沿海一带及江河两侧

注：素填土经分层压实者统称为压实填土。

1-6 如何对土进行施工现场鉴别?

（1）碎石土、砂土的现场鉴别方法，见表1-13、表1-14所列。

碎石土、砂土现场鉴别方法 **表 1-13**

类别	土的名称	观察颗粒粗细	干燥时的状态及强度	湿润时用手拍击状态	黏着程度
碎石土	卵(碎)石	一半以上的颗粒超过20mm	颗粒完全分散	表面无变化	无黏着感觉
	圆(角)砾	一半以上的颗粒超过2mm(小高粱粒大小)	颗粒完全分散	表面无变化	无黏着感觉
砂土	砾砂	约有1/4以上的颗粒超过2mm(小高粱粒大小)	颗粒完全分散	表面无变化	无黏着感觉
	粗砂	约有一半以上的颗粒超过0.5mm(细小米粒大小)	颗粒完全分散,但有个别胶结一起	表面无变化	无黏着感觉
	中砂	约有一半以上的颗粒超过0.25mm(白菜籽粒大小)	颗粒基本分散,局部胶结但一碰即散	表面偶有水印	无黏着感觉
	细砂	大部分颗粒与粗豆米粉(>0.1mm)近似	颗粒大部分分散,少量胶结,部分稍加碰撞,即散	表面有水印(翻浆)	偶有轻微黏着感觉
	粉砂	大部分颗粒与大小米粉近似	颗粒少部分分散,大部分胶结,稍加压力可分散	表面有显著翻浆现象	有轻微黏着感觉

注：在观察颗粒粗细进行分类时，应将鉴别的土样从表中颗粒最粗类别逐级查对，当首先符合某一类的条件时，即按该类土定名。

碎石土密实度现场鉴别方法　　表 1-14

密实度	骨架颗粒含量和排列	可挖性	可钻性
密实	骨架颗粒含量大于总重的70%，呈交错排列，连续接触	锹镐挖掘困难，用撬棍方能松动，井壁一般较稳定	钻进极困难，冲击钻探时，钻杆、吊锤跳动剧烈，孔壁较稳定
中密	骨架颗粒含量等于总重的60%～70%，呈交错排列，大部分接触	锹镐可挖掘，井壁有掉块现象，从井壁取出大颗粒处，能保持颗粒凹面形状	钻进较困难，冲击钻探时，钻杆、吊锤跳动不剧烈，孔壁有坍塌现象
稍密	骨架颗粒含量等于总重的55%～60%，排列混乱，大部分不接触	锹可以挖掘，井壁易坍塌，从井壁取出大颗粒后，砂土立即坍落	钻进较容易，冲击钻探时，钻杆稍有跳动，孔壁易坍塌
松散	骨架颗粒含量小于总重的55%，排列十分混乱，绝大部分不接触	锹易挖掘，井壁极易坍塌	钻进很容易，冲击钻探时，钻杆无跳动，孔壁极易坍塌

注：1. 骨架颗粒系指与表 1-5 相对应粒径的颗粒。
2. 碎石土的密实度应按表列各项要求综合确定。

（2）黏性土、粉土的现场鉴别方法，见表 1-15～表 1-17 所列。

黏性土、粉土的现场鉴别方法　　表 1-15

土的名称	湿润时用刀切	湿土用手捻摸时的感觉	土的状态		湿土捻条情况
			干土	湿土	
黏土	切面光滑、有黏刀阻力	有滑腻感，感觉不到有砂粒，水分较大，很黏手	土块坚硬，用锤才能打碎	易黏着物体，干燥后不易剥去	塑性大，能搓成直径小于0.5mm的长条（长度不短于手掌），手持一端不易断裂
粉质黏土	稍有光滑面，切面平整	稍有滑腻感，有黏滞感，感觉到有少量砂黏手	土块用力可压碎	能黏着物体，干燥后较易剥去	有塑性，能搓成直径为2～3mm的土条

续表

土的名称	湿润时用刀切	湿土用手捻摸时的感觉	土的状态		湿土捻条情况
			干土	湿土	
粉土	无光滑面，切面稍粗糙	有轻微黏滞感或无黏滞感，感觉到有砂粒较多，粗糙	土块用手捏或抛扔时易碎	不易黏着物体，干燥后一碰就掉	塑性小，能搓成直径为2～3mm 的短条
砂土	无光滑面，切面粗糙	无黏滞感，感觉到全是砂粒，粗糙	松散	不能黏着物体	无塑性，不能搓成土条

黏性土和粉土的稠度鉴别方法 **表 1-16**

稠度状态	现场鉴别特征
坚硬	人工小钻钻探时很费力，几乎钻不进去，钻头取出的土样用手捏不动，加力不能使土变形，只能碎裂
硬塑	人工小钻钻探时较费力，钻头取出的土样用手指捏时，要用较大的力才略有变形并即碎散
可塑	钻头取出的土样，手指用力不大就能按入土中，土可捏成各种形状
软塑	可以把土捏成各种形状，手指按入土中毫不费力，钻头取出的土样还能成形
流塑	钻进很容易，钻头不易取出土样，取出的土已不能成形，放在手中也不易成块

黏性土的潮湿程度鉴别方法 **表 1-17**

土的潮湿程度	现场鉴别方法
稍湿的	经过扰动的土不易捏成团，易碎成粉末，放在手中不湿手，但感觉凉，而且感觉是湿土
很湿的	经过扰动的土能捏成各种形状；放在手中会湿手，在土面上滴水能慢慢渗入土中
饱和的	滴水不能渗入土中，可以看出孔隙中的水发亮

(3) 人工填土、淤泥、黄土、泥炭的现场鉴别方法，见表 1-18 所列。

人工填土、淤泥、黄土、泥炭的现场鉴别方法 表 1-18

土的名称	观察颜色	夹杂物质	形状(构造)	浸入水中的现象	湿土搓条情况	干燥后强度
人工填土	无固定颜色	砖瓦碎块、垃圾、炉灰等	夹杂物显露于外，构造无规律	大部分变为稀软淤泥，其余部分为碎瓦、炉渣，在水中单独出现	一般能搓成 3mm 土条，但易断，遇有杂质甚多时即不能搓条	干燥后部分杂质脱落，故无定形，稍微施加压力即破碎
淤泥	灰黑色，有臭味	池沼中有半腐朽的细小动植物遗体，如草根、小螺壳等	夹杂物经仔细观察可以发觉，构造常呈层状，但有时不明显	外观无显著变化，在水面出现气泡	一般淤泥质土接近于粉土，故能搓成 3mm 土条(长至少 3cm)，容易断裂	干燥后体积显著收缩，强度不大，锤击时呈粉末状，用手指能捻碎
黄土	黄褐两色的混合色	有白色粉末出现在纹理之中	夹杂物质常清晰显见，构造上有垂直大孔(肉眼可见)	即行崩散而分成散的颗粒集团，在水面上出现很多白色液体	搓条情况与正常的粉质黏土类似	一般黄土相当于粉质黏土，干燥后的强度很高，手指不易捻碎
泥炭(腐殖土)	深灰或黑色	有半腐朽的动植物遗体，其含量超过 60%	夹杂物有时可见，构造无规律	极易崩碎，变为稀软淤泥，其余部分为植物根、动物残体渣滓悬浮于水中	一般能搓成 1～3mm 土条，但残渣甚多时，仅能搓成 3mm 以上土条	干燥后大量收缩，部分杂质脱落，故有时无定形

1-7 土的有机质含量如何分类和鉴别？

土的有机质含量分类和鉴别，见表 1-19 所列。

土的有机质含量分类 **表 1-19**

分类名称	有机质含量 W_u(%)	现场鉴别特征	说明
有机质土	$5\% \leqslant W_u \leqslant 10\%$	灰黑色，有光泽，味臭，除腐殖质外尚含有少量未完全分解的动植物体，浸水后水面出现气泡，干燥后体积收缩	(1)如现场能鉴别有机质土或有地区经验时，可不做有机质含量测定； (2)当 $w>w_L$，$1.0 \leqslant e<1.5$ 时称淤泥质土； (3)当 $w>w_L$，$e \geqslant 1.5$ 时称淤泥
泥炭质土	$10\%<W_u \leqslant 60\%$	深灰或黑色，有腥臭味，能看到未完全分解的植物结构，浸水体胀，易崩解，有植物残渣浮于水中，干缩现象明显	根据地区特点和需要可按 W_u 细分为： 弱泥炭质土（$10\%<W_u \leqslant 25\%$）； 中泥炭质土（$25\%<W_u \leqslant 40\%$）； 强泥炭质土（$40\%<W_u \leqslant 60\%$）
泥炭	$W_u>60\%$	除有泥炭质土特征外，结构松散，土质很径，暗无光泽，干缩现象极为明显	

注：1. 有机质含量 W_u 按烧失量试验确定。无机土，$W_u<5\%$。
2. w_L 为液限；e 为天然孔隙比。

1-8 什么是湿陷性黄土？

天然黄土是在上覆土的自重应力和附加应力共同作用下，受水浸湿后土的结构迅速破坏而发生显著下沉的黄土。

这类土在干燥状态下，有较高的强度和较小的压缩性，土质垂直方向分布的小管道几乎能保持竖立的边坡，但在遇水后土的结构迅速破坏而发生显著附加下沉，产生严重湿陷，故称为湿陷性黄土。

其特点是：在天然状态下，具有肉眼能看见的大孔隙，孔隙比一般大于1，并常有由于生物作用所形成的管状孔隙，天然剖面呈竖直节理；土中含有石英、高岭土成分，含盐量大于0.3%，有时含有石灰质结核；土的透水性较强，土样浸入水中后，很快崩解，同时有气泡冒出水面。

1-9 什么是膨胀土?

膨胀土是指黏粒成分主要由亲水性矿物组成，具有明显的吸水膨胀和失水收缩性能的高塑性黏土。其强度较高，压缩性小，并有较强烈的胀缩和反复胀缩变形的特点；性能极不稳定。

这类土在自然条件下，土的结构致密，多呈硬塑或坚硬状态；具有黄红、褐、棕红、灰白或灰绿等色；裂隙较发育，有竖向、斜交和水平三种，隙面光滑，可见擦痕，土被浸湿后裂隙回缩变窄或闭合。它的自由膨胀率不小于40%；天然含水量接近塑限，塑性指数大于17，多数在22～35之间；液性指数小于零；天然孔隙比变化范围在0.5～0.8之间。这类土如暴露在空气中，易干缩龟裂。

1-10 什么是盐渍土?

土层中含有石膏、芒硝、岩盐（硫酸盐或氯化物）等易溶盐，其含量大于0.5%，自然环境具有溶陷、盐胀等特性。其含盐量程度分类见表1-20所列。

盐渍土在干燥时，盐类呈结晶状态，地基具有较高的强度，但在遇水后易崩解，造成土体失稳，强度降低，压缩性增大。

盐渍土按含盐程度分类　　　表 1-20

盐油土名称	土层的平均含盐量(重量%)			可用性
	氯盐渍土及亚氯盐渍土	硫酸盐渍土及亚硫酸盐渍土	碱性盐渍土	
弱盐渍土	0.5～1.0	0.3～0.5	—	可用
中盐渍土	1～5	0.5～2①	0.5～1②	可用
强盐渍土	5～8	2～5①	1～2②	可用,但应采取措施
过盐渍土	>8	>5	>2	不可用

① 其中，硫酸盐含量不超过 2%方可用。

② 其中，易溶碳酸盐含量不超过 0.5%方可用。

土中含硫酸盐类结晶时，会产生强烈的机械膨胀作用，土体随之膨胀，溶解后土体缩小，易使地基产生溶陷。

土中含碳酸盐类时，液化后使土松散，会破坏地基的稳定性。另外，盐分对基础、墙体和金属都具有一定的腐蚀和破坏作用。

1-11　什么是软土?

软土是静水或缓慢流水环境中沉积的、经生物化学作用形成的、天然含水量大的、承载力低的从软塑到流塑状态的饱和黏性土。包括淤泥、淤泥质土、泥炭、泥炭质土等。其分类参见表 1-19 所列。

其特点如下：

(1) 大然含水量高，一般大于液限 w_L（40%～90%)。

(2) 天然孔隙比 e 一般大于 1.0，或等于 1。

(3) 压缩性高，压缩系数 $\alpha_{1\text{-}2}$ 大于 0.5MPa。

(4) 强度低，不排水抗剪强度小于 30kPa，长期强度更低。

(5) 渗透系数小，$k=1\times10^{-8}\sim1\times10^{-6}$cm/s。

(6) 黏度系数低，$\eta=10^{9}\sim10^{12}$Pa·s。

1-12　什么是杂填土?

杂填土地基由于成因无规律，成分复杂，性质不均，厚度变化大，有机质含量较多且都比较疏松，故承载力低，压缩性高，用做地基时，应做必要的处理，应全部挖除；采用重锤夯实、振动压实、灰土挤密粒等加固措施。

1-13 什么是红黏土？

红黏土是指碳酸盐类岩石（如石灰石、泥灰岩、白去岩等），经长期强烈的风化等作用，形成一种覆盖于基岩上的棕红色或黄褐色的高塑性黏土。

它的液限不小于50%，塑性指数和含水率高（天然含水率一般为30%～60%）；密度低、孔隙比较大，具有明显的胀缩性，裂隙发育，失水后强烈收缩（原状土体收缩率可达25%），一般不具湿陷性；由于土中的铁锰成分对颗粒结构产生胶结作用，故具有较低的压缩性，较高的强度。

1-14 土方工程施工前的准备工作有哪些？

1. 勘察现场

摸清工程场地情况，搜集施工需要的各项资料，包括施工场地地形、地貌、地质、水文、河流、气象、运输道路、邻近建（构）筑物、地下基础、管线、电缆基坑、防空洞、地面施工范围内的障碍物和堆积物状况，供水、供电、通信情况，防洪排水系统等，以便为制定土方开挖施工方案和绘制施工总平面图，提供可靠数据和资料。

2. 编制施工方案

研究、制定现场场地整平、基坑开挖施工方案；绘制施工总平面布置图和基坑土方开挖图，确定开挖路线、顺序、范围、底板标高、边坡坡度、排水沟、集水井位置，及挖出的土方堆放地点；提出需用施工机具、劳力、推广新技术计划；深基坑开挖还应提出支护、边坡保护和降水方案。

3. 清除一切障碍物

提出清除（拆迁）现场障碍物方案。将施工区域内所有障碍物，如高压电线，电杆，塔架，地上和地下管道、电缆、坟墓、枯井、防空洞、树木、沟渠以及旧有房屋、基础等进行拆除或进行搬迁、改建、改线；对附近原有建筑物、电杆、塔架等采取有效防护措施；可利用的建筑物应充分利用；场地上的树木对不碍或少碍施工的应尽量保留或迁移。

4. 平整场地

按设计或施工要求范围和标高整平场地，将土方弃到规定弃土区；凡在施工区域内，影响工程质量的软弱土层、淤泥、腐殖土、大卵石、孤石、垃圾、树根、草皮以及不宜作填土和回填土料的稻田淤泥，应区别情况采取全部挖除或设排水沟疏干、抛填块石、砂砾等方法进行妥善处理，以免影响地基承载力。

5. 进行古墓探测

在黄土地区或有古墓地区，应在工程基础部位，按设计要求位置、深度和数量用洛阳铲进行探查，发现古墓、地下坑穴、土洞、地道（地窖）、废井以及其他空虚体等应对地基进行处理。对古墓应报文物管理部门处理。

6. 设置现场排水设施

在施工区域内设置临时性或永久性排水沟，将地面积水排走或排到低洼处，再设水泵排走；或疏通原有排水泄洪系统。主排水沟最好设在施工区域的边缘或道路两旁，其截面和纵向坡度应按施工期内最大流量确定。一般排水沟的横截面不小于0.5m×0.5m，纵向坡度一般不小于3‰，平坦地区不小于2‰，使场地不积水；山坡地区，在离边坡上沿5～6m处，设置截水沟、排洪沟，阻止坡顶雨水流入开挖基坑区域内，或在需要的地段修筑挡水土坝阻水。

7. 进行测量和控制工作

编制施测计划，准备测量仪器工具；设置区域测量控制网，包括基线和水平基准点，要求避开建筑物、构筑物及机械操作和土方运输线路；做好轴线桩的测量和校核，进行土方工程的定位放线测量工作。

8. 修建临时设施

根据土方工程规模、工期长短、施工力量安排等修建简易临时性生产和生活设施（如工具及材料库、油库、机具库、修理棚、休息棚、茶炉棚等），同时敷设现场供水、供电、供压缩空气（开挖石方用）管线路，并进行试水、试电、试气。

9. 修筑现场临时道路

修筑施工场地内机械运行的道路；主要临时运输道路宜结合永久性道路的布置修筑。行车路面宽度不应小于6m，最大纵向坡度不大于6%，最小转弯半径不大于15m；路基底层可铺砌20～30cm厚的块石或卵（砾）石层，铺简易泥结石面层，两侧做排水沟。道路与铁路电信线路、电缆线路以及各种管线相交应按有关安全技术规定设置平交道和安全标志。

10. 准备物资、机具，进行施工组织

准备好施工机具，做好设备调配，对进场挖土、运输车辆及各种辅助设备进行维修检查、试运转，并运至使用地点就位；准备好施工用料及工程用料，按施工平面图要求堆放。

组织并配备土方工程施工所需各专业技术人员、管理人员和技术工人；组织安排好作业班次；制定较完整的技术岗位责任制和技术、质量、安全、管理网络；建立技术责任制和质量保证体系；对拟采用的土方工程新机具、新工艺、新技术，组织力量进行研制和试验。

1-15 如何选用土方施工机械？

1. 推土机

推土机具有操作灵活，运转方便，需工作面小，可挖土、运土，易于转移，行驶速率快，应用广泛。

推土机作业特点、适用范围，见表1-21所列。

推土机的作业特点和适用范围　　表 1-21

作业特点	适用范围	辅助机械
(1)推平； (2)运距 100m 内的推土(效率最高为 60m)； (3)开挖浅基坑； (4)推送松散的硬土、岩石； (5)回填、压实； (6)配合铲运机助铲； (7)牵引； (8)下坡坡度最大 35°，横坡最大为 10°，几台同时作业前后距离应大于 8m	(1)推一～四类土； (2)找平表面，场地平整； (3)短距离移挖作填，回填基坑(槽)、管沟并压实； (4)开挖深度不大于 1.5m 的基坑(槽)； (5)堆筑高 1.5m 内的路基、堤坝； (6)拖羊足碾； (7)配合挖土机从事集中土方、清理场地、修路开道等	土方挖后运出需配备装土、运土设备。 推挖三～四类土，应用松土机预先翻松

2. 铲运机

铲运机操作简单灵活，不受地形限制，不需特设道路，准备工作简单，能独立工作，不需其他机械配合能完成铲土、运土、卸土、填筑、压实等工序，行驶速率快，易于转移，需用劳力少，动力少，生产效率高。

铲运机作业特点和适用范围见表 1-22 所列。

铲运机的作业特点和适用范围　　表 1-22

作业特点	适用范围	辅助机械
(1)大面积整平； (2)开挖大型基坑、沟渠； (3)运距 800～1500m 内的挖运土(效率最高为 200～350m)； (4)填筑路基、堤坝； (5)回填压实土方； (6)坡度控制在 20°以内	(1)开挖含水率 27%以下的一～四类土； (2)大面积场地平整压实； (3)运距 800m 内的挖运土方； (4)开挖大型基坑(槽)、管沟、填筑路基等。但不适于砾石层、冻土地带及沼泽地区使用	开挖坚土时需用推土机助铲，开挖三、四类土宜先用松土机预先翻松 20～40cm；自行式铲运机用轮胎行使，适合于长距离，但开挖亦须用助铲

3. 正铲挖掘机

正铲挖掘机装车轻便灵活，回转速率快，移位方便，能挖掘坚硬土层，易控制开挖尺寸，工作效率高。

正铲挖掘机作业特点和适用范围，见表1-23所列。

正铲挖掘机的作业特点和适用范围　　表1-23

作业特点	适用范围	辅助机械
(1)开挖停机面以上土方； (2)工作面应在1.5mm以上，开挖合理高度为1.5～4m； (3)开挖高度超过挖土机挖掘高度时，可采取分层开挖； (4)装车外运	(1)开挖含水量不大于27%的一～四类土和经爆破后的岩石和冻土碎块； (2)大型场地整平土方； (3)工作面狭小且较深的大型管沟和基槽、路堑； (4)独立基坑； (5)边坡开挖	土方外运应配备自卸汽车，工作面应有推土机配合平土、集中土方进行联合作业

4. 反铲挖掘机

反铲挖掘机操作灵活，挖土、卸土均在地面作业，不用开运输道。

反铲挖掘机作业特点和适用范围，见表1-24所列。

反铲挖掘机的作业特点和适用范围　　表1-24

作业特点	适用范围	辅助机械
(1)开挖地面以下深度不大土方； (2)最大挖土深度4～6m，经济合理深度为1.5～3m； (3)可装车和两边甩土、堆放； (4)较大较深基坑可用多层接力挖土	(1)开挖含水量大的一～三类的砂土或黏土； (2)管沟和基槽； (3)独立基坑； (4)边坡开挖	土方外运应配备自卸汽车，工作面应有推土机配合堆到附近堆放

5. 抓铲挖掘机

抓铲挖掘机钢绳牵拉灵活性较差，工效不高，不能挖掘坚硬土。

作业特点和适用范围，见表1-25所列。

抓铲挖掘机的作业特点和适用范围　　表 1-25

作业特点	适用范围	辅助机械
(1)开挖直井或沉井土方； (2)装车或甩土； (3)排水不良也能开挖； (4)吊杆倾斜角度应在 45°以上，距边坡应不小于 2m	(1)土质比较松软，施工面较狭窄的深基坑、基槽； (2)水中挖取土，清理河床； (3)桥基、桩孔挖土； (4)装卸散装材料	土方外运时，按运距配备自卸汽车

6. 装载机

装载机操作灵活，回转移位方便，快速，可装卸土方和散料，行驶速度快。

装载机作业特点和适用范围，见表 1-26 所列。

装载机的作业特点和适用范围　　表 1-26

作业特点	适用范围	辅助机械
(1)开挖停机面以上土方； (2)轮胎式只能装松散土方，履带式可装较实土方； (3)松散材料装车； (4)吊运重物，用于铺设管道	(1)外运多余土方； (2)履带式改换挖斗时，可用于开挖； (3)装卸土方和散料； (4)松软土的表面剥离； (5)地面平整和场地清理等工作； (6)回填土； (7)拔除树根	土方外运需配备自卸汽车，作业面需经常用推土机平整并推松土方

1-16 如何进行土方基坑（槽）开挖？

1. 挖方边坡的设定

当土质为天然湿度、构造均匀、水文地质条件良好（即不会发生塌滑、移动、松散或不均匀下沉），且无地下水时，开挖基坑也可不必放坡，采取直立开挖不加支护，但挖方深度应按表 1-27 的规定，基坑长度应稍大于基础长度。如超过表 1-27 规定的深度，应根据土质和施工具体情况进行放坡，以保证不塌方。

其临时性挖方的边坡值可按表 1-28 采用。放坡后基坑上口宽度由基坑底面宽度及边坡坡度来决定，坑底宽度每边应比基础宽出 15～30cm，以便施工操作。

基坑（槽）不加支撑时的容许深度　　表 1-27

项次	土的种类	容许深度(m)
1	密实、中密的砂土和碎石类土(充填物为砂土)	1.00
2	硬塑、可塑的粉质黏土及粉土	1.25
3	硬塑、可塑的黏土和碎石类土(充填物为黏性土)	1.50
4	坚硬的黏土	2.00

临时性挖方边坡值　　表 1-28

<table>
<tr><th>项次</th><th colspan="2">土的类别</th><th>边坡值(高：宽)</th></tr>
<tr><td>1</td><td colspan="2">砂土(不包括细砂、粉砂)</td><td>1：1.25～1：1.50</td></tr>
<tr><td rowspan="3">2</td><td rowspan="3">一般性黏土</td><td>硬</td><td>1：0.75～1：1.00</td></tr>
<tr><td>硬塑</td><td>1：1～1：1.25</td></tr>
<tr><td>软</td><td>1：1.5 或更缓</td></tr>
<tr><td rowspan="2">3</td><td rowspan="2">碎石类土</td><td>充填坚硬、硬塑黏性土</td><td>1：0.5～1：1.0</td></tr>
<tr><td>充填砂土</td><td>1：1～1：1.5</td></tr>
</table>

注：1. 有成熟施工经验，可不受本表限制。设计有要求时，应符合设计标准。
2. 如采用降水或其他加固措施，也不受本表限制。
3. 开挖深度对软土不超过 4m，对硬土不超过 8m。

2. 支护方法

当开挖基坑（槽）的土体含水量大而不稳定，或基坑较深，或受到周围场地限制而需用较陡的边坡或直立开挖而土质较差时，应采用临时性支撑加固，基坑、槽每边的宽度应比基础宽 15～20cm，以便于设置支撑加固结构。挖土时，土壁要求平直，挖好一层，支一层支撑，挡土板要紧贴土面，并用小木桩或横撑木顶住挡板。开挖宽度较大的基坑，当在局部地段无法放坡，或下部土方受到基坑尺寸限制不能放较大坡度时，应在下部坡脚采取加固措施，如采用短桩与横隔板支撑，或砌砖、毛石，或用编织袋、草袋装土堆砌临时矮挡土墙保护坡脚。

3. 土方开挖顺序和方法

(1) 基坑开挖程序一般是：测量放线→切线分层开挖→排降水→修坡→整平→留足预留土层等。相邻基坑开挖时，应遵循先深后浅或同时进行的施工程序。

(2) 开挖顺序应遵循“开槽支撑，先撑后挖，分层开挖，严禁超挖”的原则。

(3) 挖土应自上而下水平分段分层进行，每层 0.5m 左右，边挖边检查坑底宽度及坡度，不够时及时修整，每 3m 左右修一次坡，至设计标高，再统一进行一次修坡清底，检查坑底宽和标高，要求坑底凹凸不超过 2.0cm。

(4) 基坑开挖应尽量防止对地基土的扰动。当用人工挖土，基坑挖好后不能立即进行下道工序时，应预留 15～30cm 一层土不挖，待下道工序开始再挖至设计标高。采用机械开挖基坑时，为避免破坏基底土，应在基底标高以上预留一层，由人工挖掘修整。保留土层厚度，使用铲运机、推土机时，为 15～20cm；使用正铲、反铲或拉铲挖土时，为 20～30cm。

(5) 在地下水位以下挖土，应在基坑（槽）四侧或两侧挖好临时排水沟和集水井，或采用井点降水，将水位降低至坑、槽底以下 500mm，以利挖方进行。降水工作应持续到基础（包括地下水位下回填土）施工完成。

(6) 挖深小于 1.5m 时，可采用人工出土；挖深在 1.5～3m 时，可在基坑内搭设平台，用人工二次倒运出土；挖深大于 3m 时，应采用机械出土。

(7) 基坑开挖时，应对平面控制桩、水准点、基坑平面位置、水平标高、边坡坡度等经常复测检查。

(8) 基坑挖完后应进行验槽，做好记录；如发现地基土质与地质勘探报告、设计要求不符时，应与有关人员研究及时处理。

1-17 什么叫分层挖土法？

这种方法多用于大型基坑平挖。是将基坑按深度分为多层进

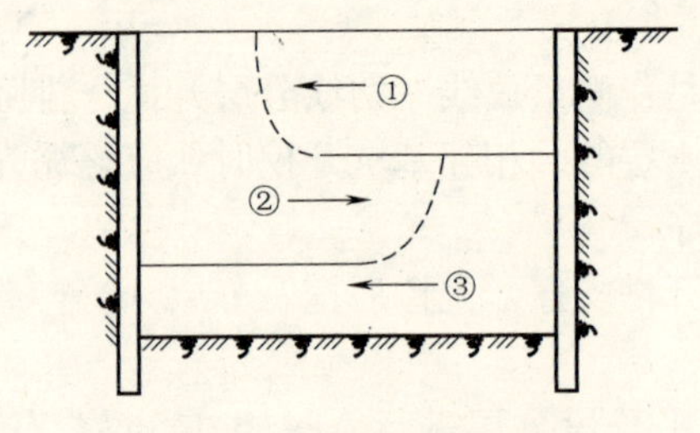

图 1-1 分层开挖示意图
注：①、②、③表示开挖次序。

行逐层开挖（图 1-1）。分层厚度，软土地基应控制在 2m 以内；硬质土可控制在 5m 以内为宜。开挖顺序可从基坑的某一边向另一边平行开挖，或从基坑两头对称开挖，或从基坑中间向两边平行对称开挖，也可交替分层开挖，可根据工作面和土质情况决定。运土可采取设坡道或不设坡道两种方式。设坡道土的坡度视土质、挖土深度和运输设备情况而定，一般为 1∶8～1∶10，坡道两侧要采取挡土或加固措施。不设坡道一般设钢平台或栈桥作为运输土方通道。

1-18 什么是分段挖土法?

分段挖土法是将基坑分成几段或几块分别进行开挖。分段与分块的大小、位置和开挖顺序，根据开挖场地、工作面条件、地下室平面与深浅和施工工期而定。分块开挖，即开挖一块浇筑一块混凝土垫层或基础，必要时可在已封底的坑底与围护结构之间加设斜撑，以增强支护的稳定性。这种方法也多用于大型基坑土方开挖。

1-19 什么是盆式挖土法?

这种方法多用于采用基坑内支撑土方开挖。它是先分层开挖基坑中间部分的土方，基坑周边一定范围内的土暂不开挖（图 1-2*a*），可视土质情况按 1∶1～1∶1.25 放坡，使之形成对四周围护结构的被动土反压力区，以增强围护结构的稳定性，待中间部分的混凝土垫层、基础或地下室结构施工完成之后，再用水平支撑或斜撑对四周围护结构进行支撑，并突击开挖周边支护结构内部分被动土区的土，每挖一层支一层水平横顶撑，直至坑底，最后浇筑该部分结构（图 1-2*b*）。本法优点是对于支护挡墙受力有利，时间效应小，但大量土方不能直接外运，需集中提升后装车外运。

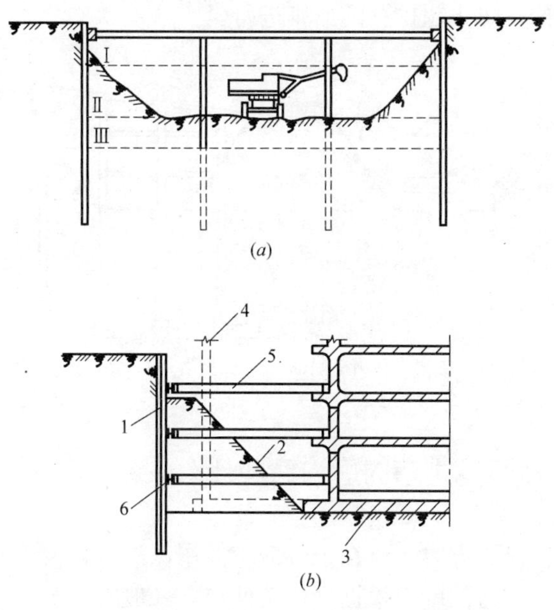

图 1-2　盆式挖土法示意图

（*a*）盆式挖土；（*b*）盆式开挖内支撑示意

1—钢板桩或灌注桩；2—后挖土方；3—先施工地下结构；

4—后施工地下结构；5—钢水平支撑；6—钢横撑

1-20　什么是中心岛式挖土法?

这也是一种用于大型基坑土方开挖的方法，是先开挖基坑周边土方，在中间留土墩作为支点搭设栈桥，挖土机可通过栈桥进入基坑挖土，运土的汽车亦可利用栈桥进入基坑运土，可有效加快挖土和运土的速度（图 1-3）。土墩留土高度、边坡的坡度、挖土分层与高差应经仔细研究确定。挖土也分层开挖，一般先全面挖去一层，然后中间部分留置土墩，周圈部分分层开挖。挖土多用反铲挖土机，如基坑深度很大，则采用向上逐级传递方式进行土方装车外运。整个土方开挖顺序应遵循“开槽支撑，先撑后挖分层开挖，防止超挖”的原则进行。

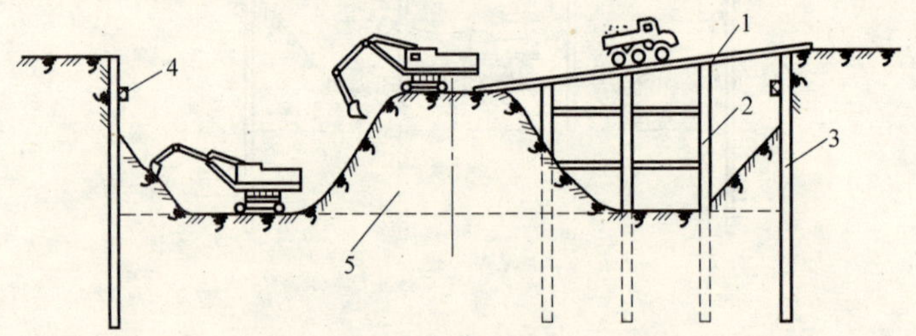

图 1-3　中心岛（墩）式挖土示意图

1—栈桥；2—支架或利用工程桩；3—围护墙；4—腰梁；5—土墩

1-21　冬期开挖土方时应注意些什么?

（1）开挖土方时，可在土方冻结前用保温材料覆盖或将表层土翻松，其翻松深度应根据气候条件定，一般不少于 0.3m。

（2）松碎冻土采用的机具和方法应根据土质、冻结深度、机具性能和施工条件等确定。

当冻土层厚度较小时，可采用铲运机、推土机或挖掘机直接开挖。

当冻土层厚度较大时，可采用松土机、破冻土犁、重锤冲击或爆破作业等方法。

（3）融化冻土应根据工程量大小、冻结深度和现场条件选用谷壳焖火烘烤法、蒸汽循环法或电热法等。

（4）冬期开挖土方时，应防止基础下基土和邻近建筑物地基遭受冻结。

1-22 土方工程在雨期施工时应注意些什么?

（1）雨期施工的工作面不宜过大，重要的土方工程应尽量在雨期前完成。

（2）雨期施工前应对施工现场原有排水系统进行检查、疏通或加固；必要时应增加排水设施。

（3）雨期施工时，应保证现场运输道路畅通，路面要防滑，路边要修好排水沟。

（4）雨期填方施工中，取土、运土、铺填、压实等各道工序应连续进行，雨前应及时压完已填土层或将面表压光，并做成一定坡度以利排水。

（5）雨期开挖基坑（槽）时，应注意边坡稳定，并防止地面水流入。

1-23 基坑（槽）开挖有哪些施工要求?

（1）基坑（槽）开挖后应尽快回填，以防地面水流入坑内，影响地基承载力和边坡塌方。雨期施工时，一般应在基底标高以上留 150～300mm 一层不挖，待天晴后再挖除，以便进行下一道工序。

采用机械开挖时，为防扰动基地，可在基底标高以上留 300～500mm 一层不挖，待人工清理。

（2）基坑（槽）开挖的底部宽度，除基底宽度外，还应考虑施工工作面。

（3）基坑（槽）和管沟开挖时，应合理确定开挖顺序和分层开挖深度。为便于排水，应先完成标高最低处的挖方，以便于在该处集中排水。

（4）基坑（槽）开挖至基底标高后，应会同设计单位（或建设单位）检查基底土质是否符合要求，并做出隐蔽工程记录。

(5) 基坑（槽）开挖不得超过基底标高，否则应用与基土相同的土料填补并夯实。在重要部位超挖时，应用低等级混凝土填补，并应取得设计单位同意。

1-24 冬期填方施工时应注意些什么？

(1) 冬期填方每层铺土厚度应比常温施工时减少 20%～25%，预留沉降量应比常温施工时适当增加。

冻土块粒径不得大于 150mm，铺填时冻土块应均匀分布，逐层压实。

(2) 冬期填方施工前，清除基底上的冰雪和保温材料；填方边坡表层 1m 内不得用冻土填筑，且填方上层应用未冻的、不冻胀的或透水性好的土料填筑。

(3) 冬期填方高度，当气温低于－5℃时不宜超过 4.5m；低于－11℃时不宜超过 3.5m。

(4) 冬期回填墓坑（槽）时，冻土块的体积不得超过填土总体积的 15%；室内的或有路面的道路下的基坑（槽）不得用含有冻土块的土回填，回填应连续进行，以免基土受冻。

1-25 基坑（槽）泡水怎么办？

产生的原因有：开挖基坑（槽）未设排水沟或挡水堤，地面水流入基坑（槽）；或在地下水位以下挖土，未采取降水措施，将水位降至基底开挖面以下；或施工中未连续降水，或停电影响等，造成地基松软，承载力降低，地基下沉。

防治措施如下：

(1) 开挖基坑（槽）周围应设排水沟或挡水堤；地下水位以下挖土，应设排水沟和集水井，用泵连续排走或自流入较低洼处排走，使水位降低至开挖面以下 0.5m 处。

(2) 已被水浸泡扰动的土，可根据情况采取排水、晾晒后夯实，或抛填碎石、小块石夯实，换土（三七灰土）夯实，或挖去淤泥加深基础等措施。

1-26 基土被扰动怎么办？

产生的原因有：基坑挖好后，未及时浇筑垫层，施工机械及车辆、操作工人在基土上行走；地基长时间暴晒、失水；冬期施工，地基表层受冻胀；基坑周围未做好排、降水措施，被雨水、地表水或地下水浸泡等，从而导致原土结构遭受破坏，承载力降低，基土下沉。

防治措施如下：

（1）基坑挖好后，立即浇筑混凝土垫层保护地基，不能立即浇筑垫层时，应预留一层 150～200mm 厚土层不挖，待下道工序开始再挖至设计标高。

（2）基坑挖好后，避免在基土上行驶施工机械和车辆或大量堆放材料。

（3）基坑四周应做好排、降水措施，降水工作应持续到基坑回填土完毕。雨期施工时，基坑应挖好一段、浇筑一段混凝土垫层。冬期施工时，如基底不能浇筑垫层，应在表面进行适当覆盖保温，或预留一层 200～300mm 厚土层后挖，以防冻胀。

（4）对已扰动的地基土，可根据具体情况采取厚土碾压、夯实，或填碎石、小块石夯实；对扰动较严重的采用换土方法，用 3：7 灰土或砂砾石回填夯实，或换去松散土层，加深基础。

1-27 开挖基坑（槽）出现流砂怎么办？

当基坑（槽）开挖深于地下水位 0.5m 以下，采取坑内抽水时，坑（槽）底面下的土处于流动状态，随地下水一起涌进基坑内，出现边挖边冒，无法挖深的现象。这是由于：当坑外水位高于坑内抽水后的水位，坑外水压向坑内流动的动水压不小于颗粒的浸水密度，使土粒悬浮失去稳定变成流动状态，随水从坑或四周涌入坑内，如抽水愈深，动水压就愈大，流砂就愈严重。这时，土完全失去承载力，严重时会引起基坑边坡塌方，邻近建筑物会因地基被淘空而下沉、倾斜，甚至倒塌。

（1）防治方法主要是“减小或平衡动水压力”或“使动水压力向下”，使坑底土粒稳定，不受水压干扰；或安排在全年最低水位季节施工，使基坑内动水压减小。

（2）采取水下挖土（不抽水或少抽水），使坑内水压与坑外地下水压相平衡或缩小水头差。

（3）采用井点降水，使水位降至基底下 0.5m，动水压力方向朝下，坑底土面保持无水状态。

（4）沿基坑外围四周打板桩，深入坑底面以下一定深度，增加地下水从坑外流入坑内的渗流路线和渗水量，减少动水压力；或采用化学压力注浆，固结基坑周围粉砂层，形成防渗帷幕。

（5）往坑底抛大石块，增加土的压重和减小动水压力，同时组织快速施工。当基坑面积较小，也可采取在四周设钢板护筒，随着挖土不断加深，直至穿过流砂层。

1-28　基坑挖土完毕为什么要进行验槽？

基坑挖土完成后，浇筑基础垫层前，对地基不进行认真细致检验，对地基土质情况没有全面了解，万一持力层不符合设计要求，有地下坑穴、土洞或局部存在软弱土层未经处理，地基受荷载后，会产生较大的不均匀沉降，使建（构）筑物产生不均匀下沉、开裂，严重的可导致建（构）筑物倾斜、倒坍。

1-29　如何进行基坑验槽？

地基开挖至设计基底标高后，应由建设、设计（如地质勘察单位在地质报告中写明参加验槽时，应同时邀请勘察单位参加）、施工、监理部门共同进行验槽，核对地质资料，检查地基土壤与工程地质勘查报告、设计图纸是否相符，有无破坏原状土壤结构或发生较大的扰动现象。

基坑（槽）常用检验方法有：

1. 表面检查验槽法

（1）根据槽壁土层分布情况及走向，判明全部基底是否挖至设计所要求的土层。

（2）检查槽底是否已挖至原（老）土，是否需继续下挖或进行处理。

（3）检查整个槽底土的颜色是否均匀一致；土的坚硬程度是否一样，有否局部过松软或过硬的部位；有否局部含水量异常现象，走在地基土上有否颤动感觉等；如有异常，要进一步用钎探检验，会同设计等有关单位进行处理。

2. 钎探检查验槽法

基坑挖好后用锤把钢钎打入槽底的基土内，根据每打入一定深度的锤击次数，来判断地基土质情况。

（1）钢钎的规格和重量：钢钎用 $\phi22$～$\phi25$ 的圆钢制成，钎头尖呈 60°尖锥状，长度 1.8～2.0m，如图 1-4 所示。大锤用 3.6～4.5kg 铁锤。打锤时，举高离钎顶 500～700mm，将钢钎垂直打入土中，并记录每打入土层 300mm 的锤击数。

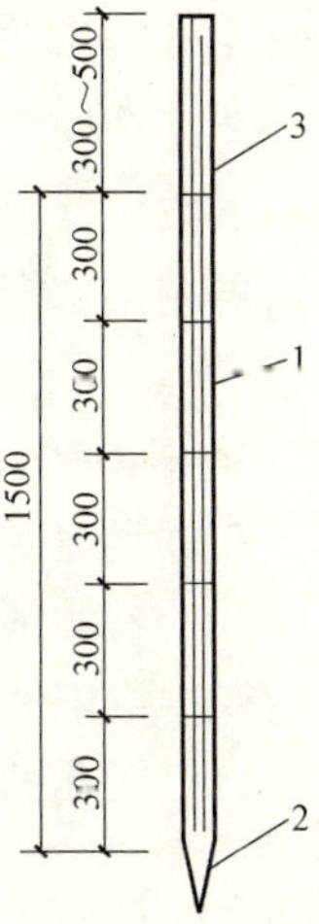

（2）钎孔布置和纤探深度：应根据地基土质的复杂情况和基槽宽度、形状而定，一般可按表 1-29 布孔。

（3）钎探记录和结构分析：先绘制基槽平面图，在图上根据要求确定钎探点的平面位置，并依次编号制成钎探平面图。钎探时按钎探平面图标定的钎探点顺序进行，最后整理成钎探记录表。

图 1-4　钢纤构造示意图

1—纤杆，$\phi22$～$\phi25$；2—针尖；3—刻痕

钎孔布置　　表 1-29

槽宽(cm)	排列方式及图示	间距(m)	钎探深度(m)
<80	中心一排	1～2	1.2
80～200	两排错开	1～2	1.5
>200	梅花形	1～2	2.0
柱基	梅花形	1～2	≥1.5m,并不浅于短边宽度

注：对于较软弱的新近沉积黏性土和人工杂填土的地基，钎孔间距应不大于1.5m。

全部钎探完后，逐层地分析研究钎探记录，逐点进行比较，将锤击数显著过多或过少的钎孔在钎探平面图上做上记号；然后，再在该部位进行重点检查。如有异常情况，要认真进行处理。

3. 洛阳铲探验槽法

在黄土地区基坑挖好后或大面积基坑挖土前，根据建筑物所在地区的具体情况或设计要求，对基坑底以下的土质、古墓、洞穴用专用洛阳铲进行钎探检查。

(1) 探孔的布置见表 1-30 所列。

探孔布置　　表 1-30

基槽宽(cm)	排列方式及图示	间距 L(m)	探孔深度(m)
<200		1.5～2.0	3.0

续表

基槽宽(cm)	排列方式及图示	间距 L(m)	探孔深度(m)
＞200	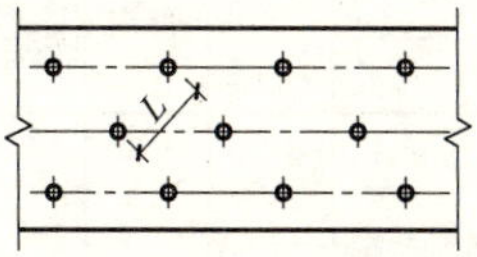	1.5～2.0	3.0
柱底	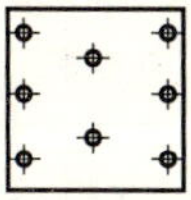	1.5～2.0	3.0（荷重较大时为 4.0～5.0）
加孔	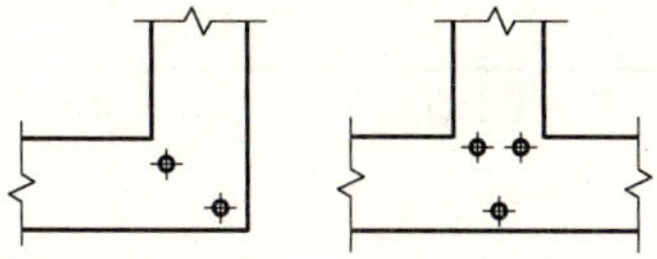	＜2.0（如基础过宽时中间再加孔）	3.0

（2）探查记录和成果分析：先绘制基础平面图，在图上根据具体情况确定探孔的平面位置，并依次编号，再按编号顺序进行探孔。用洛阳铲钎土每 3～5 铲看一下土。查看土质变化和含有物的情况。遇有土质变化或含有杂物情况，应测量深度并用文字记录清楚。遇有墓穴、地道、地窖、废井等时，应在此部位缩小探孔距离（一般为 1m 左右），沿其周围仔细探查清其大小、深浅、平面形状，在探孔图上标示清楚。全部探完后，绘制探孔平面图和各探孔不同深度的土质情况表，为地基处理提供完整的资料。探完以后，尽快用素土或灰土将探孔回填好，预防地表水入侵钎孔。

1-30 现行规范对土方开挖的质量检验标准有哪些？

土方开挖工程质量检验标准见表 1-31 所列。

土方开挖工程质量检验标准　　　　表 1-31

项目	序号	项目	允许偏差或允许值(mm)					检验方法
			柱基、基坑、基槽	挖方场地平整		管沟	地(路)面基层	
				人工	机械			
主控项目	1	标高	－50	±30	±50	－50	－50	水准仪
	2	长度、宽度（由设计中心线向两边量）	＋200 －50	＋300 －100	＋500 －150	＋100	—	经纬仪，用钢直尺量
	3	边坡	设计要求					观察或用坡度尺检查
一般项目	1	表面平整度	20	20	50	20	20	用 2m 靠尺和楔形塞尺检查
	2	基底土性	设计要求					观察或土样分析

注：地（路）面基层的偏差只适用于直接在挖、填方土做地（路）面的基层。

1-31　现行规范对填土工程质量检验标准有哪些?

填土工程质量检验标准见表 1-32、表 1-33 所列。

填土施工时的分层厚度及压实遍数　　　　表 1-32

压实机具	分层厚度(mm)	每层压实遍数
平碾	250～300	6～8
振动压实机	250～350	3～4
柴油打夯机	200～290	3～4
人工打夯	<200	3～4

填土工程质量检验标准　　　　表 1-33

项目	序号	检查项目	允许偏差或允许值(mm)					检验方法
			柱基、基坑、基槽	场地平整		管沟	地(路)面基础层	
				人工	机械			
主控项目	1	标高	－50	±30	±50	－50	－50	水准仪
	2	分层压实系数	设计要求					按规定方法

续表

<table>
<tr><th rowspan="3">项目</th><th rowspan="3">序号</th><th rowspan="3">检查项目</th><th colspan="5">允许偏差或允许值(mm)</th><th rowspan="3">检验方法</th></tr>
<tr><th rowspan="2">柱基、基坑、基槽</th><th colspan="2">场地平整</th><th rowspan="2">管沟</th><th rowspan="2">地(路)面基础层</th></tr>
<tr><th>人工</th><th>机械</th></tr>
<tr><td rowspan="3">一般项目</td><td>1</td><td>回填土料</td><td colspan="5">设计要求</td><td>取样检查或直观鉴别</td></tr>
<tr><td>2</td><td>分层厚度及含水量</td><td colspan="5">设计要求</td><td>水准仪及抽样检查</td></tr>
<tr><td>3</td><td>表面平整度</td><td>20</td><td>20</td><td>30</td><td>20</td><td>20</td><td>用靠尺或水准仪</td></tr>
</table>

二、地基处理

（一）换填垫层地基加固

2-1 铺设灰土垫层的材料及配合比有何要求？

灰土的体积配合比宜为2∶8或3∶7（石灰∶土）。土料宜用粉质黏土，不宜使用块状黏土和砂质粉土，不得含有松软杂质，并应过筛，其颗粒不得大于15mm。石灰宜用新鲜的消石灰，使用前1～2天消解并过筛，其颗粒不得大于5mm，不得含有未熟化的生石灰块和含有过量水分。

灰土质量标准见表2-1所列。

灰土质量标准 **表2-1**

项次	土料种类	灰土最小干密度(g/cm³)
1	黏土	1.55～1.60
2	粉质黏土	1.50～1.55
3	粉土	1.45～1.50

2-2 灰土垫层最大虚铺厚度有何要求？

灰土垫层最大虚铺厚度见表2-2所列。

灰土最大虚铺厚度 **表2-2**

项次	夯实机具种类	重量(kg)	厚度(mm)	备注
1	小木夯	5～10	150～200	人力送夯，落高400～500mm
2	石夯木夯	40～80	200～250	一夯压半夯
3	轻型夯实机械	—	200～250	蛙式打夯机、柴油打夯机
4	压路机	6～10t(机重)	200～300	双轮压路机

2-3 灰土地基的适用范围是什么?

适于深 2m 内的黏性土地基加固，并可兼作辅助防水层，但不宜用于地下水位以下的地基加固，具有一定水稳性和抗渗性。

2-4 灰土地基的施工要点和质量要求有哪些?

（1）施工前应验槽，清除松土、积水、淤泥晾干，并将槽底夯两遍；槽帮钉标桩（钎）拉线，以控制下灰厚度。

（2）灰土应拌合均匀，颜色一致，含水量以手紧握土料成团，两指轻捏能碎为宜。如土料水分过多或不足时，可晾干或洒水润滑；如有球团，应打碎。

（3）铺灰土应分段分层进行，并夯实，每层铺灰土厚度参照表 2-2 采用。夯打或辗压遍数，根据设计要求的干密度由试验确定，一般不少于 4 遍。

（4）灰土分段施工时，不得在墙角、柱基及承重窗间墙下接缝。当灰土地基高度不同时，应做成阶梯形，每台阶宽不少于 50cm。上下两层灰土接缝应相互错开 0.5m，并做成直槎。

（5）入槽灰土不得隔日夯打，夯实 3d 内不得浸泡。夯打完后，应及时进行下一工序，以防日晒雨淋。遇雨应将松软灰土除去，并补填夯实。

（6）灰土质量检查应逐层用环刀取样测定干密度，按设计规定或不小于表 2-1 规定。夯打坚实的灰土声音清脆。

环刀取样点：大基坑每 50～100m^2 不应少于 1 点；基槽每 10～20m 不应少于 1 个点；每个独立柱基不少于 1 个点。取样点应位于每层厚度 2/3 深度处。

灰土地基的质量检验标准应符合表 2-3 的规定。

灰土地基质量检验标准　　表 2-3

项目	检查项目	允许偏差或允许值	检查方法
主控项目	地基承载力	符合设计要求	按规定方法
	配合比	符合设计要求	按拌合时的体积比
	压实系数	符合设计要求	现场实测
一般项目	石灰粒径(mm)	≤5	筛分法
	土料有机质含量(%)	≤5	试验室焙烧法
	土颗粒径(mm)	≤15	筛分法
	与最优含水量差值(%)	±2	烘干法
	与设计要求分层厚度差值(mm)	±50	水准仪
	顶面标高(mm)	±15	用水平仪或拉线和尺量检查
	表面平整度(mm)	±15	用 2m 靠尺和楔形塞尺检查

2-5 砂、砂石及碎石地基的适用范围和作用有哪些？

砂、砂石及碎石地基适于处理厚 2.5m 以内软弱透水性强的黏性土地基，但不宜用于加固湿陷性黄土地基及渗透系数极小的黏性土地基。

砂垫层、砂石垫层和碎石垫层加固软弱地基，可使基础及上部荷载对地基的压力扩散开，降低对地基的压应力，减少地基变形，提高基础下地基强度，同时可起排水作用，加速下部土层的沉降和固结。

2-6 对砂、砂石及碎石地基的材料要求有哪些？

砂、砂石及碎石地基宜选用碎石、卵石、角砾、圆砾、砾砂、粗砂、中砂或石屑（粒径小于 2mm 的部分不应超过总重的

45%)，应级配良好，不含植物残体、垃圾等杂质。当使用粉细砂或石粉（粒径小于 0.075mm 的部分不超过总重的 9%）时，应掺入不少于总重 30%的碎石或卵石。砂石的最大粒径不宜大于 50mm。

砂砾中石子粒径应在 50mm 以下，其含量应在 50%以内；碎石粒径宜为 5～40mm，砂、石子中均不得含有草根、垃圾等杂物，含泥量应小于 5%，兼作排水垫层时，含泥量不得超过 3%。

2-7 对砂、砂石和碎石垫层的构造有哪些要求?

砂、砂石和碎石垫层的厚度，根据作用在垫层底面处的土重应力与附加应力之和来确定，应不大于软弱土层的承载力特征值，并考虑土层范围内的水文地质条件等，一般为 0.5～2.5m，大于 2.5m 则不够经济；垫层的顶宽应较基础底面每边大于 0.4～0.5m，底宽可和它的预宽相同，也可和基础底宽相同；大面积垫层常按自然倾斜角控制（图 2-1)；采用碎石（或卵石）作垫层时，在基底及四周应做一层 300mm 厚中砂或粗砂砂框（图 2-2*a*、图 2-2*b*)，以防在压力作用下，表层软土发生局部破坏；如

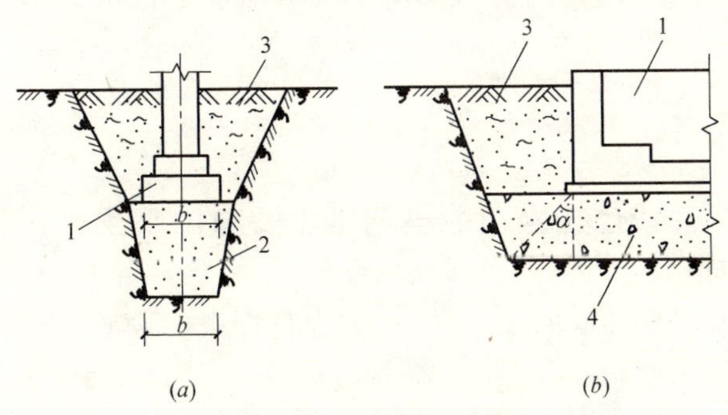

图 2-1 砂或砂石地基

1—基础；2—砂地基；3—回填土；4—砂或砂石地基

b—基础宽度；*α*—砂或砂石、碎石垫层的自然倾斜角（休止角）

两个相邻基础，一个用天然地基，另一个用碎石（或卵石）垫层时，应做成斜坡过渡（图 2-2*c*）。当软弱土层厚度不同时，垫层应做成阶梯形，如图 2-2（*d*）所示，但两垫层的厚度高差不得大于 1m，同时阶梯须符合 $b>2h$ 的要求。

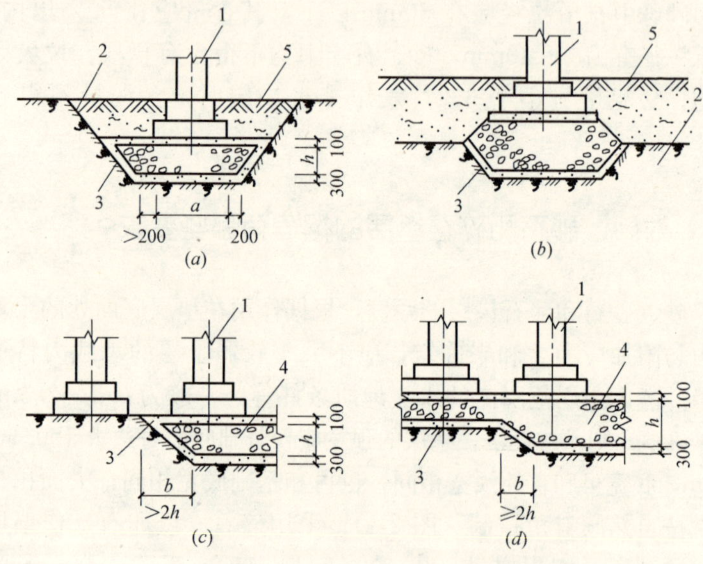

图 2-2　碎石地基形式、构造

(*a*)、(*b*) 碎石地基；(*c*)、(*d*) 阶梯形碎石地基

1—基础；2—原土层；3—砂框；4—碎石地基；5—回填土

a—基础宽度；*b*—阶梯宽度；*h*—碎石地基厚度

2-8　砂、砂石和碎石地基的施工要点有哪些？

（1）垫层铺设前应验槽，清降基底浮土、淤泥、杂物，两侧应设一定坡度。

（2）垫层深度不同时，应按先深后浅的顺序施工，土面应挖成踏步或斜坡搭接。分层铺设时，接头应做成阶梯形搭接，每层错开 0.5～1.0m，并注意充分捣实。

(3) 人工级配的砂石，应先将砂石拌合均匀后，再铺垫层夯压实。

(4) 垫层应分层铺设，分层夯实，每层铺设厚度，砂石最优含水量控制及施工机具、方法的选用参见表 2-4 所列。振压要做到交叉重叠，防止漏振、漏压、夯实、碾压遍数、振实时间应通过试验确定。

砂垫层和砂石垫层铺设厚度及施工最优含水量　　表 2-4

捣实方法	每层铺设厚度(mm)	施工时最优含水量(%)	施工要点	备注
平振法	200～250	15～20	(1)用平板式振动器往复振动，往复次数以简易测定密实度合格为准； (2)振动器移动时，每行应搭接 1/3，以防振动面积不搭接	不宜使用于细砂或含泥量较大的砂铺筑砂垫层
插振法	振捣器插入深度	饱和	(1)用插入式振捣器； (2)插入间距可根据机械振动大小决定； (3)不用插至下卧黏性土层； (4)插入振动完毕所留的孔洞，应用砂填实； (5)应有控制地注水和排水	不宜使用于细砂或含泥量较大砂铺筑砂垫层
水撼法	250	饱和	(1)注水高度略超过铺设面层； (2)用钢叉摇撼捣实，插入点间距 100mm 左右； (3)有控制地注水和排水； (4)钢叉分四齿，齿的间距 30mm，长 300mm，木柄长 900mm	湿陷性黄土、膨胀土、细砂地基上不得使用
夯实法	150～200	8～12	(1)用木夯或机械夯； (2)木夯重 40kg，落距 400～500mm； (3)一夯压半夯，全面夯实	适用于砂石垫层

续表

捣实方法	每层铺设厚度(mm)	施工时最优含水量(%)	施工要点	备注
碾压法	150～350	8～12	6～10t压路机往复碾压；碾压次数以达到要求密实度为准，一般不少于4遍，用振动压实机械，振动3～5min	适用于大面积的砂石垫层，不宜用于地下水位以下的砂垫层

(5) 当地下水位较高或在饱和的软弱地基上铺设垫层时，应采取排水或降低地下水位措施，使地下水位降低到基层500mm以下；应采用水撼法或插振法施工时，应采取措施有控制地注水和排水。

(6) 砂垫层每层夯（振）实后的密实度应达到中密标准，即孔隙比不应小于0.65，干密度不应小于1.55～1.60t/m^3。测定方法为采用容积不小于200cm^{3}的环刀取样，如为砂石垫层，则在砂石垫层中设纯砂检验点，在同样条件下用环刀取样鉴定。现场简易测定方法是将直径20mm、长1250mm的平头钢筋举离砂面700mm自由下落，插入深度不大于根据该砂的控制干密度测定的深度为合格。

(7) 碎石垫层可用短钢管（下设垫板）或钢盒预埋于垫层中，碾压后取出烘干，测定其干密度为2.1t/m^{3}左右或压实系数大于0.93为合格，或在垫层中预埋入标钉（图2-3），用沉落差控制，方法即在每次碾压后，用精密水准仪进行测定，记录其沉落值，直至最后两遍压实的沉落相差不大于1mm为合格。

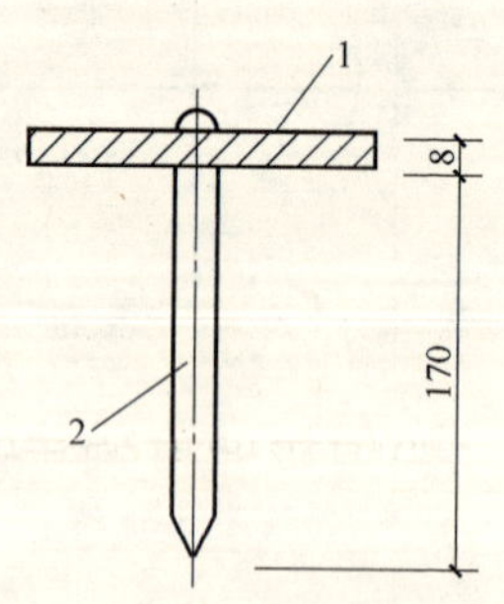

图2-3 沉落差控制用标钉
1—8mm厚、直径150mm钢板；
2—直径10mm圆钢

2-9 砂、砂石及碎石地基质量检验有何要求?

（1）砂石的质量、配合比应符合设计要求，砂石应搅拌均匀。

（2）放工过程中必须检查虚铺厚度。分段施工时必须检查搭接部位的加水量、压实遍数和压实系数，检验必须分层进行。应在每层的压实系数符合设计要求后铺垫上层土。

（3）砂和砂石地基的质量检验标准应符合表 2-5 的规定。

砂和砂石地基质量检验标准　　表 2-5

项目	检 查 项 目	允许偏差或允许值	检 查 方 法
主控项目	地基承载力	符合设计要求	按规定方法
	砂石配合比	符合设计要求	检查拌合时的体积比或质量比
	压实系数	符合设计要求	现场实测
一般项目	砂石料有机质含量(%)	≤5	焙烧法
	砂石料含泥量(%)	≤5	水洗法
	石料粒径(mm)	≤100	筛分法
	与最优含水量差值(%)	±2	烘干法
	与设计要求分层厚度差值(mm)	±0	水准仪
	顶面标高(mm)	±15	用水平仪或拉线和尺量检查
	表面平整度(mm)	15	用 2m 靠尺和楔形塞尺检查

2-10 粉煤灰地基的适用范围和特点有哪些?

粉煤灰是火力发电厂的工业废料，有良好的物理力学性能，用它作为处理软弱土层的换填材料，已在许多地区得到应用。它具有承载能力和变形模量较大，可利用废料，施工方便、快速，质量易于控制，技术可行，经济效果显著等优点。可用于做各种软弱土层换填地基的处理，以及做大面积地坪的垫层等。

2-11 对粉煤灰地基选用的材料有哪些要求?

粉煤灰地基的主要材料为粉煤灰。根据化学分析，粉煤灰中含有大量 SiO_2、Al_2O_3、Fe_2O_3（表 2-6），有类似火山灰的特性，有一定活性，在压实功能作用下产生一定的自硬强度。

粉煤灰宜选用一般电厂Ⅲ级以上原状灰，含二氧化硅（SiO_2）、氧化铝（Al_2O_3）、氧化铁（Fe_2O_3）总量较高，颗粒粒径宜为 0.001～2.0mm，烧失量宜低于 12%，含三氧化硫（SO_3）宜小于 0.4%，以免对地下金属管道产生腐蚀作用。粉煤灰中严禁混入植物、生活垃圾及其他有机杂质。其含水量应控制在最优含水量的±2%范围内。一般粉煤灰的化学成分见表 2-6 所列。

粉煤灰的化学成分（%） **表 2-6**

项目 编号	二氧化硅(SiO_2)	氧化铝(Al_2O_3)	氧化铁(Fe_2O_3)	氧化钙(CaO)	氧化镁(MgO)	氧化钾(K_2O)	三氧化硫(SO_3)	氯化钠(NaCl)	烧失量
1	51.1	27.6	7.9	2.9	1.0	1.2	0.4	0.4	7.1
2	51.4	30.9	7.4	2.8	0.7	0.7	0.4	0.3	4.9
3	52.3	30.9	8.0	2.7	1.1	0.7	0.2	0.3	3.5

注：1. 编号 1 为国内 100 多个电厂粉煤灰化学成分的平均值。
2. 编号 2 为上海地区粉煤灰化学成分平均值。
3. 编号 3 为宝钢电厂粉煤灰化学成分平均值。

2-12 粉煤灰地基的施工要点有哪些?

（1）基层处理。粉煤灰地基铺设前，应清除地基土上的垃圾，排除表面积水，平整后用 8t 压路机预压 2 遍，或用打夯机夯击 2～3 遍，使基土密实。

（2）分层铺设、分层夯（压）密实。分层铺设厚度用机械夯实时为 200～300mm，夯完厚度为 150～200mm；用压路机压实时，每层铺设厚度为 300～400mm，压实后为 250mm 左右；对小面积基坑（槽），可用人工摊铺，用平板振动器或蛙式打夯机进行振（夯）实，每次振（夯）板应重叠 1/3～1/2，往复振（夯），由两侧或四周向中间进行，振（夯）遍数以现场试验达到设计要求的压实系数为准。大面积换填地基，应采用推土机摊铺，选用推土机预压 2 遍，然后用压路机（8t）碾压，压轮重叠 1/3～1/2，往复碾压，一般碾压 4～6 遍。

（3）粉煤灰铺设含水量应控制在最优含水量范围内，如含水量过大时，需摊铺晾干后再碾压。粉煤灰铺设后，应于当天压完；如压实时含水量过小，呈现松散状态，则应洒水湿润再压实。

（4）夯实或碾压时，如出现“橡皮土”现象，应暂停压实，可采取将垫层开槽、翻松、晾晒或换灰等办法处理。

（5）每层铺完经检测合格后，应及时铺筑上层，以防干燥、松散、起尘、污染环境，并应严禁车辆在其上行驶；全部粉煤灰垫层铺设完经验收合格后，应及时进行浇筑混凝土垫层，以防日晒、雨淋破坏。

（6）冬期施工，最低气温不得低于 3℃，以免粉煤灰含水冻胀。

2-13 粉煤灰地基的质量检验有哪些规定?

（1）施工前应检查粉煤灰材料，并对基槽清底状况、地质条件予以检验。

（2）施工过程中应检查铺筑厚度、碾压遍数、施工含水量控制、搭接区碾压程度、压实系数等。

（3）施工结束后，应按设计要求的方法检验地基的承载力。

一般可采用平板载荷试验或十字板剪切试验，检验数量，每单位工程不少于3点，1000m² 以上的工程，每100m² 至少应有1点；3000m² 以上的工程，每300m² 至少应有1点。

（4）粉煤灰地基质量检验标准应符合表2-7的规定。

粉煤灰地基质量检验标准 **表2-7**

项目	序号	检查项目	允许偏差或允许值	检查方法
主控项目	1	压实系数	设计要求	现场实测
	2	地基承载力	设计要求	按规定方法
一般项目	1	粉煤灰粒径(mm)	0.001～2.00	过筛
	2	氧化铝及二氧化硅含量(%)	≥70	试验室化学分析
	3	烧失量(%)	≤12	试验室烧结法
	4	每层铺筑厚度(mm)	±50	水准仪
	5	含水量(与最优含水量比较)(%)	±2	取样后试验室确定

(二) 预压地基

2-14 预压地基的适用范围有哪些?

预压法适用于处理淤泥质土、淤泥和冲填土等饱和黏性土地基。

2-15 什么是砂井堆载预压地基? 它的构造和布置有哪些要求?

砂井堆载预压地基系在软弱地基中用钢管打孔，灌砂设置砂井为竖向排水通道，并在砂井顶部设置砂垫层作为水平排水通道，在砂垫层上压载以增加土中附加应力，使土体中孔隙水较快地通过砂井和砂垫层排出（图2-4），从而加速土体固结，使地

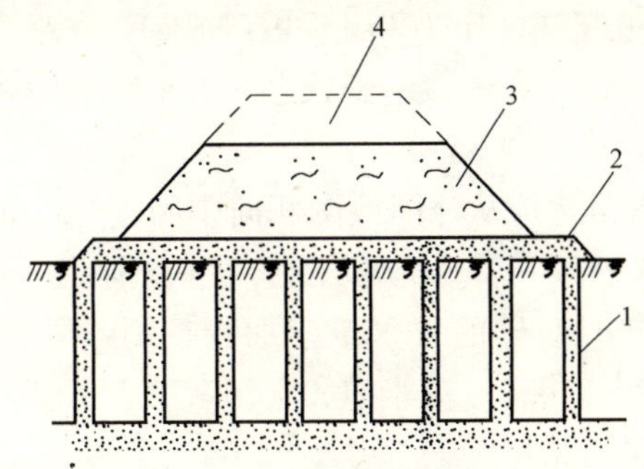

图 2-4　典型的砂井堆载预压地基剖面

1—砂井；2—砂垫层；3—永久性填土；4—临时超载填土

基得到加固。

砂井堆载预压地基的构造和布置要求如下：

（1）砂井直径和间距：砂井常用直径为 300～600mm；间距一般按经验由井径比 $n=d_e/d_w=6\sim10$ 确定（d_e 为每个砂井的有效影响范围的直径；d_w 为砂井直径），常用井距为砂井直径的 6～9倍，一般不应小于 1.5m。

（2）砂井长度，从沉降考虑，砂井长度应穿过主要的压缩层。砂井长度一般为 10～20m。

（3）砂井布置范围：砂井常按等边三角形和正方形布置。假设每个砂井的有效影响面积为圆面积，如砂井距为 l，则等效圆（有效影响范围）的直径 d_e 与 l 的关系如下：

等边三角形排列时：$d_e=1.05l$

正方形排列时：$d_e=1.13l$

砂井的布置范围可由基础的轮廓线向外增大约 2～4m。

2-16　砂井堆载预压地基的施工要点和质量要求有哪些？

1. 施工要点

（1）采用锤击法沉桩管，管内砂子可用吊锤击实，或用空气压缩机向管内通气（气压为0.4～0.5MPa）压实。砂井的灌砂量，应按井孔的体积和砂在中密状态时的干密度计算，其实际灌砂量不得小于计算值的95%。

（2）打砂井顺序应从外围或两侧向中间进行，如砂井间距较大可逐排进行。打砂井后基坑表层会产生松动隆起，应进行夯实。

（3）灌砂井时对砂的含水量应加以控制，对含饱和水的土层，砂可采用饱和状态；对非饱和土和杂填土，或能形成直立孔的土层，含水量可采用7%～9%。

2. 质量要求

（1）施工前应检查施工监测措施、沉降、孔隙水压力等原始数据，排水设施，砂井（包括袋装砂井）等位置。

（2）堆载施工应检查堆载高度、沉降速率。

（3）施工结束后应检查地基土的十字板剪切强度、标准贯入击数或静压力触探值及要求达到的其他物理力学性能，重要建筑物地基应做承载力检验。

（4）砂井堆载预压地基质量标准应符合表2-8的规定。

预压地基和塑料排水带质量检验标准　　表2-8

项目	序号	检查项目	允许偏差或允许值		检查方法
			单位	数值	
主控项目	1	预压载荷	%	≤2	水准仪
	2	固结度(与设计要求化)	%	≤2	根据设计要求采用不同的方法
	3	承载力或其他性能指标	设计要求		按规定方法
一般项目	1	沉降速率(与控制值比)	%	±10	水准仪
	2	砂井或塑料排水带位置	mm	±100	用钢尺量
	3	砂井或塑料排水带插入深度	mm	±200	插入时用经纬仪检查
	4	插入塑料排水带时的回带长度	mm	≤500	用钢尺量

续表

项目	序号	检查项目	允许偏差或允许值		检查方法
			单位	数值	
一般项目	5	塑料排水带或砂井高出砂垫层距离	mm	≥200	用钢尺量
	6	插入塑料排水带的回带根数	%	<5	目测

注：如真空预压，主控项目中预压载荷的检查为真空度降低值<2%。

2-17 什么是袋装砂井堆载预压地基？它的构造和布置有哪些要求？

袋装砂井堆载预压地基系在地基中打入钢管，用透水性大和抗拉强度高的编织布袋装砂插入管内（或后灌砂捣实），拔出钢管，砂袋留在孔中形成袋装砂井，以代替普通砂井，其他构造、布置及堆载预压均同砂井堆载预压，从而使软弱地基得到压密加固。

袋装砂井堆载预压地基的构造和布置要求如下；

（1）袋装砂井的直径一般采用 7～12cm，间距 1.5～2.0m，井径比 15～25。

（2）袋装砂井长度 ，应较砂井孔长度长 50cm，使能放入井孔内后可露出地面，以使能埋入排水砂垫层中。

（3）砂井可按三角形或正方形布置，由于袋装砂井直径小、间距小，因此加固同样土所需打设袋装砂井的根据较普通砂井为多，如直径 70mm 袋装砂井按 1.2m 正方形布置，则每 1.44m^2 需打设 1 根；而直径 400mm 的普通砂井，按 1.6m 正方形布置，每 2.56m^2 需打设 1 根，前者打设的根数为后者的 1.8 倍。

2-18 袋装砂井堆载预压地基的施工要点和质量要求有哪些？

1. 材料及机具要求

(1）袋装砂井的装砂袋，应具有良好的透水、透气性，一定的耐腐蚀、抗老化性能，并有足够的抗拉强度。一般多采用聚丙烯编织布或玻璃丝纤维布、黄麻片、再生布等，其技术性能见表2-9所列。

(2）砂井用砂，宜用中、细砂，含泥量不大于3%。

砂袋材料技术性能　　表2-9

砂袋材料	渗透性（cm/s）	抗拉试验			弯曲180°试验		
		标距（m）	伸长率（%）	抗拉强度（kPa）	弯心直径（cm）	伸长率（%）	破坏情况
聚丙烯编织袋	$>1\times10^{-2}$	20	25.0	1700	7.5	23	完整
玻璃丝纤维布	—	20	3.1	940	7.5	—	未到180°折断
黄麻片	$>1\times10^{-2}$	20	5.5	1920	7.5	4	完整
再生白布	—	20	15.5	450	7.5	10	完整

(3）袋装砂井打设机械多采用EHZ-8型袋装砂井打设机，一次能打设两根砂井，其技术性能见表2-10所列；亦可采用各种导管式打设机械，分履带臂架式、步履臂架式、轨道门架式、吊机导架式等打设机械。所用打设钢管的内径宜略大于砂井直径，以减小施工过程中对地基的扰动。

EHZ-8型袋装砂井打设机主要技术性能　　表2-10

项次	项　目	单位	指　标
1	起重机型号		W501
2	直接接地压力	kPa	94
3	间接接地压力	kPa	30
4	振动锤激振力	kN	86
5	激振频率	r/min	960
6	外形尺寸	cm	640×285×1850
7	每次打设根数	根	2
8	最大打设深度	m	12.0
9	打设砂井间距	cm	120、140、160、180、200
10	成孔直径	cm	12.5
11	置入砂袋直径	cm	7.0
12	施工效率	（根/台班）	66～80
13	适用土质		淤泥、粉质黏土、黏土、砂土、回填土

注：需铺设50cm厚砂垫层。

2. 施工要点和注意事项

（1）施工程序：定位、整理桩尖（活瓣桩尖或预制混凝土桩尖）→沉入导管、将砂袋放入导管→往管内灌水（减少砂袋与管壁的摩擦力）、拔管。

（2）施工要点：先用振动、锤击或静压方式将井管沉入地下，然后向井管中放入预先装好砂料的圆柱形砂袋，最后拔起井管将砂袋充填在孔中形成砂井。亦可先将管沉入土中放入袋子（下部装少量砂或吊重），然后依靠振动锤的振动灌满砂，最后拔出套管。

（3）注意事项

1）定位要准确，砂井要有较好的垂直度，以确保排水距离与理论计算一致。平面井距偏差不应大于井径，垂直度偏差不应大于1.5%，深度不得小于设计要求。

2）袋中装砂宜用风干砂，不宜用湿砂，以避免干燥体积缩小，导致袋装砂井缩短与排水垫层不搭接等质量事故。

3）确定袋装砂井施工长度时，应考虑袋内砂体积减小、袋装砂井在井内的弯曲、超深以及伸入水平排水层的长度要求等，防止袋装砂全部沉入孔内，造成顶部与排水垫层不连接而影响排水效果。

4）聚丙烯编织袋，在施工时应避免太阳暴晒老化。砂袋入口处的导管口应装设滚轮，袋要仔细检查，防止砂袋破损漏砂。

5）施工中要经常检查桩尖与导管口的密度情况，避免管内进泥过多，造成井阻，影响加固深度。

3. 质量要求

（1）袋装砂井砂袋埋入砂垫层中的长度不应小于500mm。

（2）其他同砂井堆载预压地基。

2-19 什么是塑料排水带堆载预压地基？它的特点有哪些？

（1）塑料排水带堆载预压地基，是将带状塑料排水带用插板机将其插入软弱土层中，组成垂直和水平排水体系，然后在地基表面堆载预压，土层中孔隙水沿塑料带的沟槽上升溢出地面，从而加速软弱地基的沉降过程，使地基得到加密和加固（图 2-5）

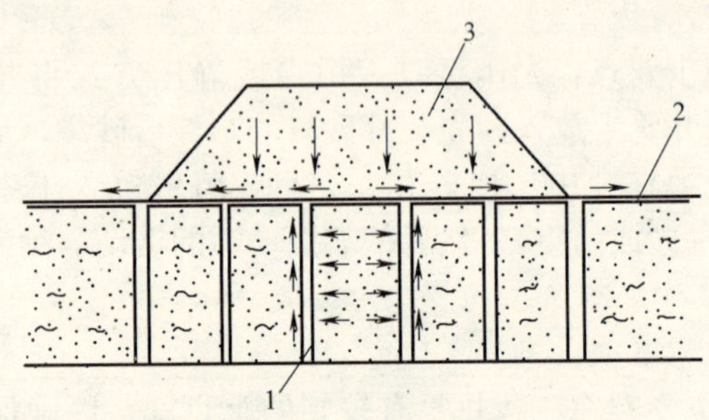

图 2-5　塑料排水带堆载预压地基

1—塑料排水带；2—土工织物；3—堆载

（2）塑料排水带堆载预压地基的特点是：板带单孔过水面积大，排水畅通；排水带质量轻，强度高，耐久性好，其排水沟槽截面不易因受土压力作用而压缩变形；特别适用于大面积超软弱地基土上进行机械化施工；加固效果与袋装砂井相同，承载力可提高 70％～100％，经 100d，团结度可达到 80％。

2-20　塑料排水带堆载预压地基的施工要点和质量要求有哪些？

1. 材料和机具要求

（1）塑料排水带由芯带和滤膜组成。芯带是由聚丙烯和聚乙烯塑料加工而成两面有间隔沟槽的带体，土层中的固结渗流水通过滤膜渗入到沟槽内，并通过沟槽从排水垫层中排出。排水带的厚度和性能应符合表 2-11 和表 2-12 的要求。

不同型号塑料排水带的厚度（mm）　　表 2-11

型号	A	B	C	D
厚度	＞3.5	＞4.0	＞4.5	＞6

塑料排水带的性能 **表 2-12**

<table>
<tr><th colspan="2">项　目</th><th>单位</th><th>A 型</th><th>B 型</th><th>C 型</th><th>条件</th></tr>
<tr><td colspan="2">纵向通水量</td><td>cm^3/s</td><td>≥15</td><td>≥25</td><td>≥40</td><td>侧压力</td></tr>
<tr><td colspan="2">滤膜渗透系数</td><td>cm/s</td><td colspan="3">$\geqslant 5\times10^{-4}$</td><td>试件在水中浸泡 24h</td></tr>
<tr><td colspan="2">滤膜等效孔径</td><td>μm</td><td colspan="3"><75</td><td>以 D_{98} 计，D 为孔径</td></tr>
<tr><td colspan="2">复合体抗拉强度（干态）</td><td>kN/10cm</td><td>≥1.0</td><td>≥1.3</td><td>≥1.5</td><td>延伸率 10%时</td></tr>
<tr><td rowspan="2">滤膜抗拉强度</td><td>干态</td><td rowspan="2">N/cm</td><td>≥15</td><td>≥25</td><td>≥30</td><td>延伸率 10%时</td></tr>
<tr><td>湿态</td><td>≥10</td><td>≥20</td><td>≥25</td><td>延伸率 15%时，试件在水中浸泡 24h</td></tr>
<tr><td colspan="2">滤膜重度</td><td>N/m^2</td><td>—</td><td>0.8</td><td>—</td><td></td></tr>
</table>

注：1. A 型排水带适用于插入深度小于 15m。
2. B 型排水带适用于插入深度小于 25m。
3. C 型排水带适用于插入深度小于 35m。

（2）由于塑料排水带的排水性能主要取决于截面周长，因此，塑料排水带的选用直径（d），需将塑料排水带换算成相当直径的砂井，根据两种排水体与周围土接触面积相等的原理，换算成直径，见下式：

$$d=\frac{2(b+\delta)}{\pi}$$

式中　b——塑料排水带宽度（mm）；

δ——塑料排水带厚度（mm）。

（3）塑料排水带主要施工设备为插带机，基本上可与袋装砂井打设机共用，只需将圆形导管改为矩形导管。每次可同时插设塑料排水带两根，其技术性能见表 2-13 所列。

插板亦可采用国内常用打设机械，可根据每次打设根数、导管截面大小、入土长度及地基均匀长度确定。对一般均匀软黏土地基，振动锤激振力可参见表 2-14 选用。

2. 施工要点及注意事项

（1）打设塑料排水带的导管有圆形和矩形两种，其管靴也各异，一般采用桩尖与导管分离设置。桩尖常用形式如图 2-6 所示三种。

插带机技术性能 **表 2-13**

类型	IJB-16 型	频率(次/min)	670
工作方式	液压步履式行走， 电力液压驱动振动下沉	液压卡夹紧力(kN) 插板深度(m)	160 10
外形尺寸(mm)	7600×5300×15000	插设间距(m)	1.3、1.6
总重量(t)	15	插入速率(m/min)	11
接地压力(kPa)	50	拔出速率(m/min)	8
振动锤功率(kW)	30	效率(根/h)	18 左右
激振力(kN)	80、160		

振动锤激振力参考值 **表 2-14**

长度(m)	导管直径(m)	振动锤激振力(kN)	
		单管	双管
>10	130～146	40	80
10～20	130～146	80	120～160
>20	—	120	160～220

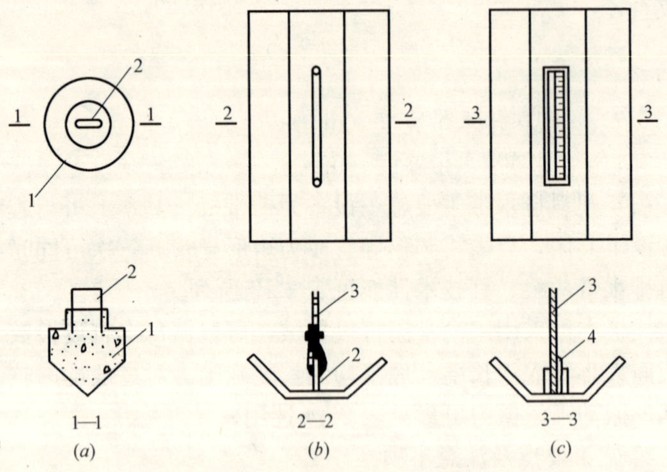

图 2-6 塑料排水带用桩尖形式

(a) 混凝土圆形桩尖；(b) 倒梯形桩尖；(c) 楔形固定桩尖

1—混凝土桩尖；2—塑料带固定架；3—塑料排水带；4—塑料楔

(2) 塑料排水带打设程序：定位→将塑料排水带通过导管从管下端穿出→将塑料带与桩尖连接，贴紧管下端并对准桩位→打设桩管，插入塑料排水带→拔管、剪断塑料排水带，工艺流程如图 2-7 所示。

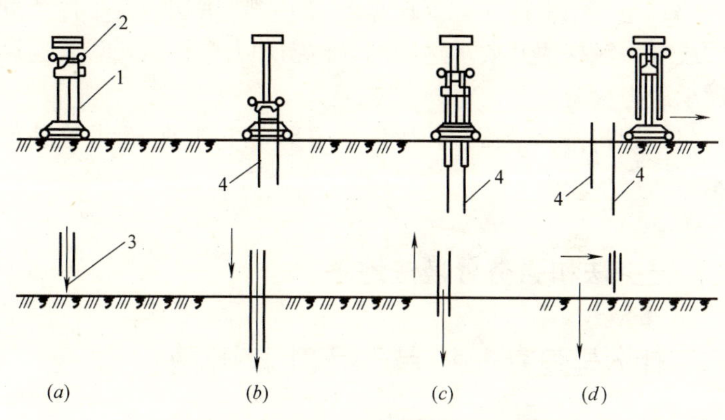

图 2-7　塑料排水带插带工艺流程

(a) 准备；(b) 插设；(c) 上拔；(d) 切断移动

1—套杆；2—塑料带卷筒；3—钢靴；4—塑料排水带

(3) 塑料排水带在施工过程中应注意以下几点：

1) 塑料带滤水膜在转盘和打设过程中应避免损坏，防止淤泥进入带芯堵塞输水孔，影响塑料带排水效果。

2) 塑料带与桩尖锚碇要牢固，防止拔管时脱离，将塑料带拔出。打设时应严格控制间距和深度，如塑料带拔起超过 2m 以上，应进行补打。

3) 桩尖平端与导管下端要连接紧密，防止错缝，以免在打设过程中淤泥进入导管，增加对塑料带的阻力，或将塑料带拔出。

4) 塑料带接长时，为减小带与导管的阻力，应采用在滤水膜内平搭接的连接方法，搭接长度应在 200mm 以上，以保证输水畅通和有足够的搭接强度。

3. 质量要求

(1) 施工前应检查施工监测措施、沉降、孔隙水压力等原始数据、措水措施、塑料排水带的位置等。塑料排水带必须符合表2-12要求。

(2) 截载施工应检查堆载高度、沉降速率。

(3) 施工结束后应检查地基土的十字板剪切强度、标准贯入击数或静力触探值及要求达到的其他物理力学性能，重要建筑物应做承载力检验。

(4) 塑料排水带截载预压地基质量标准同袋装砂井堆载预压地基。

(三) 强夯法和强夯置换法地基

2-21 什么是强夯法？其适用范围有哪些？

强夯法是利用起重机械吊起大吨位夯锤（一般不小于8t），起重到很高（6～30m）处自由浇下，给地基以强大冲击能量的夯击，使土中出现冲击波和很大应力，迫使土体孔隙压缩，排除孔隙中的气和水，使土粒重新排列，迅速固结，从而提高地基承载力，降低其压缩性。

强夯法适用于处理碎石土、砂土、低饱和度的粉土与黏性土、湿陷性黄土、素填土和杂填土等地基。

强夯法更适用于较空旷地区地基加固，当强夯所产生的振动对周围建筑物设备有一定影响时，不得采用，必需时，应采取防震措施。

2-22 强夯法的施工要点和质量检验要求有哪些？

(1) 施工前场地应进行地质勘探，通过现场试验确定强夯施工技术参数（试夯区尺寸不小于20m×20m），也可参照表2-15选用。

强夯施工技术参数的选用　　表 2-15

项次	项目	施工技术参数
1	锤重和落距	锤重 G(t)与落距 h 是影响夯击能和加固深度的重要因素； 锤重一般不宜小于 8t，常用的为 8t、11t、13t、15t、17t、18t、25t； 落距一般不小于 6m，多采用 8m、10m、11m、13m、15m、17m、18m、20m、25m 等几种
2	夯击能和平均夯击能	锤重 G 与浇距 h 的乘积称为夯击能 E，一般取 600～500kJ； 夯击能的总和(由锤重、落距、夯击坑数和每一夯击点的夯击次数算得)除以施工面积称为平均夯击能，一般对砂质土取 500～1000kJ/m^2；对黏性土取 1500～3000kJ/m^2。夯击能过小、加固效果差，夯击能过大，对于饱和黏土，会破坏土体形成橡皮土，降低强度
3	夯击点布置及间距	夯击点布置对大面积地基，一般采用梅花形或正方形网格排列(图 2-8)；对条形基础夯点可成行布置；对工业厂房独立柱基础，可按柱网设置单夯点； 夯击点间距取夯锤直径的 3 倍，一般为 5～15m，一般第一遍夯点的间距宜大，以便夯击能向深部传递
4	夯击遍数与击数	一般为 2～5 遍，前 2～3 遍为“间夯”，最后一遍以低能量(为前几遍能量的 1/5～1/4)进行“满夯”(即锤印彼此搭接)，以加固前几遍夯点之间的黏土和被振松的表土层，每夯击点的夯击数，使土体竖向压缩量最大而侧向移动最小或最后两击沉降量之差小于试夯确定的数值为准，一般软土控制瞬时沉降量为 5～8cm，废渣填石地基控制的最后两击下沉量之差为 2～4cm。每夯击点之夯击数一般为 3～10 击，开始两遍夯击数宜多些，随后各遍击数逐渐减小，最后一遍只夯 1～2 击
5	两遍之间的间距时间	通常待土层内超孔隙水压力大部分消散，地基稳定后再夯下一遍，一般时间间隔 1～4 周。对黏土或冲积土常为 3 周，若无地下水或地下水位在 5m 以下，含水量较少的碎石类填土或透水性强的砂性土，可采取间隔 1～2天或采用连续夯击，而不需要间歇

续表

项次	项目	施工技术参数
6	强夯加固范围	对于重要工程应比设计地基长(L)、宽(B)各大出一个加固深度(H),即$(L+H)\times(B+H)$;对于一般建筑物,在离地基轴线以外3m布置一圈夯击点即可
7	加固影响深度	加固影响深度H(m)与强夯工艺有密切关系,一般按梅那氏(法)公式估算: $$H=K\cdot\sqrt{G\times h}$$ 式中 G—夯锤量(t); h—落距(m); K—经验系数,饱和软土为0.45~0.50;饱和砂土为0.5~0.6;填土为0.6~0.8;黄土为0.4~0.5;一般黏性土为0.5;砂性土为0.7

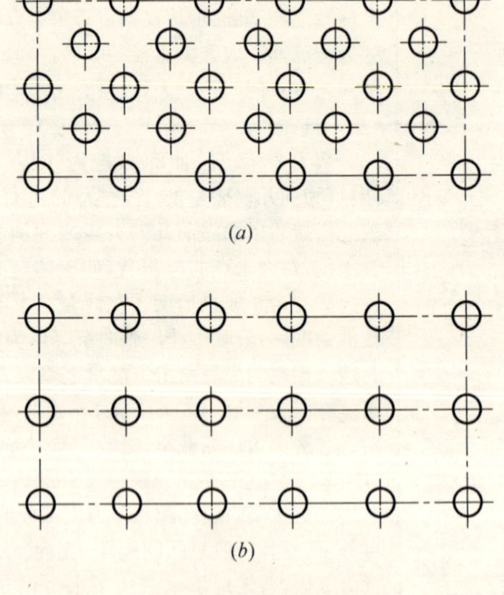

图2-8 夯点布置
(a) 梅花形布置;(b) 方形布置

（2）强夯施工可按下列步骤进行：

1）清理并平整施工场地；

2）标出第一遍夯点位置，并测量场地高程；

3）起重机就位，夯锤置于夯点位置；

4）测量夯前锤顶高程；

5）将夯锤起吊到预定高度，开启脱钩装置，待夯锤脱钩自由下落后，放下吊钩，测量锤顶高程，若发现因坑底倾斜而造成夯锤歪斜时，应及时将坑底整平；

6）重复步骤5），按设计规定的夯击次数及控制标准，完成一个夯点的夯击；

7）换夯点，重复步骤3）～6），完成第一遍全部夯点的夯击；

8）用推土机将夯坑填平，并测量场地高程；

9）在规定的间隔时间后，按上述步骤逐次完成全部夯击遍数，最后用低能量满夯，将场地表层松土夯实，并测量夯后场地高程。

（3）强夯锤质量可取10～40t，其底面形式宜采用圆形或多边形，锤底面积宜按土的性质确定，锤底静接地压力值可取25～40kPa，对于细颗粒土锤底静接地压力宜取较小值。锤的底面宜对称设置若干个与其顶面贯通的排气孔，孔径可取250～300mm。

施工机械宜采用带有自动脱钩装置（图2-9）的履带式起重机或其他专用设备。采用履带式起重机时，可在臂杆端部设置辅助门架（图2-10），或采取其他安全措施，防止落锤时机架倾覆。

（4）施工前应查明场地范围内的地下构筑物和各种地下管线的位置及标高等，并采取必要的措施，以免因施工而造成损坏。强夯前应平整场地，周围做好排水沟，按夯点布置测量放线确定夯位。地下水位较高应在表面铺0.5～2.0m中（粗）砂或砂石垫层，以防设置下陷和便于消散强夯产生的孔隙水压，或采取降低地下水位后再强夯。

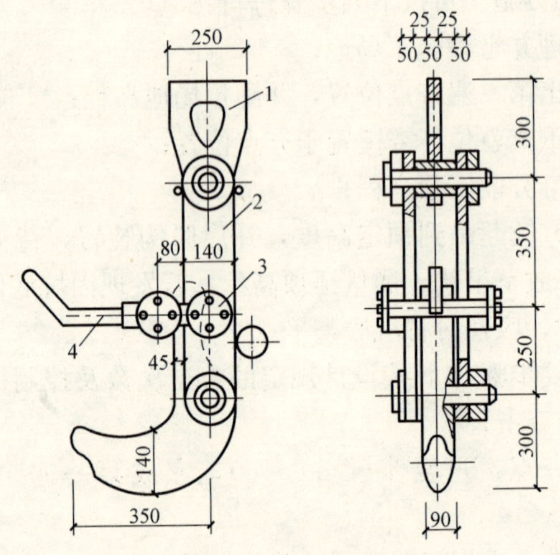

图 2-9　自动脱钩器

1—吊环；2—耳环；3—锁环轴辊；4—拉绳

(5) 强夯应分段进行，顺序应从边缘夯向中央（图 2-11)。

对厂房柱基亦可一排一排夯，吊车直线行驶，从一边向另一边进行，每夯完一遍，用推土机整平场地，放线定位，即可接着进行下一遍夯击。

(6) 夯击时，落锤应保持平稳，夯位应准确，夯击坑内积水应及时排除。坑底土含水量过大时，可铺砂石后再进行夯击。离建筑物小于 10m 时，应挖防震沟。

(7) 夯击前后应对地基土进行原位测试，包括室内土分析试验、野外标准贯入、静力（轻便）触探、旁压仪（或野外荷载试验)，测定有关数据，以确定地基的影响深度。检查点数，每个建筑物的地基不少于 3 处，检测深度和位置按设计要求确定，同时现场测定每遍夯击点后的地基平均变形值，以检验强夯效果。

(8) 强夯处理后的地基竣工验收承载力检验，应在施工结束后间隔一定时间方能进行，对于碎石土和砂土地基，其间隔时间可取 7～14d；粉土和黏性土地基可取 14～28d。

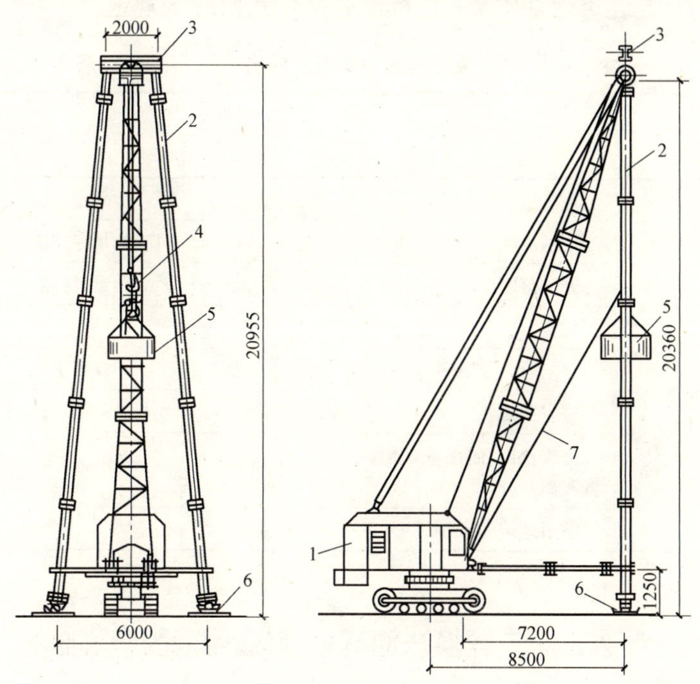

图 2-10　15t 履带式起重机加龙门吊架

1—15t 履带式起重机；2—钢管或型钢龙门架；3—型钢横梁；4—自动脱钩器；5—夯锤；6—底座；7—拉绳

16	13	10	7	4	1
17	14	11	8	5	2
18	15	12	9	6	3
18′	15′	12′	9′	6′	3′
17′	14′	11′	8′	5′	2′
16′	13′	10′	7′	4′	1′

图 2-11　强夯顺序

（9）强夯地基质量检验标准应符合表 2-16 的规定。

强夯地基质量检验标准　　　　表 2-16

项次	序号	检查项目	允许偏差或允许值		检查方法
			单位	数值	
主控项目	1	地基强度	设计要求		按规定方法
	2	地基承载力	设计要求		按规定方法
一般项目	1	夯锤落距	mm	±300	钢索设标志
	2	锤重	kg	±100	称重
	3	夯击遍数及顺序	设计要求		计数法
	4	夯点间距	mm	±500	用钢尺量
	5	夯击范围（超出基础范围距离）	设计要求		用钢尺量
	6	前后两遍间歇时间	设计要求		

2-23　什么是强夯置换法地基？其适用范围有哪些？

强夯置换法是利用强夯方法将基土挤密或排开，将块石、碎石、砂砾或其他较坚硬的散体材料（如矿渣），采用多次填入和夯击，最终形成密实的柱状砂石墩，并与它周围混有砂石的墩间土组成复合地基，如图 2-12 所示。

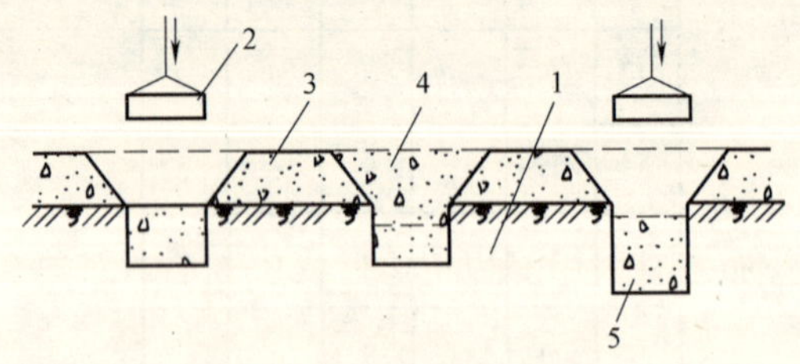

图 2-12　强夯置换碎石墩

1—高压缩性软土地基；2—落锤；3—堆料；4—填料；5—碎石墩

强夯置换法适用于高饱和度的粉土与软塑～流塑的黏性土等地基对变形控制要求不严的工程。

强夯置换法在设计前必须通过现场试验确定其适用性和处理效果。

2-24 强夯置换地基施工对材料、机具的选用有哪些要求?

（1）墩体材料可采用级配良好的块石、碎石、砂砾、矿渣、建筑垃圾等坚硬粗颗粒材料，粒径大于300mm的颗粒含量不宜超过全重的30%。

（2）施工机具设备与强夯法相同。只是强夯置换法的强夯锤重量宜取10～40t，锤底静接地压力值可取100～200kPa。

2-25 强夯置换地基的施工要点有哪些?

1. 施工技术参数

（1）强夯置换墩的深度由土质条件决定，一般应穿透软土层到达较硬土层，深度不宜超过7m。

（2）单击夯击能应根据现场试验确定。夯点的夯击次数应通过现场试夯确定，且应满足：1）墩应穿透软弱土层且达到设计墩长。2）累计夯沉量为设计墩长的1.5～2.0倍。3）最后两击的平均夯沉量：当单击夯击能小于4000kN·m时为50mm；当单击夯击能在4000～6000kN·m时为100mm；当单击能大于6000kN·m时为200mm。

（3）墩位布置宜采用等边三角形或正方形。对独立基础或条形基础可根据基础形状与宽度相应布置。墩间距：当满堂布置时可取夯锤直径的2～3倍。对独立基础或条形基础可取夯锤直径的1.5～2.0倍。

（4）强夯处理范围应大于建筑物基础范围每边超出基础外缘

的宽度，宜为基底下设计处理深度的 1/2～2/3，并不宜小于 3m。

（5）墩顶应铺设一层厚度不小于 500mm 的压实垫层，材料与墩体相同，粒径不宜大于 100mm。

2. 施工要点

（1）强夯置换法的施工与一般强夯法的施工基本类似，只是在夯击过程中不断加入散体材料并进行夯实。

（2）强夯置换法施工一般可按下列步骤进行：

1）清理并平整施工场地，当表土松软时可铺设一层厚度为 1.0～2.0m 的砂石施工垫层；

2）标出夯点位置，并测量场地高程；

3）起重机就位，夯锤置于夯点位置；

4）测量夯前锤顶高程；

5）夯击并逐击记录夯坑深度。当夯坑过深而发生起锤困难时停夯，向坑内填料直至与坑顶平，记录填料数量，如此重复直至满足规定的夯击次数及控制标准，完成一个墩体的夯击。当夯点周围软土挤出影响施工时，可随时清理并在夯点周围铺垫碎石，继续施工；

6）按由内而外，隔行跳打原则完成全部夯点的施工；

7）推平场地，用低能量满夯，将场地表层松土夯实，并测量夯后场地高程；

8）铺设垫层，并分层碾压密实。

（3）夯孔的施打宜采用隔孔分序跳打的方式，如图 2-13 所示，以圆柱形夯锤按夯点布置和顺序夯击。每遍夯坑深度一般控制在 1.5～2.0m，第一遍夯至控制深度后，在夯坑内充填石料，石料最大粒径应小于 30cm；将夯坑填满后再进行第二遍夯击，在夯坑深度又达到 1.5～2.0m 时，再充填石料至地面，然后进行第三遍夯击；将夯坑夯击 1m 左右深度后，再用石料填平至地面高度后振动碾压三遍。夯击时，第一、二遍每夯点夯击次数根据试夯资料来确定，每遍夯 3～6 击左右，第二夯击 3 击，并以

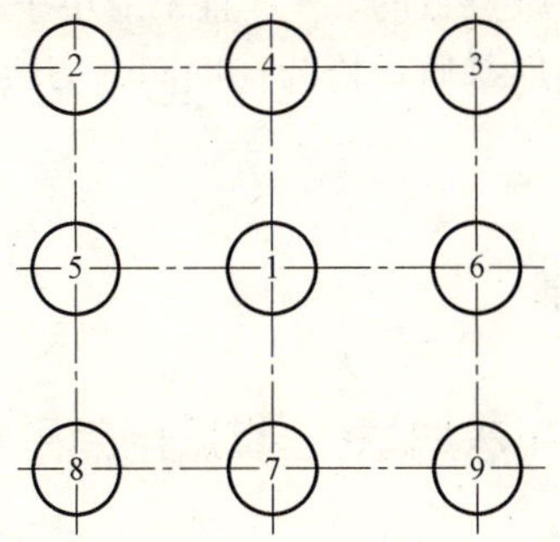

图 2-13　强夯置换点布置及施工顺序

最后 2 击平均夯沉量不超过规定的控制值为准。

（4）其他施工工艺要点同强夯法。

2-26　强夯置换地基的质量检验要求有哪些？

（1）施工前应检查夯锤质量和落距；在每一遍夯击前，应对夯点放线进行复核，夯完后检查夯坑位置，发现偏差或漏夯应及时纠正。

（2）按设计要求检查每个夯点的夯击次数和每击的夯沉量及置换深度。

（3）施工过程中检查各项参数、测试数据和施工记录，不符合设计要求时应补夯或采取其他有效措施。并应采用超重型或重型圆锥动力触探检查置换墩着底情况。

（4）强夯置换后的地基竣工验收时，承载力检验除应采用单墩载荷试验检验外，尚应采用动力触探等有效手段查明置换墩着底情况及承载力与密度随深度的变化，对饱和粉土地基允许采用单墩复合地基载荷试验代替单墩载荷试验。

（5）强夯置换处理后地基竣工承载力检验应在地基施工结束后间隔 28d 方可进行。

（6）竣工验收承载力检验（载荷试验）和置换墩着底情况检

验数量均不应少于墩点数的1%，且不应小于3点。

(7) 强夯置换地基质量检验标准同强夯法加固地基质量检验标准。

（四）振冲法地基

2-27 什么是振冲法地基？其适用范围有哪些？

振冲法地基是利用振冲器水冲成孔，填以砂石骨料，借振冲器的水平及垂直振动，振密填料，形成碎石桩体（亦称碎石桩法）与原地基构成复合地基，提高地基承载力。

振冲法适用于处理砂土、粉土、粉质黏土、素填土和杂填土等地基。对于处理不排水抗剪强度不小于20kPa的饱和黏性土和饱和黄土地基，应在施工前通过现场试验确定其适用性。不加填料振冲加密适用于处理黏粒含量不大于10%的中砂、粗砂地基。

2-28 振冲法地基施工对材料、机具的选用有哪些要求？

1. 材料

骨料采用坚硬、不受侵蚀影响的砾石、碎石、卵石、粗砂或矿渣等，粒径20～50mm较合适，含泥量宜大于5%，不得含杂质土块。

2. 机具设备

(1) 振冲器：其构造如图2-14所示；起重机：8～15t履带式起重机或自制起重机具；水泵：要求流量20～30m^3/h，水压0.6～0.8MPa。

(2) 控制设备：包括控制电流操作台，150A以上电流表，500V电压表等，以及供水管道，加料设备（吊斗或翻斗车）。

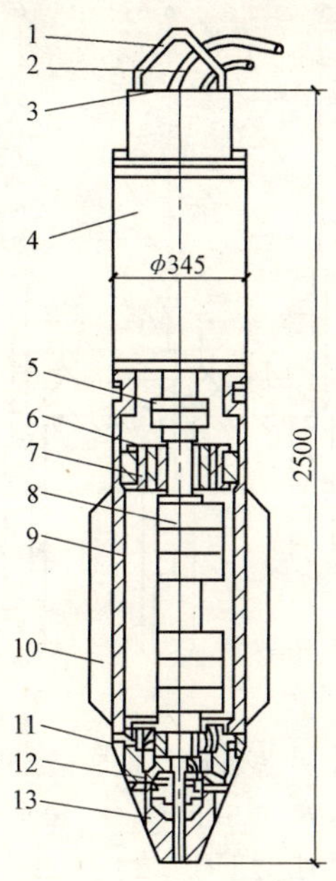

图 2-14　振冲器构造

1—吊具；2—水管；3—电缆；4—电机；5—连轴器；6—轴；7—轴承；8—偏心块；9—壳体；10—翅片；11—轴承；12—头部；13—水管

2-29　振冲法地基的施工要点有哪些？

（1）振冲施工可根据设计荷载的大小、原土强度的高低、设计桩长等条件选用不同功率的振冲器。施工前应在现场进行试验，以确定水压、水量、成孔速度及填料方法，达到土体密实度时的振密电流和留振时间等各种施工参数。

（2）振冲施工工艺流程，如图 2-15 所示，其步骤以下：

1）清理平整施工场地，按图布置桩位。

2）施工机具就位，使振冲器对准桩位。

3）启动供水泵和振冲器，水压可用 200～600kPa，水量可

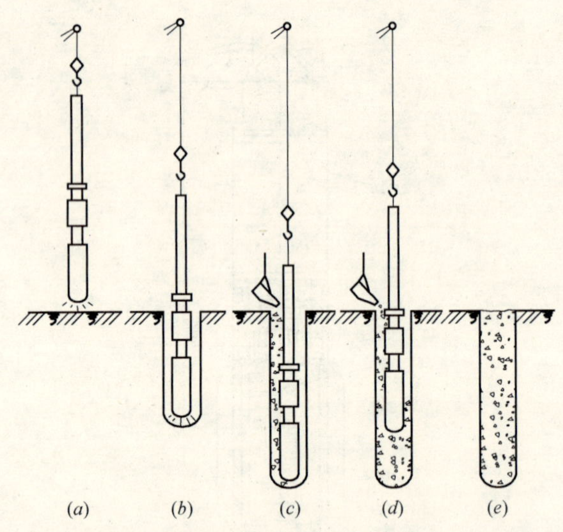

图 2-15　振冲碎石桩成桩工艺流程

(*a*) 振冲器定位；(*b*) 振中下沉；(*c*) 振冲至设计标高并下料；
(*d*) 边振边下料、边上堤；(*e*) 成桩

用 200～400L/min，将振冲器徐徐沉入土中，造孔速度宜为 0.5～2.0m/min，直至达到设计深度。记录振冲器经各深度的水压、电流和留振时间。

扩孔时每沉入 0.5～1.0m，在该段高度悬留振冲 5～10s 进行扩孔，待孔内泥浆溢出时再继续沉入，使形成 0.8～1.2m 的孔洞，当下沉达到设计深度时，留振并减少射水压力（一般保持 0.1MPa），以便排除泥浆进行清孔。亦可将振冲器以 1～2m/min 的匀速沉至设计深度以上 30～50cm，然后以 3～5m/min 的匀速提出孔口，再用同法沉至孔底，如此反复 1～2 次，达到扩孔的目的。

4）成孔后应立即往孔内加料，把振冲器沉入孔内的填料进行振密，至密实电流值达到规定值为止。如此提出振冲器、加料、沉入振冲器振密，反复进行直至桩顶，每次加料高度为 0.5～0.8m。在砂性土中制桩时，亦可采用边振边加料的方法。

5）在振密过程中，宜小水量补给喷水，以降低孔内泥浆密度，有利于填料下沉，便于振捣密实。

（3）施工现场应事先开设泥水排放系统，或组织好运浆车辆将泥将运至预先安排的存放地点，应尽可能设置沉淀池重复使用上部清水。

（4）桩体施工完毕后应将顶部预留的松散桩体挖除，如无预留应将松散桩头压实，随后铺设并压实垫层。

（5）不加填料振冲加密宜采用大功率振冲器，为了避免造孔中塌砂将振冲器包住，下沉速度宜快，造孔速率宜为 8～10m/min，到达深度后将射水量减至最小，留振至密实电流达到规定时，上提 0.5m，逐段振密直至孔口，一般每米振密时间约 1min。

在粗砂中施工如遇下沉困难，可在振冲器两侧增焊辅助水管，加大造孔水量，但造孔水压宜小。

（6）振密孔施工顺序宜沿直线逐点逐行进行，可按表 2-17 选用。

振冲造孔方法的选择　　　　表 2-17

造孔方法	步　　骤	优　缺　点
排孔法	由一端开始，依次逐步造孔到另一端结束	易于施工，且不易漏掉孔位，但当孔位较密时，后打的桩易发生倾斜和位移
跳打法	同一排孔采取隔一孔造一孔	先后造孔影响小；易保证桩的垂直度，但要防止漏掉孔位，并应注意桩位准确
围幕法	先造外围 2～3 圈（排）孔，然后造内圈（排）。采用隔圈（排）造一圈（排）或依次向中心区造孔	可防止桩向一侧偏位，能减少振冲能量的扩散，振密效果好，可节约桩数10%～15%，大面积施工常采用此法，但施工时应注意防止漏掉孔位和保证其位置准确

2-30　振冲法地基质量检验要求有哪些？

（1）检查振冲施工各项施工记录，如有遗漏或不符合规定要求的桩或振冲点，应补做或采取有效的补救措施。

每根桩的填料总量和密实度（包括桩顶）必须符合设计要求或施工规范规定，一般每米桩体直径达到0.8m以上所需碎石量为0.6～0.7m^3；桩顶中心位移不得大于100mm（按桩数5%抽查）。

（2）振冲施工结束后，除砂土地基外，应间隔一定时间后方可进行质量检验。对粉质黏土地基间隔时间可取21～28d，对粉土地基可取14～21d。

（3）振冲桩的施工质量检验可采用单桩载荷检验，检验数量为桩数的0.5%，且不少于3根。对碎石桩体检验可用重型动力触探进行随机检验。对桩间土的检验可在处理深度内用标准贯入、静力触探等进行检验。

（4）振冲处理后的地基竣工验收时，承载力检验应采用复合地基载荷试验。

（5）复合地基载荷试验检验数量不应少于总桩数的0.5%，且每个单体工程不应少于3点。

（6）对不加填料振冲加密处理的砂土地基，竣工验收承载力检验应采用标准贯入、动力触探、载荷试验或其他合适的试验方法。检验点应选择在有代表性或地基土质较差的地段，并位于振冲点围成的单元形心处及振冲点中心处。检验数量可为振冲点数量的1%，总数不应少于5点。

（7）振冲地基质量检验标准应符合表2-18的规定。

振冲地基质量检验标准　　表2-18

项目	序号	检查项目	允许偏差或允许值	检查方法
主控项目	1	填料粒径	符合设计要求	抽样检查
	2	密实电流(黏性土)(A) 密实电流(砂性土或粉土)(A) (以上为功率30kW振冲器) 密实电流(其他类型振冲器)(A)	50～55 40～50 (1.5～2.0)A_0	电流表读数 电流表读数 (A_0—空振电流)
	3	地基承载力	符合设计要求	按规定方法

续表

项目	序号	检 查 项 目	允许偏差或允许值	检查方法
一般项目	1	填料含泥量(%)	<5	抽样检查
	2	振冲器喷水中心与孔径中心偏差(mm)	≤50	用钢尺量
	3	成孔中心与设计孔位中心偏差(mm)	≤100	用钢尺量
	4	桩体直径(mm)	<50	用钢尺量
	5	孔深(mm)	±200	量钻杆或重锤测

(五) 砂石桩法地基

2-31 什么是砂石桩法地基? 其适用范围有哪些?

砂桩和砂石桩统称砂石桩，是指用振动、冲击或水冲等方式在软弱地基中成孔后，再将砂或砂卵石（或砾石、碎石）挤压入土孔中，形成大直径的砂或砂卵石（碎石）所构成的密实桩体，它是处理软弱地基的一种常用方法。

砂石桩法适用于挤密松散砂土、粉土、黏性土、素填土、杂填土等地基。对饱和黏性土地基上对变形控制要求不严的工程也可采用砂石桩置换处理。砂石桩法也可用于处理可液化地基。

2-32 砂石桩法对材料、机具的选用有哪些要求?

1. 材料

桩填料用天然级配的中砂、粗砂、砾砂、圆砾、角砾、卵石或碎石等，含泥量不大于 5%，并且不宜含有大于 50mm 的颗粒。

2. 机具设备

砂石桩施工可采用振动沉管（图 2-16）、锤击沉管或冲击成孔等成桩法。当用于消除粉细砂及粉土液化时，宜用振动沉管成

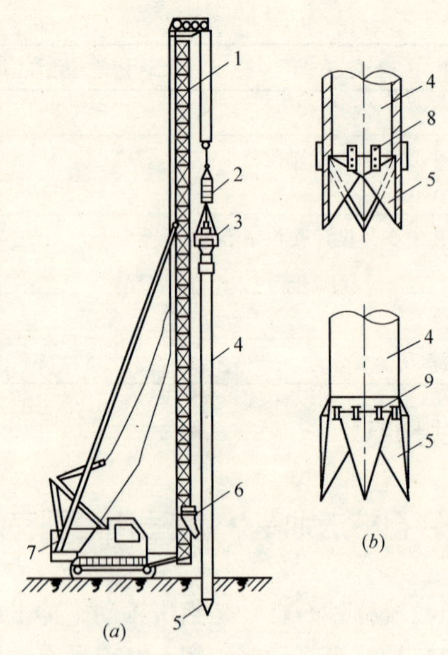

图 2-16　振动打桩机打砂石桩

（a）振动打桩机沉桩；（b）活瓣桩靴

1—机架；2—减振器；3—振动器；4—钢套管；5—活瓣桩尖；6—装砂石下料斗；7—机座；8—活门开启限位装置；9—锁轴

桩法。配套机具有桩管、吊斗、1t 机动翻斗车等。

2-33　砂石桩法地基的构造和布置有哪些要求？

（1）桩的直径：根据土质类别、成孔机具设备条件和工程情况等而定，一般为 30cm，最大 50～80cm，对饱和黏性土地基宜选用较大的直径。

（2）桩的长度：当地基中的松散土层厚度不大时，可穿透整个松散土层；当厚度较大时，应根据建筑物地基的允许变形值和不小于最危险滑动面的深度来确定；对于液化砂层，桩长应穿透可液化层。

(3) 桩的布置和桩距：桩的平面布置宜采用等边三角形或正方形。桩距应通过现场试验确定，但不宜大于砂石桩直径的4倍。

(4) 处理宽度：挤密地基的密度应超出基础的宽度，每边放宽不应少于1～3排；砂石桩用于防止砂层液化时，每边放宽不宜小于处理深度的1/2，并且不应小于5m。当可液化层上覆盖有厚度大于3m的非液化层时，每边放宽不宜小于液化层厚度的1/2，并且不应小于3m。

(5) 垫层：在砂石桩顶面应铺设30～50cm厚的砂或砂砾石（碎石）垫层，满布于基底并予以压实，以起扩散应力和排水作用。

2-34 砂石桩法地基的施工要点有哪些？

(1) 砂石桩的施工顺序，应从外围或两侧向中间进行，如砂石桩间距较大，亦可逐排进行，以挤密为主的砂石桩同一排应间隔进行；对黏性土地基宜从中间向外围或隔排施工；在既有建（构）筑物邻近施工时，应背离建（构）筑物方向进行。

(2) 施工前应进行成桩挤密试验，桩数宜为7～9根。振动法应根据沉管和挤密情况以确定填砂石量、提升高度和速度、挤压次数和时间、电机工作电流等，作为控制质量的标准，以保证挤密均匀和桩身的连续性。

(3) 砂石桩成桩工艺有振动成桩法（简称振动法）和锤击成桩法（简称锤击法）两种，振动法使用较多。振动法系采用振动沉桩机将带活瓣桩尖的与砂石桩同直径的钢管沉下，往桩管内灌砂后，边振动边缓慢拔出桩管；或在振动拔管的过程中，每拔0.5m高停拔振动20～30s；或将桩管压下然后再拔，以便将落入桩孔内的砂压实，并可使桩径扩大。振动力以30～70kN为宜，不应太大，以防过分扰动土体。拔管速度应控制在1～1.5m/min范围内，打直径500～700mm砂石桩通常采用大吨位

KM2～1200 型振动沉桩机施工（图 2-16），砂石桩施工工艺如图 2-17 所示。

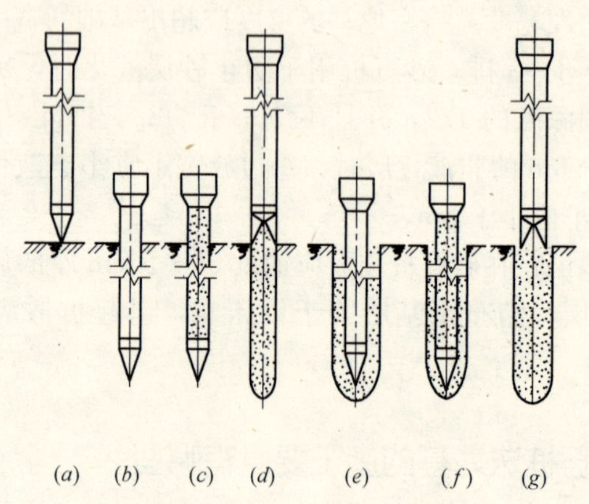

图 2-17　砂石桩施工工艺

(*a*) 桩架就位，桩尖插在标桩上；(*b*) 打设到设计标高；(*c*) 灌注砂石；(*d*) 拔起桩管，活瓣桩尖张开，砂留在桩孔内；(*e*) 将桩管再次打到设计标高；(*f*) 灌注砂石；(*g*) 拔起桩管完成扩大砂石桩

施工中应选用能顺利出料和有效挤压桩孔内砂石料的桩尖结构。当采用活瓣桩靴时，对砂土和粉土地基宜选用尖锥形；对黏性土地基宜选用平底形；一次性桩尖可采用混凝土锥形桩尖。

(4) 灌砂石时含水量应加控制，对饱和土层，砂石可采用饱和状态，对非饱和土或杂填土，或能形成直立的桩孔壁的土层，含水量可采用 7%～9%。

(5) 砂石桩应控制填砂石量。砂桩的灌砂量通常按桩孔的体积和砂在中密状态时的干密度计算（一般取 2 倍桩管入土体积）。桩石桩实际灌砂石量（不包括水重），不得少于设计值的 95%。如发现砂石量不够或砂石桩中断等情况，可在原位进行复打灌砂石。

(6) 施工时桩位水平偏差不应大于 0.3 倍套管外径；套管垂

直度偏差不应大于1%。

（7）砂石桩施工后，应将基底标高下的松散层挖除或夯压密实，随后铺设并实砂石垫层。

2-35 砂石桩地基的质量检验要求有哪些？

（1）施工前应检查砂、砂石料的含泥量及有机质含量、样桩的位置等。

（2）施工中检查每根砂石桩、砂桩的桩位、灌砂石、砂量、标高垂直度等。

（3）施工后应间隔一定时间方可进行质量检验。对饱和黏性土地基应待孔隙水压力消散后进行，间隔时间不宜少于28d；对粉土、砂土和杂填土地基，不宜少于7d。

砂石桩的施工质量检验可采用单桩载荷试验，对桩体可采用动力触探试验检测，对桩间土可采用标准贯入、静力触探、动力触探或其他原位测试等方法进行检测。桩间土质量的检测位置应在等边三角形或正方形的中心。检测数量不应少于桩孔总数的2%。

砂石桩地基竣工验收时，承载力检验应采用复合地基载荷试验。

复合地基载荷试验数量不应少于总桩数的0.5%，且每个单体建筑不应少于3点。

（4）砂石桩、砂桩地基的质量检验标准应符合《建筑地基基础工程质量验收规范》GB 50202—2002表4.15.4的规定。

（六）水泥粉煤灰碎石桩法地基

2-36 什么是水泥粉煤灰碎石桩法地基？其适用范围有哪些？

水泥粉煤灰碎石桩（Cement Fly-ash Gravel Pile）简称CFG

桩，是近年发展起来的处理软弱地基的一种新方法。它是在碎石桩的基础上掺入适量石屑、煤粉灰和少量水泥，加水拌合后制成具有一定强度的桩体。其骨料仍为碎石，用掺入石屑来改善颗粒级配；掺入粉煤灰来改善混合料的和易性，并利用其活性减少水泥用量；掺入少量水泥使具一定粘结强度。它是一种低强度混凝土桩，可充分利用桩间土的承载力，共同作用，并可传递荷载到深层地基中去，具有较好的技术性能和经济效果。

水泥粉煤灰碎石桩（CFG桩）法适用于处理黏性土、粉土、砂土和已自重固结的素填土等地基。对淤泥质土应按地区经验或通过现场试验确定其适用性。

水泥粉煤灰碎石桩应选择承载力相对较高的土层作为桩端持力层。

2-37 水泥粉煤灰碎石桩法地基对材料、机具的选用有何要求？

1. 材料

(1) 碎石用粒径20～50mm，松散密度1.39t/m³，杂质含量小于5%；石屑用粒径2.5～10mm，松散密度1.47t/m³，杂质含量小于5%。

(2) 水泥用普通硅酸盐水泥，不得使用过期或受潮结块的水泥。

(3) 粉煤灰宜选用Ⅰ级或Ⅱ级，细度（0.045方孔筛筛余量）不大于12%和20%。

(4) 外掺剂多为泵送剂、早强减水剂等，根据施工需要通过试验确定。

(5) 混合料配合比根据拟加固场地的土质情况及加固后要求达到的承载力而定。水泥、粉煤灰、碎石混合料的配合比相当于抗压强度为C1.2～C7的低强度等级混凝土，密度大于2.0t/m³。掺加量佳石屑率（石屑量与碎石和石屑总重量之比）约为25%

左右情况下，当$\frac{W}{C}$（水与水泥用量之比）为1.01～1.47，$\frac{F}{C}$（粉煤灰与水泥重量之比）为1.02～1.65，混凝土抗压强度约1.42～8.8MPa。

2. 机具设备

CFG桩成孔和灌桩一般采用振动式沉管打桩机架，配DZJ90型变矩式振动锤，主要技术参数为：电动机功率：90kW；激振力：0～747kN；质量：67000kg。亦可采用长螺旋钻孔机，钻孔直径300～800mm，钻孔深度12～27m。此外，配备混凝土搅拌机混凝土输送泵（40～60m^3/h）及电动气焊设备及手推车、吊斗等机具。

2-38 水泥粉煤灰碎石桩法地基的构造要求有哪些？

（1）桩径：根据振动沉桩机的管径大小而定，一般为350～400mm。

（2）桩距：根据土质、布桩形式、场地情况，可按表2-19选用。

（3）桩长：根据需挤密加深度而定，一般为6～12m。

柱距选用表 **表2-19**

土质 / 桩距 / 布桩形式	挤密性好的土，如砂土、粉土、松散填土等	可挤密性土，如粉质黏土、非饱和黏性土等	不可挤密性土，如饱和黏土、淤泥质土等
单、双排布桩的条基	(3～5)d	(3.5～5)d	(4～5)d
含9根以下的独立基础	(3～6)d	(3.5～6)d	(4～6)d
满堂布桩	(4～6)d	(4～6)d	(4.5～7)d

注：d——桩径，以成桩后桩的实际桩径为准。

2-39 水泥粉煤灰碎石桩法地基的施工要点有哪些？

（1）水泥粉煤灰碎石桩的施工，应根据现场条件选用下列施工工艺：

1）长旋旋钻孔灌注成桩、适用于地下水位以上的黏性土、粉土、素填土、中等密实以上的砂土；

2）长螺旋钻孔、管内泵压混合料灌注成桩，适用于黏性土、粉土、砂土，以及对噪声或泥浆污染要求严格的场地；

3）振动沉管灌注成桩，适用于粉土、黏性土及素填土地基。

（2）长螺旋钻孔、管内泵压混合料灌注成桩施工和振动沉管灌注成桩施工，除应执行国家现行有关规定外，尚应符合下列要求：

1）施工前应按设计要求由试验室进行配合比试验，施工时按配合比配制混合料。长螺旋钻孔、管内泵压混合料成桩施工的坍落度宜为160～200mm，振动沉管灌注成桩施工的坍落度宜为30～50mm，振动沉管灌注成桩后桩顶浮浆厚度不宜超过200mm。

2）长螺旋钻孔、管内泵压混合料成桩施工在钻至设计深度后，应准确掌握提拔钻杆时间，混合料泵送量应与拔管速率相配合，遇到饱和砂土或饱和粉土层，不得停泵待料；沉管灌注成桩施工拔管速度应按匀速控制，拔管速率应控制在1.2～1.5m/min左右，如遇淤泥或淤泥质土，拔管速率应适当放慢。

3）施工桩顶标高宜高出设计桩顶标高不少于0.5m。

4）成桩过程中，抽样做混合料试块，每台机械一天应做一组（3块）试块（边长为150mm的立方体），标准养护，测定其立方体抗压强度。

（3）冬期施工时混合料入孔温度不得低于5℃，对桩头和桩间土应采取保护措施。

（4）清土和截桩时，不得造成桩顶标高以下桩身断裂和扰动桩间土。

（5）褥垫层铺设宜采用静力压实法，当基础底面下桩间土的含水量较小时，也可采用动力夯实法，夯填度（夯实后的褥垫层厚度与虚铺厚度的比值）不得大于0.9。

（6）施工垂直度偏差不应大于1%；对满堂布桩基础，桩位偏差不应大于 0.4 倍桩径；对条形基础，桩位偏差不应大于 0.25 倍桩径，对单排布桩桩位偏差不应大于 60mm。

（7）采用振动沉管灌注成桩施工工艺要点如下：

1）施工工艺流程，如图 2-18 所示。

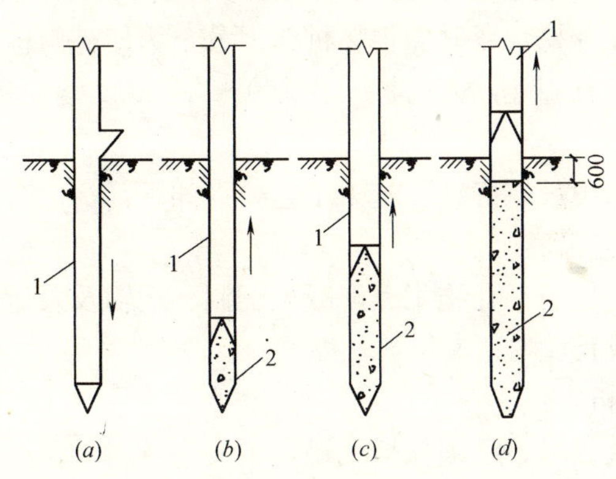

图 2-18　水泥粉煤灰碎石桩工艺流程

(*a*) 打入管桩；(*b*)、(*c*) 灌水泥粉煤灰碎石、振动拔管；(*d*) 成桩

1—桩管；2—水泥粉煤灰碎石桩

桩施工程度为：桩机就位→沉管至设计深度→停振下料→振动捣实后拔管→留振 10s→振动拔管、复打。应考虑隔排隔桩跳打，新打桩与已打桩间隔时间不应少于 7d。

2）桩机就位须平整、稳固，沉管与地面保持垂直，垂直度偏差不大于 1%；如带预制混凝土桩尖，需埋入地面以下 300mm。

3）在沉管过程中用料斗在空中向桩管内投料，待沉管至设计标高后须尽快投料，直至混合料与钢管上部投料口齐平。混合料应按设计配合比配制，投入搅拌机加水拌合，搅拌时间不少于 2min，加水量由混合料坍落度控制，一般坍落度为 30～50mm；成桩后桩顶浮浆厚度一般不超过 200mm。

4）当混合料加至钢管投料口齐平后，沉管在原地留振10s左右，即可边振动边拔管，拔管速度控制在1.2～1.5m/min左右，每提升1.5～2.0m，留振20s。桩管拔出地面确认成桩符合设计要求后，用粒状材料或黏土封顶。

5）桩体经7d达到一定强度后，可进行基槽开挖；如桩顶离地面在1.5m以内，宜用人工开挖；如大于1.5m，下部700mm亦宜用人工开挖，以避免损坏桩头部分。为使桩与桩间土更好地共同工作，在基础下宜铺一层150～300mm厚的碎石或灰土垫层。

(8）采用长螺旋钻孔施工工艺要点如下：

1）工艺流程

桩机定位→钻孔施工→混凝土配制、运输及泵送→压灌混凝土成桩→成桩验收。

2）桩机定位

桩机就位时，必须保持平稳，不发生倾斜、移位。为准确控制造孔深度，应在桩架上或桩管上做出控制的标尺，以便在施工中进行观测、记录。

3）钻孔施工

① 钻机进场后，应根据桩长来安装钻塔及钻杆，钻杆的连接应牢固，每施工2～3根桩后，应对钻杆连接处进行紧固。

② 桩机就位前进行孔位复核。钻机定位后，钻尖封口，最好用橡皮筋箍住。进行预检，钻头与桩点偏移不得大于10mm，并采用双向锤法将钻杆调整垂直，慢速开孔。

③ 钻进速率应根据土层情况来确定：杂填土、黏性土、砂卵石层为0.2～0.5m/min；素填土、黏性土、粉土、砂层为1.0～1.5m/min。施工前应根据试钻结果进行调整。

④ 钻机钻进过程中，一般不得反转或提升钻杆，如需提升钻杆或反转应将钻杆提至地面，对钻尖开启门须重新清洗、调试、封口。

⑤ 在钻进过程中，如遇到卡钻、钻机摇晃、偏斜或发现有

节奏的声响时，应立即停钻，查明原因，采取相应措施后，方可继续作业。

⑥ 钻出的土，应随钻随清，钻至设计标高时，应将钻杆导正器打开，以便清除钻杆周围土。

⑦ 钻到桩底设计标高，由质检员终孔验收后，进行压灌混凝土作业。

4）混凝土配制、运输及泵送

① 采用预拌混凝土，其原材料、配合比、强度等级应符合设计要求。

② 运输要求：采用混凝土罐车进行运输，罐车需要保证在规定时间内到达施工现场。

③ 地泵输送混凝土。

A. 混凝土地泵的安放位置应与钻机的施工顺序相配合，尽量减少弯道，混凝土泵与钻机的距离一般在60m以内为宜。

B. 混凝土泵送前采用水泥砂浆进行润湿，不得泵入孔内。混凝土的泵送尽可能连续进行，当钻机移位时，地泵料斗内的混凝土应连续搅拌，泵送时，应保持料斗内混凝土的高度，不得低于400mm，以防吸进空气造成堵管。

C. 混凝土输送泵管尽可能保持水平，长距离泵送时，泵管下面应用垫木垫实。当泵管需向下倾斜时，应避免角度过大。

5）压灌混凝土成桩

① 成桩施工各工序应连续进行。成桩完成后，应及时清除钻杆及软管内残留混凝土。长时间停置时，应用清水将钻杆、泵管、地泵清洗干净。

② 钻至桩底标高后，应立即将钻机上的软管与地泵管相连，并在软管内泵入水泥浆或水泥砂浆，以起润湿软管和钻杆作用。

③ 钻杆的提升速度应与混凝土泵送量相一致，充盈系统不小于1.0，应通过试桩确定提升速率及何时停止泵送。遇到饱和砂土或饱和粉土层，不得停泵待料，并应减慢提升速度。成桩过程中经常检查排气阀是否工作正常，如不能正常工作，要及时修复。

④ 必要时成桩后对桩顶 3～5m 范围内进行振捣。

2-40 水泥粉煤灰碎石桩法地基的质量检验有哪些要求?

(1) 水泥、粉煤灰、砂及碎石等原材料应符合设计要求。

(2) 施工中应检查桩身混凝土的配合比、坍落度和提拔钻杆速度、成孔深度、混合料灌入量等。

(3) 施工结束后，应对桩顶标高、桩位、桩体质量、地基承载力以及褥垫层的质量做检查。

1) 施工质量检验主要应检查施工记录、混合料坍落度、桩数、桩位偏差、褥垫层厚度、夯填度和桩体试块抗压强度等。

2) 水泥粉煤灰碎石桩地基竣工验收时，承载力检验应采用复合地基载荷试验。

3) 水泥粉煤灰碎石桩地基检验应在桩身强度满足试验荷载条件时，并宜在施工结束 28d 后进行。试验数量宜为总桩数的 0.5%～1%，且每个单体工程的试验数量不应少于 3 点。

4) 应抽取不少于总桩数的 10%的桩进行低应变动力试验，检测桩身完整性。

(4) 水泥粉煤灰碎石桩复合地基的质量检验应符合表 2-20 的规定。

水泥粉煤灰碎石桩复合地基的质量检验标准　　表 2-20

项目	序号	检查项目	允许偏差或允许值		检查方法
			单位	数值	
主控项目	1	原材料	设计要求		查产品合格证书或抽样送检
	2	桩径	mm	−20	用钢尺量或计算填料量
	3	桩身强度	设计要求		查 28d 试块强度
	4	地基承载力	设计要求		按规定的办法

续表

项目	序号	检查项目		允许偏差或允许值		检查方法
				单位	数值	
一般项目	1	桩身完整性		按桩基检测技术规范		
	2	桩位偏差	满常布桩 条基布桩 单排布桩		≤0.40D ≤0.25D ≤60mm	用钢尺量，D 为桩径
	3	桩垂直度		%	≤1.0	用经纬仪测钻杆
	4	桩长		mm	+100	测钻杆长度或垂球测孔深
	5	褥垫层夯填度		≤0.9		用钢尺量

注：1. 夯填度指夯实后的褥垫层厚度与虚体厚度的比值。
2. 桩径允许偏差负值是指个别断面。

（七）夯实水泥土桩地基

2-41 什么是夯实水泥土桩地基？其适用范围有哪些？

夯实水泥土桩地基系用洛阳铲或小型成孔机成孔，在孔中分层填入水泥与土混合料经夯实成桩，与桩间土共同组成复合地基。

夯实水泥土桩法适用于处理地下水位以上的粉土、素填土、杂填土、黏性土等地基。处理深度不宜超过 10m。采用洛阳铲成孔工艺，处理深度不宜超过 6m。

2-42 夯实水泥土桩地基对材料、机具的选用有哪些要求？

1. 材料

(1) 水泥：宜用强度等级为 32.5 级的矿渣硅酸盐水泥。水泥使用前除有出厂合格证外，尚应送试验室复试，做强度及安定性等试验。

（2）土：宜优先选用原位土作混合料，宜用无污染，有机质含量不超过5%的黏性土、粉土或砂类土。使用前宜过10～20mm网筛，如土料含水量过大，需风干或另掺加其他的含水量较小的掺合料。掺合料确定后，进行室内配合比试验，用击实试验确定掺合料的最佳含水量，对重要工程，在掺合料最佳含水量的状态下，在70.7mm×70.7mm×70.7mm的试模中试制几种配合比的水泥土试块，做3d、7d、28d的极限抗压强度试验，确定适宜的配合比。

（3）其他掺合料：可选用工业废料粉煤灰、炉渣作混合料。

2. 机具设备

（1）洛阳铲：多选用直径为110～130mm，杂填土及硬土时可选用直径更小。

（2）长螺旋钻机：宜选用小型的轻便步履式、履带式或汽车式长螺旋钻机。

（3）夯机：宜选用机械夯机，锤重不小于80kg，锤径不大于270mm。

（4）搅拌机：宜选用强制式或普通滚筒式搅拌机。

（5）粉碎机：选用轻便小型粉碎机，粉碎后粒径不大于15mm。

（6）量孔器：量测孔径、垂直度、孔底进设计持力层的深度。

（7）其他：筛子，机动翻斗车等。

2-43 夯实水泥土桩地基的构造布置有哪些要求？

（1）桩孔直径根据设计要求、成孔方法及经济效果等情况而定，一般选用300～500mm；桩长根据土质情况、处理地基的深度和成孔工具设备等因素确定，一般为3～10m，桩端进入持力层应不小于1～2倍桩径。

（2）桩多采用条形（单排或双排）或满堂布置，桩体间距0.75～1.0m，排距0.65～1.0m，在桩顶铺设150～200mm厚3∶7灰土褥垫层。

2-44 夯实水泥土桩地基的施工要点有哪些？

（1）工艺流程

人工洛阳铲或钻机成孔→清孔验孔→孔底夯实→拌合水泥土→水泥土最优含水量检验→将水泥土逐层填入孔内，逐层夯实→夯至设计桩顶标高→素土封顶→下一根桩施工。

（2）成孔

1）采用人工洛阳铲成孔，确定好桩位中心，以中点为圆心，以桩身半径为半径划出圆，作为桩孔开挖尺寸线，从周围向中心开始挖。

2）采用长螺旋钻机成孔，在钻机进场后，根据桩长安装钻塔及钻杆，没必要的钻杆不用，避免钻具过长造成晃动，也不易保证钻孔的垂直度。

3）钻机定位后，钻尖与桩点偏移不得大于10mm，刚接触地面时，下钻速率要慢，尤其遇地表硬层或冻土层，最好用风镐凿破硬层或冻土层后，再钻进。

4）孔内挖出的土及时运走，不能及时运走的要堆放在离孔口0.5m以外，保证不能掉入孔内。

5）挖孔过程中及时量测孔径、垂直度，当挖至设计深度时，用量孔器测量孔深、孔径、垂直度及进入设计持力层的深度，满足设计要求。

成孔施工应符合下列要求：

① 桩孔中心偏差不应超过桩径设计值的1/4，对条形基础不应超过桩径设计值的1/6；

② 桩孔垂直度偏差不应大于1.5%；

③ 桩孔直径不得小于设计桩径；

④ 桩孔深度不应小于设计深度。

6）钻（挖）至设计孔底深度后，检查有无虚土，如虚土较厚，可用专门机具清理。之后采用机械夯机进行夯实，夯击次数可现场试验确定，一般为6～8击。

对边角部位，机械无法到位的桩，采用人工夯实，先用小落距轻夯3～5次，然后重夯不少于8次，夯锤落距不小于600mm。

（3）拌合水泥土

1）选好所用土后，按要求过10～20mm的网筛。

2）拌合水泥土要求采用机械搅拌。

3）拌合好的水泥土料，要在2h内用完，否则应废弃，确保桩所用拌合料是合格的。

（4）将水泥土逐层填入孔内，逐层夯实

1）填料应用铁锹匀速填料，每次填料200～300mm即夯击6～8击，避免直接用手推车或小翻斗车往孔内倒，每填一步，夯步密实后再填下一步。

2）向孔内填料前，先夯实孔底虚土，采用二夯一填的连续成桩工艺。每根桩要求一气呵成，不得中断，防止出现松填或漏填现象。桩身密实度要求成桩1h后，击数不小于30击，用轻便触探检查“检定击数”。

3）当夯至桩项标高时，多填300mm作为保护桩头，之后再填素土夯至地表，确保桩头质量。

2-45 夯实水泥土桩地基的质量检验要求有哪些？

（1）水泥及夯实用土料的质量应符合设计要求。

（2）施工中应检查孔位、孔深、孔径、水泥和土的配合比，混合料含水量等。

（3）施工结束后，应对桩体质量及复合地基承载力做检验，褥垫层应检查其夯填度。

1）施工过程中，对夯实水泥土桩的成桩质量，应及时进行抽样检验。抽样检验的数量不应少于总桩数的2%。

对一般工程，可检查桩的干密度和施工记录。干密度的检验方法可在24h内采用取土样测定或采用轻型动力触探击数 N_{10} 与现场试验确定的干密度进行对比，以判断桩身质量。

2）夯实水泥土桩地基竣工验收时，承载力检验应采用单桩复合地基载荷试验。对重要或大型工程，尚应进行多桩复合地基载荷试验。

3）夯实水泥土桩地基检验数量应为总桩数的0.5%～1%，且每个单体工程不应少于3点。

（4）夯实水泥土桩的质量检验标准应符合表2-21的规定。

夯实水泥土桩的质量检验标准　　　　表2-21

<table>
<tr><th rowspan="2">项目</th><th rowspan="2">序号</th><th rowspan="2" colspan="2">检查项目</th><th colspan="2">允许偏差或允许值</th><th rowspan="2">检查方法</th></tr>
<tr><th>单位</th><th>数值</th></tr>
<tr><td rowspan="4">主控项目</td><td>1</td><td colspan="2">桩径</td><td>mm</td><td>－20</td><td>用钢尺量</td></tr>
<tr><td>2</td><td colspan="2">桩长</td><td>mm</td><td>＋500</td><td>测桩孔深度</td></tr>
<tr><td>3</td><td colspan="2">桩体干密度</td><td colspan="2">设计要求</td><td>现场取样检查</td></tr>
<tr><td>4</td><td colspan="2">地基承载力</td><td colspan="2">设计要求</td><td>按规定的方法</td></tr>
<tr><td rowspan="7">一般项目</td><td>1</td><td colspan="2">土料有机质含量</td><td>%</td><td>≤5</td><td>焙烧法</td></tr>
<tr><td>2</td><td colspan="2">含水量（与最优含水量比）</td><td>%</td><td>±2</td><td>烘干法</td></tr>
<tr><td>3</td><td colspan="2">土料粒径</td><td>mm</td><td>≤20</td><td>筛分法</td></tr>
<tr><td>4</td><td colspan="2">水泥质量</td><td colspan="2">设计要求</td><td>查产品质量合格证书或抽样送检</td></tr>
<tr><td>5</td><td>桩位偏差</td><td>满堂布桩
条基布桩</td><td></td><td>≤0.40D
≤0.25D</td><td>用钢尺量，D为桩径</td></tr>
<tr><td>6</td><td>桩孔垂直度</td><td>%</td><td colspan="2">≤1.5</td><td>用经纬仪测钻杆或量孔器量测</td></tr>
<tr><td>7</td><td colspan="2">褥垫层夯填度</td><td colspan="2">≤0.9</td><td>用钢尺量</td></tr>
</table>

（八）水泥土搅拌桩地基

2-46 什么叫水泥土搅拌桩地基？其适用范围有哪些？

水泥土深层搅拌加固地基是利用水泥（石灰）等材料作为固化剂，通过深层搅拌机，在地基深部，就地将软土和固化剂（浆体或粉体）强制拌合，利用固化剂和软土发生一系列物理—化学反应，使其凝结成具有整体性、水稳性和较高强度的水泥加固体，与天然地基形成复合地基。

水泥土搅拌法适用于处理正常固结的淤泥与淤泥质土、粉土、饱和黄土、素填土、黏性土以及无流动地下水的饱和松散砂土等地基。

2-47 水泥土搅拌桩地基对材料和机具选用有何要求？

1. 材料

（1）水泥：宜用强度等级为 32.5 级的矿渣硅酸盐水泥。

（2）粉煤灰：宜选用Ⅰ级或Ⅱ级粉煤灰。

（3）外加剂：可根据工程需要和土质条件，选用早强、缓凝、减水等外加剂。要经过试验室复试合格。

深层法加固软土的水泥用量一般为加固体重的 7%～15%，每加固 1m^3 土体掺入水泥约 110～160kg；如用水泥砂浆作固化剂，其配合比为 1～2（水泥：砂），为增强流动性，可掺入水泥重量的 0.2%～0.25%的木质素磺酸钙，1%的硫酸钠和 2%的石膏，水灰比 0.43～0.50，水泥砂浆稠度为 11～14cm。

2. 机具设备

（1）搅拌桩机，常用的搅拌桩机见表 2-22 所列。

（2）水泥搅拌机：搅浆筒体积一般不小于 0.5m^3，宜选用 2～3个搅浆筒并联。

常用搅拌桩机主要技术参数表　　　　表 2-22

型　　号	主要技术参数
SJB-1/2	搅拌油，叶片外径 700～800mm，电机功率 2×30kW，提升力大于 10t，接地压力 60kPa，最大加固深度 10～18m，总重 4.5t
GZB-600	单轴，叶片外径 600mm，电机功率 2×30kW，提升力大于 15t，接地压力 60kPa，最大加固深度 10～15m，总重 12t
PH-5A	单轴，叶片外径 500mm，电机功率 48kW，最大加固深度 15～18m，总量 8t
BS-5	单轴，叶片外径 500mm，电机功率 37kW，转速为五个变速 16～85r/min，最大加固深度 12m，总重 12t

（3）水泥浆输送泵：要与输浆量相匹配。

（4）输浆管、水管：规格要与施工能力相匹配，且不得漏浆、漏水。

（5）过滤网：网孔不得大于 20 目，过滤搅浆筒出来的水泥浆。

深层搅拌机有中心管喷浆方式的 SJB-1 型搅拌机和叶片喷浆方式的 GZB-600 型搅拌机两类：SJB-1 型深层搅拌机是双搅拌轴中心管输浆的水泥搅拌专用机械，制成的桩外形呈“8”字形（纵向最大处 1.3m，横向最大处 0.8m），其外形和构造如图 2-19（*a*）所示，其配套设备如图 2-20 所示，主要有：灰浆搅拌机共两台各 200L，轮流供料，集料斗（容积 0.4m^3）；HB6-3 型灰浆泵、电气控制柜等。

GZB-600 型深层搅拌机是利用进口钻机改装的单搅拌轴、叶片喷浆方式的搅拌机，其外形和构造如图 2-19（*b*）所示，其配套设备如图 2-21 所示，主要有 PMZ-15 型灰浆计量配料装置。有灰浆搅拌机两台（容积各为 500L）、集料斗（容积 0.18m^3）、灰浆泵组成以及电磁流量计算。

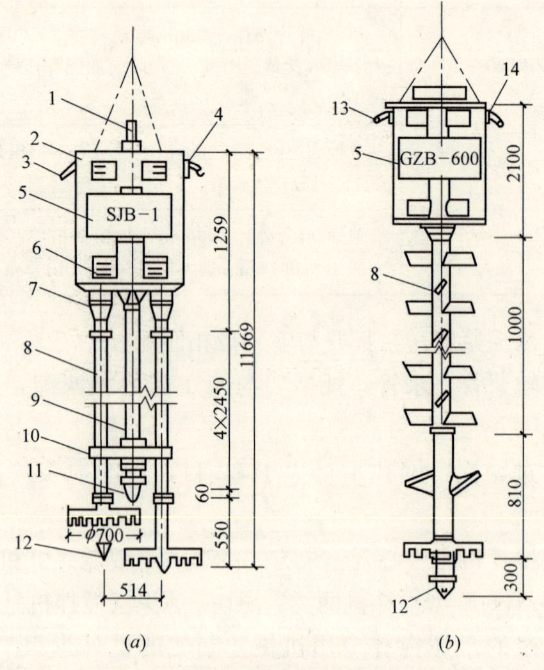

图 2-19　深层搅拌机外形和构造

(a) SJB-1 型深层搅拌机；(b) GZB-600 型深层搅拌机

1—输浆管；2—外壳；3—出水口；4—进水口；5—电动机；6—导向滑块；7—减速器；8—搅拌油；9—中心管；10—横向系板；11—球形阀；12—搅拌头；13—电缆接头；14—进浆口

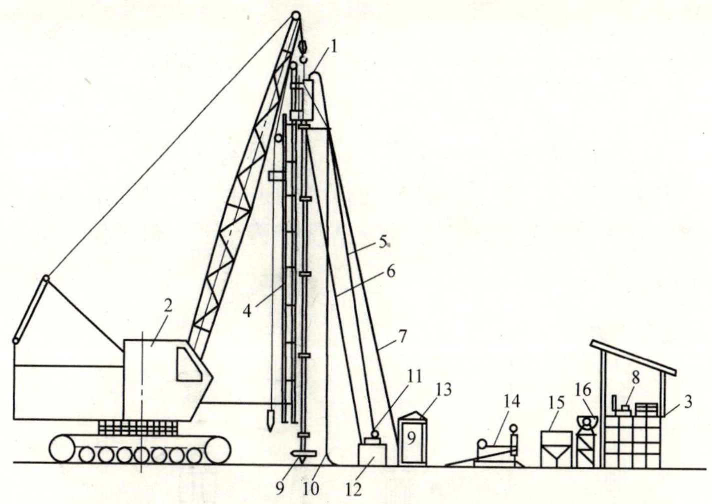

图 2-20　SJB-1 型深层搅拌机配套机械及布置

1—深层搅拌机；2—履带式起重机；3—工作平台；4—导向架；5—进水管；6—回水管；7—电缆；8—磅秤；9—搅拌头；10—输浆压力胶管；11—冷却泵；12—贮水池；13—电气控制柜；14—灰浆泵；15—集料斗；16—灰浆搅拌机

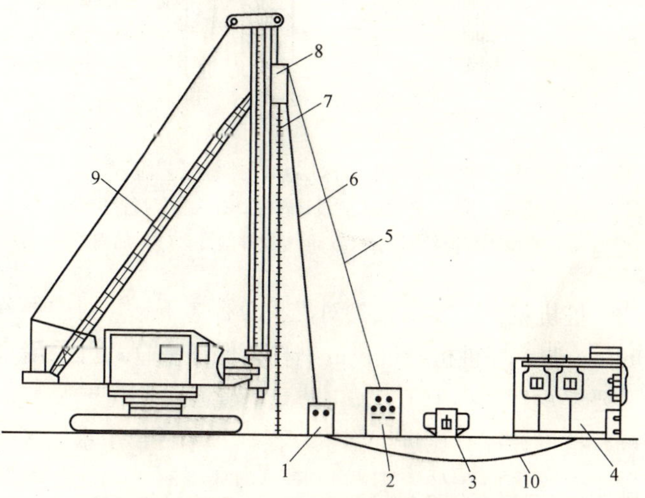

图 2-21　GBZ-600 型深层搅拌机配套机械

1—流量计；2—控制柜；3—低压变压器；4—PMZ-15 泵送装置；5—电缆；6—输浆胶管；7—搅拌油；8—搅拌机；9—打桩机；10—管道

2-48 水泥土搅拌桩地基的施工要点有哪些?

(1) 深层搅拌法的施工工艺流程如图 2-22 所示。

施工程序是：深层搅拌机定位→预搅下沉→制配水泥浆→提升喷浆搅拌→重复上、下搅拌→清洗→移至下一根桩位，重复以上工序。

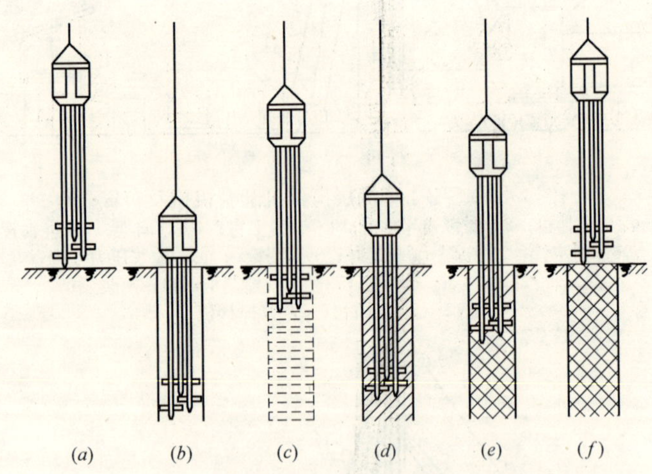

图 2-22 水泥土（深层）搅拌桩工艺流程

(a) 定位下沉；(b) 沉入到设计深度；(c) 喷浆搅拌提升；
(d) 原位重复搅拌下沉；(e) 重复搅拌提升；(f) 加固成桩

(2) 桩机就位，要求钻尖对准桩位标志下钻，对中误差应小于 20mm，调整好桩机，桩机的钻杆要保证垂直，可采用双锤法检验，要求垂直度小于 1.5%，防止斜桩。

(3) 按设计配合比进行制浆，根据每米桩长用水泥多少，一次性配制一根桩所用的水泥浆量。一般水灰比为 0.45～0.5，搅浆时间应不少于 3min，浆液比重控制在 1.75～1.85 之间。

(4) 进入贮浆桶的浆液要经过滤筛，筛网孔径不大于 20 目，且筛网不得有破损。贮浆桶内的浆液必须持续搅拌防止沉淀。对停留时间超过 2h 的水泥浆应降低强度等级使用或废弃。

（5）水泥浆泵设专人管理，喷搅所额定的浆液量必须控制在各自喷搅完成时贮浆桶内的浆液正好排空。

（6）施工时，先将深层搅拌机用钢丝绳吊挂在起重机上，用输浆胶管将贮料罐砂浆泵同深层搅拌机接通，开动电机，搅拌机叶片相向而转，借设备自重，以 0.38～0.75m/min 速度沉至要求的加固深度，再以 0.3～0.5m/min 的均匀速度提起搅拌机，与此同时开动砂浆泵，将砂浆从搅拌机中心管不断压入土中，用搅拌叶片浆水泥浆与深层处的软土搅拌，开动水泥浆泵进行第一次喷浆搅拌，应搅 30s，在水泥浆与桩端土充分搅拌后，再开始提升搅拌头。喷浆量为 20～40L/min。依据试验确定的参数进行控制，停浆面控制在设计桩项标高以上 0.5m。边搅拌边喷浆直至提至地面（近地面开挖部分可不喷浆，以便于挖土），即完成一次搅拌过程。用同法再一次重复搅拌下沉和重复搅拌喷浆上升，即完成一根柱状加固体，外形呈“8”字形，一根接一根搭接即成壁状加固体，相接宽度应大于 100mm，几个壁状加固体连成一片，即成块体。

（7）施工中要控制搅拌机的提升速度，连续匀速，以控制注浆量，保证搅拌均匀。

（8）每天加固完毕，应用水清洗贮料罐、砂浆泵、深层搅拌机及相应管理，以备再用。

2-49 水泥土搅拌桩地基的质量检验有哪些要求?

（1）水泥土搅拌桩的质量控制应贯穿在施工的全过程，并应坚持全程的施工监理。施工过程中必须随时检查施工记录和计量记录，并对照规定的施工工艺对每根桩进行质量评定。检查重点是：水泥用量、桩长、搅拌头转数和提升速度、每搅次数和复搅深度、停浆处理方法等。

1）施工前应检查水泥及外掺挤的质量、桩位、搅拌机工作性能及各种计量设备完好程度（主要是水泥浆流量计及其他计量装置）。

2）施工中应检查机头提升速度、水泥浆注入量、搅拌桩的长度及标高。

3）施工结束后，应检查桩体强度、桩体直径及地基承载力。

4）进行强度检验时，对承重水泥土搅拌桩应取 90d 后的试件；对支护水泥土搅拌桩应取 28d 后的试件。

（2）水泥土搅拌桩的施工质量检验可采用以下方法：

1）成桩 7d 后，采用浅部开挖桩头［深度宜超过停浆（灰）面下 0.5m］，目测检查搅拌的均匀性，量测成桩直径。检查量为总桩数的 5%。

2）成桩后 3d 内，可用轻型动力触探（N_{10}）检查每米桩身的均匀性。检验数量为施工总桩数的 1%，且不少于 3 根。

（3）竖向承载水泥土搅拌桩地基竣工验收时，承载力检验应采用复合地基载荷试验和单桩载荷试验。

（4）载荷试验必须在桩身强度满足试验荷载条件时，并宜在成桩 28d 后进行。检验数量为桩总数的 0.5%～1%，且每项单体工程不应少于 3 点。

经触探和载荷试验检验后对桩身质量有怀疑时，应在成桩 28d，用双管单动取样器钻取芯样做抗压强度检验，检验数量为施工总桩数的 0.5%，且不少于 3 根。

（5）对相邻桩搭接要求严格的工程，应在成桩 15d 后，选取数根桩进行开挖，检查搭接情况。

（6）基槽开挖后，应检验桩位、桩数与桩顶质量，如不符合设计要求，应采取有效补强措施。

（7）水泥土搅拌桩地基质量检验标准应符合表 2-23 的规定。

水泥土搅拌桩地基质量检验标准　　　　表 2-23

项目	序号	检查项目	允许偏差或允许值		检查方法
			单位	数值	
主控项目	1	水泥及外掺剂质量	设计要求		查产品合格证书或抽样送检
	2	水泥用量	参数指标		查看流量计
	3	桩体强度	设计要求		按规定办法
	4	地基承载力	设计要求		按规定办法
一般项目	1	机头提升速度	m/min	≤1.5	量机头上升距离及时间
	2	桩底标高	mm	±200	测机头深度
	3	桩顶标高	mm	+100	水准仪（最上部500mm不计入）
	4	桩位偏差	mm	≤50	用钢尺量
	5	桩径		<0.04D	用钢尺量，D为桩径
	6	垂直度	%	≤1.0	经纬仪
	7	搭接	mm	>200	用钢尺量

（九）高压喷射注浆桩地基

2-50　什么是高压喷射注浆桩地基？其适用范围有哪些？

高压喷射注浆法，又称旋喷法是一种深层地基处理方法，它是用高压脉冲泵将水泥浆液，通过钻杆下端的喷射装置，向四周以高速水平喷入土体，借助液体的冲击力切削土层，同时钻杆一面以一定的速度（20r/min）旋转，一面低速（15～30cm/min）徐徐提升，使土体与水泥浆充分搅拌混合，胶结硬化后，即在地基中形成直径比较均匀、具有一定强度（0.5～8.0N/mm^2）的圆柱体（称为旋喷桩），从而使地基得到加固。旋喷法又分为单独喷射浆液的单管法（成桩直径 0.3～0.8m），浆液和压缩空气同时喷射的二重管法（成桩直径 1.0m 左右），浆液、压缩空气和水同时喷射的三重管法（成桩直径 1.0～2.0m）三种。

旋喷法加固地基具有可提高地基的抗剪强度，改善土的变形性质，使在上部结构荷载的作用下，不产生破坏和较大沉降；它能利用小直径钻孔旋喷成比孔大 8～10 倍的大直径固结体；可用于任何软弱土层，可控制加固范围，可旋喷成各种形状桩体，并适用于已有建筑物的地基加固而不扰动附近土体等特点。

高压喷射注浆法适用于处理淤泥、淤泥质土、流塑、软塑可塑黏性土、粉土、砂土、黄土、素填土和碎石土等地基。

当土中含有较多的大粒径块石、大量植物根茎或有较高的有机质时，以及地下水流速过大和已涌水的工程，应根据现场试验结果确定其适用性。

高压喷射注浆法可用于既有建筑和新建建筑地基加固，深基坑、地铁等工程的土层加固或防水。

2-51 高压喷射注浆桩地基对材料、机具选用有何要求?

1. 材料

(1) 水泥宜采用强度等级为 32.5 级以上的水泥，并应按有关规定对水泥进行质量抽样检测。搅拌水泥浆所用的水须符合《混凝土用水标准》JGJ 63—2006 的规定。

(2) 外加剂包括速凝剂、早强剂、扩散剂、填充剂、抗冻剂、抗渗剂。

(3) 外加剂的使用必须按照设计要求，使用量必须按试验资料或已有工程经验确定。外加剂必须按要求复试合格后方可使用。一般泥浆水灰比为 1∶1～1.5∶1，为消除离析，一般再加入水泥用量 3%的陶土、0.9‰的碱。

2. 机具设备

高压喷射注浆主要机具包括：钻机，高压泥浆泵，高压清水泵，空压机，浆液搅拌机，真空泵与超声波传感器。机具设备的主要型号及性能见表 2-24 所列。

高压喷射注浆需用的设备　　表 2-24

设备名称	型号举例	主要性能
高压泥浆泵	SNC-H300， Y-2 液压泵	泵量 80～230L/min 泵压 20～30MPa
高压清水泵	3XB,3W-6B， 3W-7B	泵量 80～250L/min 泵压 20～40MPa
泥浆泵	BW-150,BW-200， BW-250	泵量 90～150L/min 泵压 2～7MPa
空压机	YV-3/8 LGY20-10/7	风量 3～10m³/min 风压 0.7～0.8MPa
浆液搅拌机		容量 0.8～2m³
真空与超声波传感器		

2-52　高压喷射注浆桩地基的施工要点有哪些要求？

（1）旋喷法施工工艺流程如图 2-23 所示。

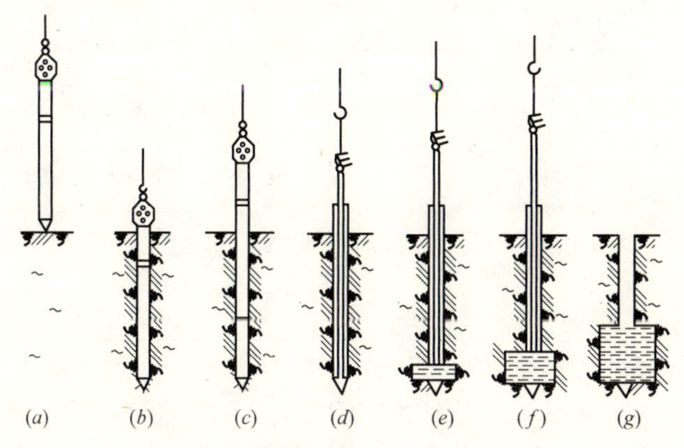

图 2-23　旋喷法施工工艺流程

(*a*) 振动打桩机就位；(*b*) 桩管打入土中；(*c*) 拔起一段套管；(*d*) 拆除地面上套管，插入旋喷管；(*e*) 旋喷；(*f*) 自动提升旋喷管；(*g*) 拔出旋喷管与套管

（2）施工前先进行场地平整，挖好排浆沟，做好钻机定位。要求钻机安放保持水平，钻杆保持垂直，其倾斜度不得大于1.5%。

（3）单管法和二重管法可用旋喷管射水成孔至设计深度后，再一边提升，一边进行旋喷。三重管法施工，须预先用钻机或振动打桩机成直径 100～200mm 的孔，然后将三重旋喷管插入孔内，由下而上进行旋喷。

（4）在插入旋喷管前，先检查高压水与空气喷射情况，各部位密封圈是否封闭，插入后先做高压水射水试验，合格后方可喷射浆液。如因塌孔插入困难时，可用低压（0.1～2N/mm^2）水冲也喷下，但须把高压水喷嘴用塑料布包裹，以免泥土堵塞。

（5）喷嘴直径、提升速度、旋喷速度、喷射压力、排量等旋喷参数见表 2-25 所列，或根据现场试验确定。

旋喷施工主要机具和参数　　　　表 2-25

<table>
<tr><th>项次</th><th colspan="4">项　目</th><th>单管法</th><th>二重管法</th><th>三重管法</th></tr>
<tr><td rowspan="4">1</td><td rowspan="4">参数</td><td colspan="2">喷嘴孔径</td><td>(mm)</td><td>φ2～φ2</td><td>φ2～φ3</td><td>φ2～φ3</td></tr>
<tr><td colspan="2">喷嘴外数</td><td>(个)</td><td>2</td><td>1～2</td><td>1～2</td></tr>
<tr><td colspan="2">旋转速度</td><td>(r/min)</td><td>20</td><td>10</td><td>5～15</td></tr>
<tr><td colspan="2">提升速度</td><td>(mm/min)</td><td>200～250</td><td>100</td><td>50～150</td></tr>
<tr><td rowspan="6">2</td><td rowspan="6">机具性能</td><td rowspan="2">高压泵</td><td>压力</td><td>(N/mm²)</td><td>20～40</td><td>20～40</td><td>20～40</td></tr>
<tr><td>流量</td><td>(L/min)</td><td>60～120</td><td>60～120</td><td>60～120</td></tr>
<tr><td rowspan="2">空压机</td><td>压力</td><td>(N/mm²)</td><td>—</td><td>0.7</td><td>0.7</td></tr>
<tr><td>流量</td><td>(L/min)</td><td>—</td><td>1～3</td><td>1～3</td></tr>
<tr><td rowspan="2">泥浆泵</td><td>压力</td><td>(N/mm²)</td><td>—</td><td>—</td><td>3～5</td></tr>
<tr><td>流量</td><td>(L/min)</td><td>—</td><td>—</td><td>100～150</td></tr>
<tr><td>3</td><td colspan="4">浆液配比:水∶水泥∶陶土∶碱</td><td colspan="3">(1～1.5)∶1∶0.03∶0.0009</td></tr>
</table>

注：高压泵喷射的是浆液（单管法、二重管法）或水（三重管法）。

（6）喷射时，应达到预定的喷射压力、喷浆量后，再逐渐提升旋喷管。中间发生故障时，应停止提升和旋喷，以防桩体中断，同时立即进行检查，排除故障；如发现有浆液喷射不足，影响桩体的设计直径时，应进行复核。

（7）柱喷浆量 Q（L/根）可按下式计算：

$$Q=\frac{H}{v}q(1+\beta)$$

式中　H——旋喷长度（m）；

v——旋喷管提升速度（m/min）；

q——泵的排浆量（L/min）；

β——浆液损失系数，一般取 0.1～0.2。

旋喷过程中冒浆量应控制在 10%～25%之间。

（8）喷到标高后，提出旋喷管，用清水冲洗管路，防止凝固堵塞。相邻两桩施工间隔时间应不小于 48h，间距亦不得小于 4～6m。

2-53　高压喷射注浆桩地基的质量检验有哪些要求?

（1）施工前应检查水泥、外掺剂等的质量、桩位、压力表、流量表的精度和灵敏度、高压喷射设备的性能等。

（2）施工中应检查施工参数（压力、水泥浆量、提升速度、旋转速度等）的应用情况及施工程序。

（3）施工结束后 28d，对施工质量及承载力进行检验，内容为桩体强度、承载力、平均直径、桩体中心位置、桩体均匀性等。

1）高压喷射注浆可根据工程要求和当地经验采用开挖检验、取芯（常规取芯或软取芯）、标准贯入试验、载荷试验或围井注水试验等方法进行检验，并结合工程测试、观测资料及实际效果综合评价加固效果。

2）检验点应布置在下列部位：

① 有代表性的桩位；

② 施工中出现异常情况的部位；

③ 地基情况复杂，可能对高压喷射注浆质量产生影响的

部位。

3）检验点的数量为施工孔数的1%，并不应少于3点。

4）质量检验宜在高压喷射注浆结束28d后进行。

5）竖向承载旋喷桩地基竣工验收时，承载力检验应采用复合地基载荷试验和单桩载荷试验。

6）载荷试验必须在桩身强度满足试验条件时，并宜在成桩28d后进行。检验数量为桩总数的0.5%～1%，且每项单体工程不应少于3点。

(4) 高压喷射注浆地基质量检验标准见表2-26所列。

高压喷射注浆地基质量检验标准　　表2-26

<table>
<tr><th rowspan="2">项目</th><th rowspan="2">序号</th><th rowspan="2">检查项目</th><th colspan="2">允许偏差或允许值</th><th rowspan="2">检查方法</th></tr>
<tr><th>单位</th><th>数值</th></tr>
<tr><td rowspan="4">主控项目</td><td>1</td><td>水泥及外加剂质量</td><td colspan="2">符合出厂要求</td><td>查产品合格证书和抽样送检</td></tr>
<tr><td>2</td><td>水泥用量</td><td colspan="2">设计要求</td><td>查看流量表及水泥浆水灰比</td></tr>
<tr><td>3</td><td>注浆体强度或完整性检验</td><td colspan="2">设计要求</td><td>超声波、钻孔抽芯检测</td></tr>
<tr><td>4</td><td>地基承载力</td><td colspan="2">设计要求</td><td>静载试验</td></tr>
<tr><td rowspan="7">一般项目</td><td>1</td><td>钻孔位置</td><td>mm</td><td>≤50</td><td>用钢尺量</td></tr>
<tr><td>2</td><td>钻孔垂直度</td><td>%</td><td>≤1.5</td><td>用经纬仪测钻杆或实测</td></tr>
<tr><td>3</td><td>孔深</td><td>mm</td><td>±200</td><td>用钢尺量</td></tr>
<tr><td>4</td><td>注浆压力</td><td colspan="2">设计参数</td><td>查看压力表</td></tr>
<tr><td>5</td><td>桩(墙)体搭接</td><td>mm</td><td>>200</td><td>用钢尺量</td></tr>
<tr><td>6</td><td>桩体直径/墙体长度、厚度</td><td>mm</td><td>≤50</td><td>开挖后用钢尺量</td></tr>
<tr><td>7</td><td>桩身中心允许偏差</td><td></td><td>≤0.2D</td><td>开挖后桩顶下500mm处用钢尺量，D为桩径</td></tr>
</table>

（十）石灰桩法地基

2-54 什么是石灰桩法地基？其适用范围有哪些？

石灰桩法地基是利用洛阳铲人工成孔或振动沉管法成孔，锤击沉管法成孔、冲击法成孔，孔内夯填石灰拌合料，达到加固地基的目的。

石灰桩法适用于处理饱和黏性土、淤泥、淤泥质土、素填土和杂填土等地基；用于地下水位以上的土层时，宜增加掺合料的含水量并减少生石灰用量，或采取土层浸水等措施。

对重要工程或缺少经验的地区，施工前应进行桩身材料配合比、成桩工艺及复合地基承载力试验。桩身材料配合比试验应在现场地基土中进行。

2-55 石灰桩法地基施工对材料、机具的选用有何要求？

1. 材料

（1）石灰应选用新鲜块灰，应破碎过筛，粒径 2～5mm，含粉量不得超过总重量的 10%；CaO 含量不得低于 70%，其中夹石不大于 5%，不含有机杂质。

（2）掺合料，宜尽量选用活性好的材料，并注意控制其施工含水量。含水量过少则不易夯实、过大时在地下水位以下易引起冲孔（放炮），应保持适当的含水量，使用粉煤灰或炉渣时含水量宜控制在 30%左右。

2. 机具设备

（1）振动沉管法成孔常用的 DZ 系列振动打桩锤技术性能见表 2-27 所列。

DZ 系列振动打桩锤技术性能表　　　表 2-27

项　目	DZ11	DZ22	DZ30	DZ40	DZ45	DZ55	DZ60
电机功率(kW)	11	22	30	40	45	50	60
偏心轴转速(r/min)	1150	950	1050	900	1150	900	900
偏心力矩(N·m)	50	140	150	250	196	310	300
激振力(kN)	74		140	185	230	290	276
允许拔桩力(kN)	60	120	120	120	150	150	150
允许加压力(kN)	60	80	80	120	120	120	120

（2）锤击沉管法成孔常用的锤击沉管打桩机技术性能见表 2-28 所列。

常用锤击沉管打桩机技术性能表　　　表 2-28

桩机型号	锤重(kg)	落锤高度(mm)	拔管倒打冲程(mm)	桩架高度(mm)	桩管直径(mm)	桩管长(m)
蒸汽打桩机	1000 2550 3500	400～600	200～300	20～34	320 480	23
电动落锤打桩机	750～1500	1000～2000	200～300	15～17	320	10～12
柴油机自由落锤打桩机	750	1000～2000	200～300	13～17	320	11～15
柴油锤打桩机 D_1～12 D_2-18 D_3-25	1200 1800 2500	2500	—	—	273 320	6～8 10～15

（3）冲击法成孔常用的冲击成桩机技术性能见表 2-29 所列。

（4）洛阳铲掏孔法成孔利用洛阳铲人工成孔。

（5）辅助设备与机具：装载机、偏心轮夹杆式夯实机或卷扬机提升式夯实机、机动小翻斗车或手推车等。

常用冲击成桩机技术性能表　　表 2-29

型号	卷筒提升能力(kN)	锤头最大重量(kN)	锤头冲击行程(m)	冲击次数(次/min)	冲击桩孔直径(mm)	冲击桩孔深度(m)
yKc-20-2	12	1.0	0.3～0.75	56～58	400～500	>10
yKc-20	15	1.0	0.45～1.0	40,45,50	400～500	>10
CZ-22	20	1.5	0.35～1.0	40,45,50	400～500	>10
飞跃-22	20	1.5	0.5～1.0	40,45,50	150～550	>10
YKC-30	30	2.5	0.5～1.0	40,45,50	500～600	>15
简易冲击机	35	2.2	2.0～3.0	5～10	500～600	>15

2-56　石灰桩法地基的施工要点有哪些要求?

(1) 工艺流程

1) 沉管（振动、锤击）法

定桩位，钻机定位→沉管挤土→拔管成孔→桩孔验收→拌合桩料→桩孔夯填→成桩验收。

2) 冲击法

定桩位，冲锤就位→冲击成孔→桩孔验收→拌合桩料→桩孔夯填→成桩验收。

3) 洛阳铲成孔法

定位→十字镐、钢钎或铁锹开口→用洛阳铲人工成孔→桩孔验收→拌合桩料→桩孔夯填→成桩验收。

(2) 根据桩基轴线标出桩位并复测后，移动桩机至桩孔位置，完成桩机就位。

桩机就位时，机身应平稳，桩管或冲锤应与桩孔对正，并确保施工中不发生倾斜、位移。

(3) 冲击法成孔时，钻机上应装有钢管导向器，导向器由壁厚 10mm 以上的无缝钢管制成，内径应大于锤头直径，高度宜接近 2 倍的冲锤长度。

桩管和冲击钻机钢丝绳上应设醒目牢固的尺度标示，标志点间隔 0.5m。

(4) 沉管法成孔时，桩机就位后将桩管对准预先埋设在桩位上的预制桩尖或将桩管对准桩位中心，并将桩尖活瓣合拢，再放松卷扬机钢丝绳，利用桩机自重浆桩尖竖直地压入土中。

(5) 锤击沉管法成孔，桩尖开始入土时，先低锤轻击（或低提重打)，待沉入土中 1～2m 且各方面正常后，再用预定的速度、落距，锤击沉管至设计深度。

锤击沉管时，当桩的倾斜度超过 1.5%，应拔管填孔重打。

(6) 当沉管速度小于 1m/min 时，宜由里往外击。当桩距为 2.0～2.5 倍桩径或桩距小于 2m 时，宜采用跳点、跳排打的方法施工。

沉管过程中应注意观察桩管的垂直度和贯入速度，发现反常现象应及时分析原因并进行处理。沉管过程中出现桩锤回跳过高及桩管贯入度过小时，可能是土的含水量偏低、遇到坚硬土层或碰到砖渣堆积层等。对此应分清原因，分别采取适量浸水、开挖排除或改用较大桩锤强制穿越等方法处置。如发现缩颈现象，可用洛阳铲扩孔或上下窜动桩管扩孔。缩颈严重时，可在桩孔内充填干砂、生石灰、水泥、干粉煤灰、碎砖渣等，稍停一段时间后，再将桩管沉入孔中，采用以上方法仍无效，可采用混凝土或碎石填入缩孔地段，用桩管反复挤密后，在其上再做灰土桩。

(7) 当遇局部含水量偏大的软土，可采用小直径生石灰桩吸收土中水分，或将桩管沉入土中，待土中孔隙水压力消散后再拔管。当遇墓穴空洞，可设法灌入干散砂土，清除墓穴后，分层夯实回填土料，然后再沉管成孔。

(8) 桩管沉入设计深度后应及时拔出，不宜在土中搁置时间过长，以免摩擦阻力增大后拔管困难；拔管确实困难时，可采取管周浸水或设法转动桩管的方法减少土中阻力。

(9) 对于冲击成孔，开始冲孔时应低锤勤击，待锤头全部入土后再用正常的冲程锤击成孔。一般不宜多用高冲程，以免引起塌孔和卡锤等事故。

（10）洛阳铲成孔一般采用小开口或下口封闭的洛阳铲，遇杂填土，可先用钢钎等将杂物冲破，后用洛阳铲取出。

（11）成孔后应检查桩孔深度、桩径和垂直度，并填写验收记录。

（12）桩料应按设计要求的配合比，采用机械搅拌或人工搅拌均匀。

桩孔经验收合格应立即向桩孔内分层填入要求粒径的生石灰块；石灰粉煤灰桩，粉煤灰与生石灰的重量比一般为 3∶7，使用时要拌合均匀，用人工填料，每填 20～50cm，用 10～15kg 的夹板锤或梨形锤进行夯实。因生石灰吸水膨胀，对各个方向都将产生很大的膨胀力，为减少向上膨胀力的损失，约束石灰桩的上举力，到夯填至距桩顶 0.5～1.0m，用 3∶7 灰土或 C7.5 素混凝土捣实封顶，封口标高应略高于原地面。石灰桩桩顶施工标高应高出设计桩顶标高 100mm 以上。

（13）施工顺序宜由外围或两侧向中间进行。在软土中宜间隔成桩。桩位偏差不宜大于 0.5d。

（14）石灰桩施工时应采取防止冲孔伤人的有效措施，确保施工人员的安全。

2-57 石灰桩法地基的质量检验要求有哪些?

（1）桩孔填料质量（生石灰的活性钙含量与石灰块大小、掺合料质量、配合比）。

（2）每米桩长填料量。

（3）桩体密实度（干密度）。

（4）桩点位置，数量等。

（5）桩料、特别是生石灰的堆放环境、堆放时间。

（6）桩料拌合时间、方法、要求、桩料含水量。

（7）施工工艺、投料工艺、夯压工艺。

（8）桩长、桩径、沉桩、拔管。

(9) 封口填土厚度与封口压力。

(10) 桩体密实度检验：一般在成桩后7～10d，进行桩体静力触探或轻便触探（N10）检验。静力触探，7～10d 内 P_s = 2.5～4.0MPa，一般视为桩身质量符合要求。

1）石灰桩竣工验收检测宜在施工28d后进行。

2）施工检测可采用静力触探、动力触探或标准贯入试验。检测部位为桩中心及桩间土，每两点为一组。检测组数不少于总桩数的1%。

3）石灰桩地基竣工验收时，承载力检验应采用复合地基载荷试验。

4）载荷试验数量宜为地基处理面积每200m² 左右布置一个点，且每一单体工程不应少于3点。

(11) 石灰桩地基质量检验标准如表2-30所示。

石灰桩地基质量检验标准 **表2-30**

项目	检查项目	允许偏差或允许值	检验方法
主控项目	桩体及桩间土干密度	符合设计要求	现场取样检查
	桩长(mm)	+500	测桩管长度或线坠测孔深
	桩径(mm)	−20	用钢尺量
	地基承载力	符合设计要求	按规定的方法
一般项目	土料有机质含量(%)	≤5	试验室焙烧法
	石灰粒径(mm)	≤5	筛分法
	垂直度(%)	≤1.5	用经纬仪观测
	桩位偏差	≤0.5D	用钢尺量，D为桩径

(十一) 灰土挤密桩地基

2-58 什么是灰土挤密桩地基？其适用范围有哪些？

灰土挤密桩是将钢管打入土中，将管拔出后，在桩孔中回填

2∶8 或 3∶7 灰土夯筑而成。灰土材料及配制工艺要求同灰土地基。

灰土挤密桩法适用于处理地下水位以上的湿陷性黄土、素填土和杂填土等地基，可处理地基的深度为 5～15m。当以提高地基土的承载力或增强其水稳性为主要目的时，宜选用灰土挤密桩法。当地基土的含水量大于 24%、饱和度大于 65%时，不宜选用灰土挤密桩法。

2-59 灰土挤密桩地基的构造要求有哪些?

桩身直径一般为 300～450mm，深度 4～10m，平面布置多按等边三角形排列，桩距一般取 2.5～3.0 倍直径（D），排距 0.866D，地基挤密面积应每边超出基础宽 0.2 倍；桩顶一般设 0.5～0.8m 厚灰土垫层，如图 2-24 所示。

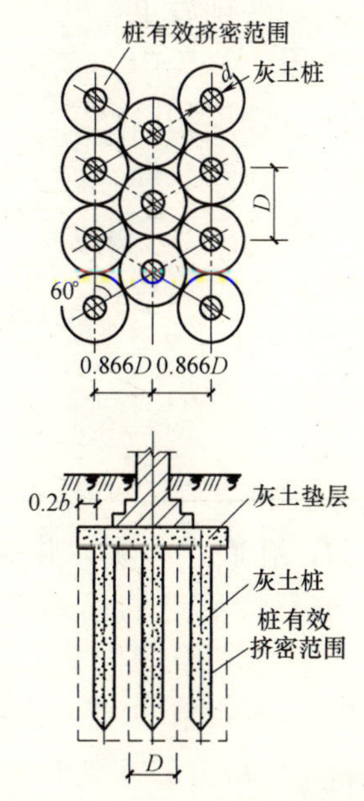

图 2-24 灰土挤密桩地基的构造

2-60 灰土挤密桩地基的施工要点有哪些?

(1) 施工前应在现场进行成孔、夯填工艺和挤密效果试验，以确定分层填料厚度、夯击次数和夯实后干密度等要求。

(2) 桩的成孔方法，可选用沉管法、爆扩法、冲击法或洛阳铲成孔法等，一般多采用0.6t或1.8t柴油打桩机将与桩同直径钢管打入土中，拔管成孔。桩管顶设桩帽，下端做成锥形，约成60°角，桩尖可以上下活动（图2-25），以减少拔管阻力，避免坍孔。

(3) 桩施工顺序应先外排后里排，同排内应间隔1～2孔，以免因振动挤压造成相邻孔缩孔或坍孔。成孔后应清底夯实、夯平，并立即夯填灰土。

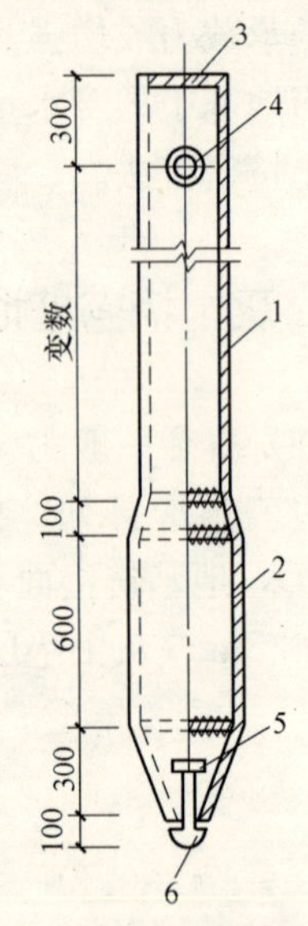

图2-25 桩管构造

1—ϕ275无缝钢管；2—ϕ300×10无缝钢管；3—10mm厚封头板（设ϕ30排气孔）；4—ϕ45管焊于桩管内穿M40螺栓；5—重块；6—活动桩尖

(4) 桩顶设计标高以上的预留覆盖土层厚度宜符合下列要求：

1) 沉管（锤击、振动）成孔，宜为0.50～0.70m；

2) 冲击成孔，宜为1.20～1.50m。

(5) 向孔内填料前，孔底应夯实，并应抽样检查桩孔的直径、深度和垂直度。桩孔中心点的偏差不宜超过桩距设计值的5%。

(6) 经检验合格后，应按设计要求，向孔内分层填入筛好的素土、灰土或其他填料，并应分层夯实至设计标高。

桩孔应分层回填夯实，每次回填厚度为350～400mm。人工夯实用重 25kg 带长柄的混凝土锤；机械夯实用简易夯实机（图 2-26)，一般落锤高不小于 2m，每层夯击不少于 10 锤。桩顶高

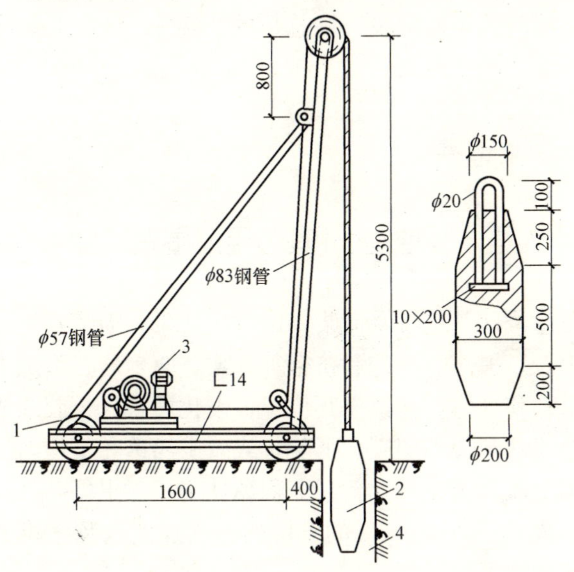

图 2-26　灰土桩夯实机

1—机架；2—铸钢夯锤，重 450kg；3—1.0t 卷扬机；4—桩孔

出设计标高 15cm，挖土时，将高出部分铲除。

2-61　灰土挤密桩地基质量检验有哪些要求?

（1）桩成孔质量，应按桩数 5%抽查。成孔垂直度应小于 1.5%，中心位移不大于 50mm，桩径不大于－20mm，（沉管法为±50，冲击法为＋100、－50mm)，桩深度：沉管法为－100mm（爆扩法、冲击法为－300mm)。

（2）桩夯填的质量，采用随机抽样，检查数量不少于桩数的 2%，同时每台班至少应抽查一根，检查方法可用洛阳铲在桩孔中心挖土，用环刀取出夯击土样，测定干密度，测出的干密度应符合设计要求的数值。

（3）灰土挤密桩和土挤密桩地基竣工验收时，承载力检验应采用复合地基载荷试验。

（4）检验数量不应少于桩总数的 0.5%，且每项单体工程不应少于 3 点。

（十二）注浆地基

2-62 什么是注浆地基？其适用范围有哪些？

水泥注浆地基是将水泥浆，通过压浆泵、灌浆管均匀地注入岩土体中，以填充、渗透和挤密等方式，驱走岩石裂隙中或土颗粒间的水分和气体，并填充其位置，硬化后将岩土胶结成一个整体，从而使地基得到加固，可防止或减少渗透和不均匀沉降。

适用于软黏土、粉土新近沉积黏性土、砂土提高强度的加固和渗透系数大于 10^{-2}cm/s 的土层的止水加固以及已建工程局部松软地基的加固。

2-63 注浆地基对材料、机具选用有哪些要求？

1. 材料

（1）注浆材料：水泥用 42.5 级普通硅酸盐水泥；在特殊条件下亦可使用矿渣硅酸盐水泥、火山灰质水泥或抗硫酸盐水泥，要求新鲜无结块；水用一般饮用淡水，不得用含硫酸盐大于 0.1%、氯化钠大于 0.5 以及含过量糖、悬浮物质，碱类的水。

（2）灌浆一般用净水泥浆，水灰比变化范围为 0.6～2.0，常用水灰比为 8∶1～1∶1；要求快凝时，可在水中掺入水泥用量 1%～2%的氯化钙或采用快硬水泥；如要求缓凝时，可掺加水泥用量 0.1%～0.5%的木质素磺酸钙；亦可掺加其他外加剂以调节水泥浆性能。在裂隙或孔隙较大、可灌性好的地层，可在浆液中掺入适量细砂或粉煤灰，比例为 1∶0.5～1∶3，以节约水泥，以便更好地充填，并可减少收缩。对不以提高固结强度为主的松散土层，亦可掺加细粉质黏土配成水泥黏土浆，灰泥比为1∶3～1∶8（水泥∶土，体积比），可提高浆液的稳定性，防止沉淀和析水，使充填更加密实。

2. 机具设备

灌浆设备主要用压浆泵，多用泥浆泵或砂浆泵代替。常用于灌浆的有 BW-250/50 型、TBW-200/40 型、TBW-250/40 型、NSB-100/30 型泥浆泵以及 100/15（C-232）型砂浆泵等。配套机具有搅拌机、灌浆管、阀门、压力表等，此外，还有钻孔机等机具设备。

2-64 注浆地基的施工要点有哪些？

（1）水泥注浆的工艺流程为：钻孔→下注浆管、套管→填砂→拔套管→封口→边注浆边拔注浆管→封孔。

（2）注浆前，应通过试验确定灌浆段长度、灌浆孔距、灌浆压力等有关技术参数；灌浆段长度在一般地质条件下，多控制在5～6m；在土质严重松散、裂隙发育、渗透性强的情况下，宜为2～4m；灌浆孔距一般不宜大于2.0m，单孔加固的直径范围可按1～2m考虑；孔深视土层加固深度而定；灌浆压力一般为0.3～0.6MPa。

（3）灌浆时，先在加固地基规定位置用钻机或手钻钻孔至要求深度，孔径一般为55～100mm，并探测地质情况，然后在孔内插入ϕ38～ϕ50的注浆射管，管底部1.0～1.5m处的管壁上钻有注浆孔，在射管之外设有套管，在射管与套管之间用砂填塞。地基表面空隙用1∶3水泥砂浆或黏土、麻丝填塞，而后拔出套管，用压浆泵浆水泥浆压入射管而透入土层孔隙中，水泥浆应连续一次压入不得中断。灌浆先从稀浆开始，逐渐加浓。灌浆顺序为一般把射管一次沉入整个深度后，自下而上分段连续进行，分段拔管直至孔口为止。灌浆宜间歇进行。

（4）灌浆完后，拔出灌浆管，留孔用 1∶2 水泥砂浆或细砂砾石填塞密实；亦可用原浆压浆堵口。

（5）注浆充填率应根据加固土要求达到的强度指标、加固深度、注浆流量、土体的孔隙率和渗透系数等因素确定。饱和软黏土的一次注浆充填率，不宜大于 0.15～0.17。

（6）注浆加固土的强度具有较大的离散性，加固土的质量检验宜用静力。触探法，检测点数应满足有关规范要求。

2-65 注浆地基施工质量检验有哪些要求?

（1）施工前应检查有关注浆点位置、浆液配合比、注浆施工技术参数、检测要求等技术文件，对有关浆液组成材料的性能及注浆设备也应进行检查。

（2）施工中应经常抽查浆液的配合比及主要性能指标、注浆的顺序、注浆过程中的压力控制等。

（3）施工结束后应检查注浆体强度、承载力等。检查按孔数总量的 2%～5%，不合格率不小于 20%时，应进行第 2 次注浆。检验应在 15d（对砂土、黄土）或 60d（对黏土）进行。

（4）水泥注浆地基的质量检验标准应符合《建筑地基基础工程质量验收规范》GB 50202—2002 表 4.7.4 的规定。

三、桩 基 础

(一) 混凝土预制桩

3-1 什么是混凝土预制桩？其适用范围有哪些？

混凝土预制桩是在加工厂或施工现场按照设计要求制作的基础桩，分为混凝土实心桩和强应力混凝土空心桩两种。预制混凝土桩的沉桩工艺，有锤击沉桩和静压沉桩两种。适用于工业与民用建筑中的基础工程。

3-2 混凝土预制桩的制作有哪些要求？

(1) 混凝土预制桩可在施工现场预制，预制场地必须平整、坚实。

(2) 制作桩模板宜采用钢模板，模板后具有足够刚度，并应平整，尺寸应准确。

(3) 钢筋骨架的主筋连接宜采用对焊和电弧焊，当钢筋直径不小于 20mm 时，宜采用机械接头连接。主筋接头配置在同一截面内的数量，应符合以下规定：

1) 当采用对焊或电弧焊时，对于受拉钢筋，不得超过 50%；

2) 相邻两根主筋接头截面的距离应大于 $35d_g$（d_g 为主筋直径），并不应小于 500mm；

3) 必须符合现行行业标准《钢筋焊接及验收规程》JGJ 18—2003 和《钢筋机械连接技术规程》JGJ 107—2010 的规定。

（4）预制桩钢筋骨架的允许偏差应符合表 3-1 的规定。

预制桩钢筋骨架的允许偏差　　表 3-1

项次	项　　目	允许偏差(mm)
1	主筋间距	±5
2	桩尖中心线	±10
3	箍筋间距或螺旋筋的螺距	±20
4	吊环沿纵轴线方向	±20
5	吊环沿垂直于纵轴线方向	±20
6	吊环露出桩表面的高度	±10
7	主筋距桩顶距离	±5
8	桩顶钢筋网片位置	±10
9	多节桩桩顶预埋件位置	±3

（5）确定桩的单节长度时应符合下列规定：

1）满足桩架的有效高度、制作场地条件、运输与装卸能力；

2）避免在桩尖接近或处于硬持力层中时接桩。

（6）浇筑混凝土预制桩时，宜从桩顶开始灌筑，并应防止另一端的砂浆积聚过多。混凝土强度等级不宜低于 C30。

（7）锤击预制桩的骨料粒径宜为 5～40mm。

（8）重叠法制作预制桩时，应符合下列规定：

1）桩与邻桩及底模之间的接触面不得粘连；

2）上层桩或邻桩的浇筑，必须在下层桩或邻桩的混凝土达到设计强度的 30％以上时，方可进行；

3）桩的重叠层数不应超过 4 层。

（9）混凝土预制桩的表面应平整、密实，制作允许偏差应符合表 3-2 的规定。

（10）桩上应标明编号和制作日期，如不预埋吊环，则应标明绑扎位置。

（11）制作验收时，应有下列资料：桩的结构图、材料检验记录、钢筋隐蔽验收记录、混凝土试块强度报告、桩的检查记录和养护方法。

混凝土预制桩制作允许偏差　　　　表 3-2

桩型	项　目	允许偏差(mm)
钢筋混凝土实心桩	横截面边长	±5
	桩顶对角线之差	≤5
	保护层厚度	±5
	桩身弯曲矢高	不大于 1‰桩长且不大于 20
	桩尖偏心	≤10
	桩端面倾斜	≤0.005
	桩节长度	±20
钢筋混凝土管桩	直径	±5
	长度	±0.5%桩长
	管壁厚度	−5
	保护层厚度	+10,−5
	桩身弯曲(度)矢高	1‰桩长
	桩尖偏心	≤10
	桩头板平整度	≤2
	桩头板偏心	≤2

(12) 预应力混凝土桩的其他要求及离心混凝土强度等级评定方法，应符合国家现行标准《先张法预应力混凝土管桩》GB 13476—2009 和《预应力混凝土空心方桩》JG 197—2006 的规定。

3-3　混凝土预制桩的起吊、运输和堆放有哪些要求?

1. 起吊

预制桩须达到设计强度等级的 70%后方可起吊。若需提前起吊，必须做强度和抗裂度验算。起吊时吊点位置应符合设计计算规定。当吊点不多于 3 个时，其位置应按正、负弯矩相等的原则计算确定；当吊点多于 3 个时，其位置则应按反力相等的原则计算确定。常见的几种吊点合理位置，如图 3-1 所示。

起吊时应用吊索系于设计吊点处；如无吊环，设计又未做规定时，可按图 3-1 位置捆绑起吊，在吊索与桩身接触处应加衬垫，以防损坏棱角或桩身表面。

2. 运输

预制桩须达到设计强度等级的 100%后方可运输。若需提前运输，必须采取措施并经验算合格后方可进行。

一般情况下，宜根据打桩顺序和速度随打随运，以减少二次搬运。桩运到现场后，应进行外观复查。

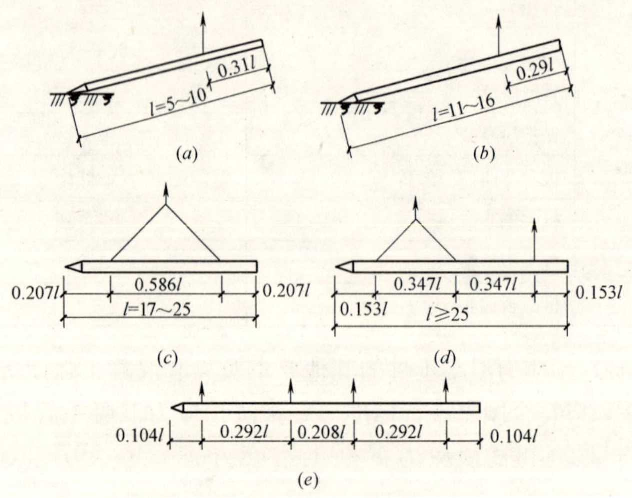

图 3-1 预制桩吊点的合理位置（m）

（a）、（b）混凝土预制桩一点吊法；（c）混凝土预制桩两点吊法；（d）混凝土预制桩三点吊法；（e）混凝土预制桩四点吊法

桩的运输方式：当运距不大时，可在桩下面垫以滚筒（桩与滚筒之间应放有托板），用卷扬机拖动桩身前进；当运距较大时，可采用轻便轨道小平台车运输，如图 3-2 所示；对于较短的桩，

也可采用汽车或拖拉机运输。运输时，桩的支点应与吊点位置一致；应做到桩身平稳放置，无大的振动；严禁在场地上以拖拉桩体代替运输。

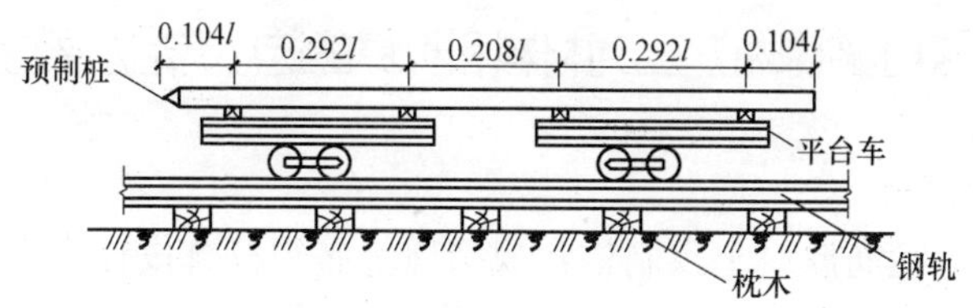

图 3-2　预制桩平板轻轨运输

3. 堆放

（1）堆放场地必须平整、坚实，不应产生不均匀沉陷。

（2）支点垫木的间距应根据吊点位置确定，各层垫木应在同一垂直线上，如图 3-3 所示。

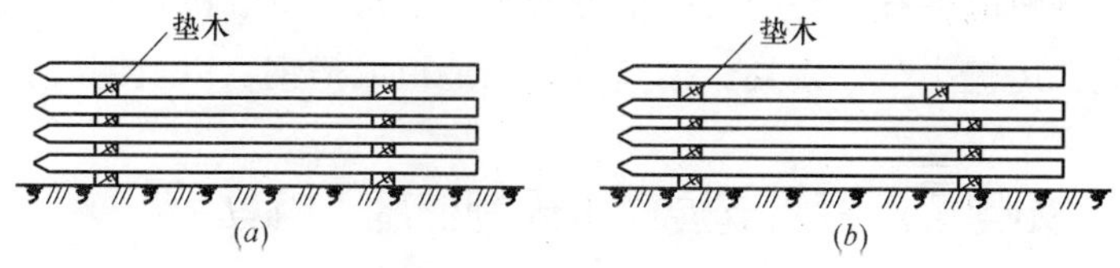

图 3-3　桩的堆放

（a）正确堆放法；（b）不正确堆放法

（3）同桩号的预制桩应按规格、材质分别堆放，桩尖应向一端。

（4）多层垫木应上下对齐，最下层的垫木应适当加宽。堆放层数不宜超过 4 层。

（5）预制力混凝土空心桩堆放应符合以下规定：

1）当场地条件许可时，宜单层堆放；当叠层堆放时，外径为 500～600mm 的桩不宜超过 4 层，外径为 300～400mm 的桩不宜超过 5 层。

2）叠层堆放桩时，应在垂直于桩长度方向的地面上设置两道垫木，垫木应分别位于距桩端 1/5 桩长处；底层最外缘的桩应在垫木处用木楔塞紧。

3-4 混凝土预制桩施工对材料和机具的选用有哪些要求?

1. 材料

（1）钢筋混凝土预制桩：规格质量必须符合设计要求和施工规范的规定，并有出厂合格证。砂、石、水泥及钢材等桩体材料均应符合相关标准并具有合格证、检测报告。

（2）焊条（接桩用）：型号、性能必须符合设计要求和有关标准的规定，一般用 E4303。

（3）钢板（接桩用）：材质、规格符合设计要求，宜用低碳钢。

2. 主要机具

一般应备有：柴油打桩机或液压打桩机、电焊机、桩帽、缓冲垫、运桩小车、索具、钢丝绳、钢垫板或槽钢，以及钢尺。

3-5 如何选用打入式混凝土预制桩施工机具?

（1）桩锤的选用，见表 3-3 所列。

各种桩锤适用范围及优缺点比较表　　表 3-3

桩锤种类	工作原理	适用范围	优缺点
筒式柴油锤	锤的冲击体在圆筒形的气缸内，根据二冲程柴油发动机的原理，以轻质柴油为燃料，以冲击部分的冲击力和燃烧压力为驱动力，引起锤头跳动夯击桩顶	(1)适用于打各种桩；(2)适用于一般土层中打桩；(3)也可打斜桩(最大斜桩角度为 45°)，是各种桩锤中使用最为广泛的一种	重量轻，体积小，打击能量大，施工性能好，单位时间内打击次数多，机动性强，桩顶不易打坏，运输费用低，燃料消耗少；但振动大，噪声高，润滑油飞散，在软土中打设效率低

续表

桩锤种类	工作原理	适用范围	优缺点
导杆式柴油锤	根据二冲程柴油发动机的原理,用卷扬机将缸锤(冲击部分)提升至横梁处固定,然后松开锤钩,缸锤自由下落,撞去活塞,缸塞间空气受到压缩,温升,最后气缸内雾状燃油被点燃爆发,爆发力使桩下沉	(1)适用于打各种桩(木桩、钢板桩、钢筋混凝土桩);(2)最近10多年来,用于夯扩桩和锤击沉管桩	结构简单,整机重量轻,运输与安装方便;在软土中打桩效率比筒式柴油锤高;相同重量下,其打击能量比筒式柴油锤小;耐磨性差
振动沉拔桩锤	利用锤高频振动,以高加速度振动桩身,使桩身周围的土体产生液化,减小桩侧与土体间的摩阻力,然后靠锤与桩体的自重将桩沉人土层中。拔桩时,在边振的情况下,用起重设备将桩拔起	(1)适用于围堰工程中钢板桩施工;(2)施打一定长度的钢管桩、H型钢桩、钢筋混凝土预制桩和灌注桩;(3)适用于粉质黏土、松砂、黄土和软土,不宜用于岩石、砾石和密实的黏性土层;(4)在地基处理工程中使用	施工速度快,使用方便,施工费用低,施工时噪声低,没有其他公害污染,结构简单,维修保养方便;可兼用做沉桩和拔桩作业,启动、停止容易;但不适宜用于打斜桩,在硬质土层中打桩,有时不易贯入,需要大容量电力
液压打桩锤	单作用液压锤是冲击块通过液压装置提升到预定的高度后快速释放,冲击块以自由落体方式打击桩体的。而双作用液压锤是冲击块通过液压装置提升到预定高度后,再次从液压系统获得加速度能量来提高冲击速度而打击桩体	适用范围与筒式柴油锤相同	无烟气污染,噪声较低,软土地区施工启动性能好,打击力峰值小,桩顶不易损坏,冲击块行程调节平衡,斜桩角度大,可用于水下打桩;但结构复杂,保养与维修工作量大,价格贵,冲击频率小,作业效率较筒式柴油锤低
射水沉桩锤	利用水压力冲刷桩端处土层,再配以锤击沉桩	(1)常与锤击法联合使用,适用于打大断面钢筋混凝土空心管桩;(2)可用于多种土层,而以砂土、砂砾土或其他坚硬土层最适宜;(3)不能用于粗卵石和极坚硬的黏土层	能用于坚硬土层,打桩效率高,桩顶不易损坏;但设备较多,当附近有建筑物时,水流易使建筑物沉陷,不能打斜桩

续表

桩锤种类	工作原理	适用范围	优缺点
落锤	用人力或卷扬机拉起桩锤，然后自由下落，利用锤重夯击桩顶使桩入土	构造简单，使用方便，冲击力大，能随意调整落距，但锤击速度慢（每分钟约 6～20 次），效率较低	（1）可根据预制桩的材质、规格及土质情况，选择重量相宜的落锤，打入各种预制桩；（2）一般用电动或机动卷扬机将锤提升，设备简单；（3）提吊落锤的钢丝绳操作难度大；（4）桩顶易损坏；（5）沉桩效率相对较低（每分钟约 6～20 次）；（6）节省能源；（7）落距可自由调节
单动汽锤	利用蒸汽或压缩空气的压力将锤头上举，然后自由下落冲击桩顶	结构简单，落距小，对设备和桩头不易损坏，打桩速度及冲击力较落锤大，效率较高	（1）用于打各种类型预制桩，最适用于套管法打灌注混凝土桩；（2）落距在其额定范围内可自由调节，桩头和设备不易损坏；（3）每次夯击需专人控制排气闸；（4）必须具备汽源，烧锅炉时，不仅煤耗大，还将污染空气；（5）可用于各种土壤条件
双动汽锤	利用蒸汽或压缩空气的压力将锤头上举及下冲，增加夯击能量	冲击次数多，冲击力大，工作效率高，但设备笨重，移动较困难	（1）用于打各种类型预制桩，可用于打斜桩、拔桩、吊锤打桩，使用压缩空气时，可用于水下打桩；（2）落距基本不变，不需人为控制；（3）每分钟锤击次数多，冲击力大，工作效率高，但设备笨重、移动困难；（4）必须具备汽源，烧锅炉时，不仅煤耗大，还将污染空气；（5）可用于拔桩

（2）桩架的选用

桩架的作用主要是起吊各种桩锤、桩、料斗；给桩锤导向和变幅（打斜桩）；给桩锤以行走和回转方式移动桩位。

按行走方式，桩架可分为轨道式（图 3-4）、履带式（图 3-5）、步履式（图 3-6）、滚管式（图 3-7）和简易式。

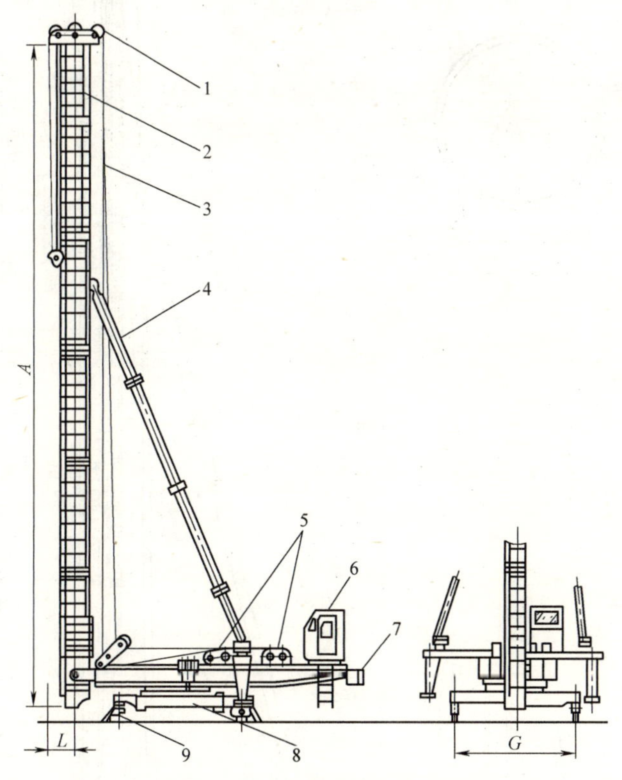

图 3-4　轨道式打桩架

1—顶部滑轮组；2—立柱；3—锤和桩起吊用钢丝绳；
4—斜撑；5—吊锤和桩用卷扬机；6—司机室；
7—配重；8—底盘；9—轨道

桩架的选择取决于以下各点：

1）所选定的桩锤的型式、质量和尺寸；

2）桩的材料、材质、断面形状与尺寸、桩长和桩的连接方式；

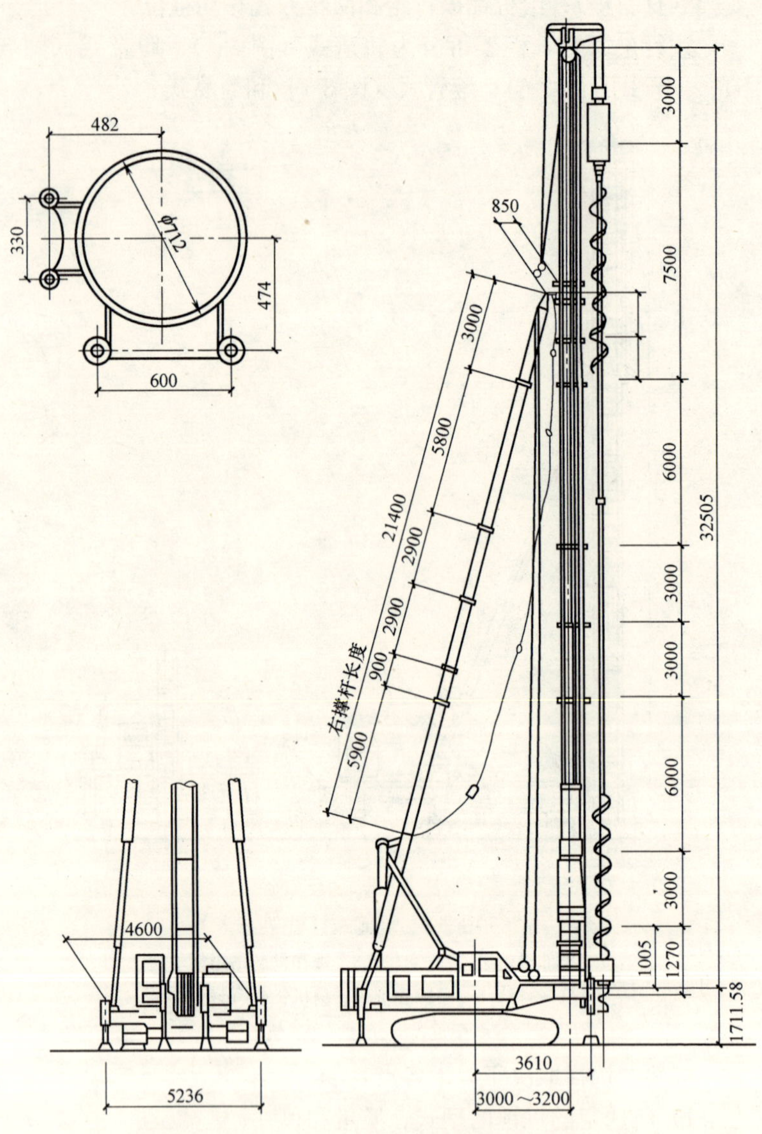

图 3-5　DJU 72A-H 三点支撑式履带打桩架

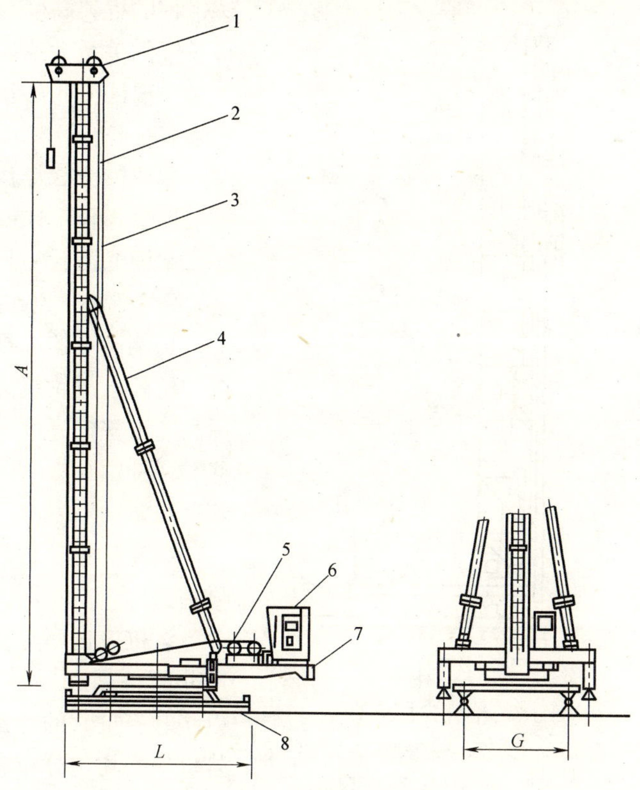

图 3-6　步履式打桩架

1—顶部滑轮组；2—立柱；3—锤和桩起吊用钢丝绳；4—斜撑；
5—吊锤和桩用卷扬机；6—司机室；7—配重；8—步履式底盘

3）桩的种类（一种或多种）、桩数、桩的施工精度、桩距及桩的布置方式；

4）作业空间、打入位置和施工人员的熟练程度；

5）桩锤的通用性和桩架台数；

6）打桩的连续程度和工期。

桩架主要由底盘、导杆（或龙门架）、斜撑、滑轮组和动力设备等组成。桩架高度可按桩长需要分节组装，每节长 3～4m。

锤击桩的桩架高度与单根桩长度的关系大致如下：

单根桩长不大于 24m，桩架高度不小于 30m；

单根桩长不大于 26m，桩架高度不小于 34m；

单根桩长不大于 30m，桩架高度不小于 40m。

桩架高度的选择一般按“桩长＋滑轮组高＋桩锤高度＋桩帽高度＋起锤移位高度（取 1～2m）等”决定。

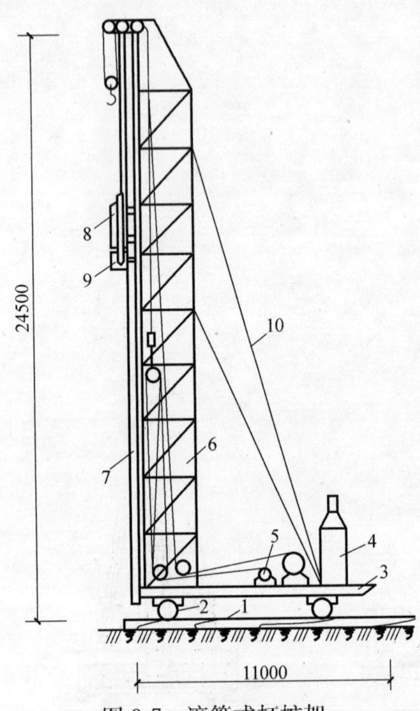

图 3-7　滚管式打桩架

1—枕木；2—滚管；3—底架；4—锅炉；5—卷扬机；6—桩架；7—龙门架；8—蒸汽锤；9—桩帽；10—牵绳

（3）桩帽、桩垫、锤垫的选用

沉桩应选用适合桩顶尺寸的桩帽和弹性衬垫，以缓和打桩时的冲击，使打桩应力均匀分布和桩顶的损坏减至最小，同时延长撞击的持续时间以利于桩的贯入。

实心桩与空心桩的桩帽结构应有所区别。对于空心桩，冲击力作用在环形截面上，桩帽底板应厚一些；实心桩的接触面积较大，故桩帽底板可薄一些。

桩帽用铸钢或钢板制成。锤垫放在桩帽的凹座中。沉桩容易时，锤垫可用一块硬木（如榆木等）或白棕绳圈盘等；沉桩较困难时，要选用橡木、绿心樟木等；对于剧烈沉入的钢筋混凝土桩或钢桩，可采用塑性锤垫。也可采用横纹棉帆布叠层加强的酚醛树脂锤垫，这些叠层的结合层均能和铝板胶结，或者将其放在顶端钢板和底部硬木垫片之间，如图 3-8 所示。

桩垫多用松木、纸垫、酚醛层压塑料、合成橡胶、成卷绳索、粗麻布垫以及石棉纤维等。

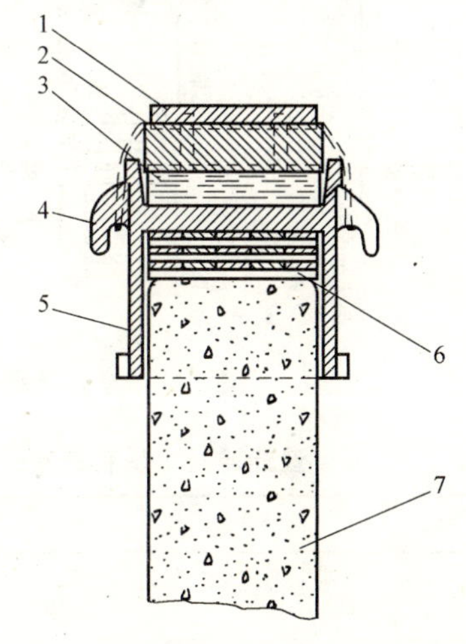

图 3-8 锤击桩的桩帽、桩垫和锤垫

1—钢板；2—塑料；3—硬木；4—提吊凸耳；5—桩帽；6—桩垫；7—预制桩

大型碟簧锤垫用于大直径预应力混凝土管桩的沉设，其弹性模量和恢复系统均高于松木、橡胶石棉板等材料，可避免桩顶混凝土碎裂，确保沉桩质量。

桩帽与桩接触的表面应平整，与桩身应在同一直线上。桩锤本身带桩帽时，只需在桩顶护以桩垫。如果桩须深送入土层时，应用送桩筒（器）。送桩筒（器）用硬木或钢制成，长度和直径视需要而定。使用时将送桩筒放在桩顶上，使其与桩在同一垂线上，锤击送桩筒（器），将桩徐徐打入土中。

3-6 混凝土预制桩的接桩方法具体有哪几种?

（1）桩的连接可采用焊接（图 3-9*a*）、法兰连接（图 3-9*b*）或机械快速连接，包括螺纹式（图 3-9*c*）和啮合式。各种接头的适用范围，见表 3-4 所列。

（2）接桩材料应符合下列规定：

1）焊接接桩：钢钣宜采用低碳钢，焊条宜采用 E43；并应符合现行行业标准《建筑钢结构焊接技术规程》JGJ 81—2002 要求。

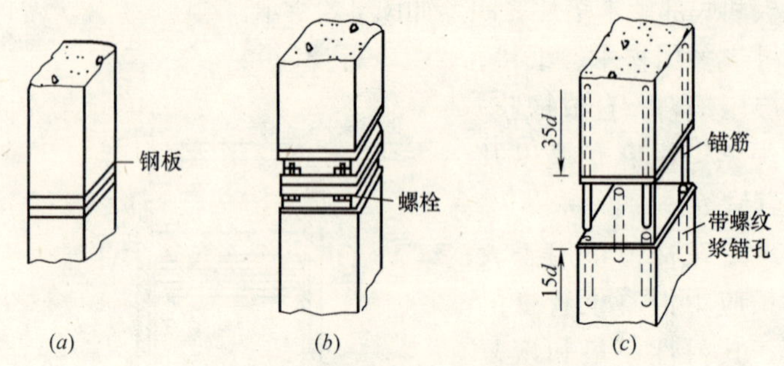

图 3-9　普通混凝土预制桩接头

普通混凝土预制桩接头对比角钢帮焊接头　　表 3-4

接头种类	特　点	适用范围	优缺点
钢板对焊接头	上下桩节预埋钢板对接焊接	各类土层	接头连接强度能保证；接头承载力大，能用于长径比大或密集布置或需穿过一定厚度较硬土层的预制桩；但焊接时间长，沉桩效率降低
法兰盘接头	用螺栓连接，螺栓拧紧后，锤击数次，使上下桩节端部密合，再拧紧螺母，并将螺母焊死	各种土层	连接操作时间较短，沉桩效率较高；但耗钢量较多
螺纹锚固接头	在上节桩的下端伸出 $\phi22\sim\phi25$ 锚筋，下节桩的上端预留 $\phi56\sim\phi60$ 内螺纹锚筋孔。接桩时使上节桩的 4 根锚筋插入下节桩的锚筋孔内	大多数用于软弱土层或沉桩无困难的地层	节约钢材；操作简便；接桩时间短，沉桩效率较高；但接头承载力不如另三种大

2）法兰接桩：钢钣和螺栓宜采用低碳钢。

(3) 采用焊接接桩除应符合现行行业标准《建筑钢结构焊接技术规程》JGJ 81—2002 的有关规定外，尚应符合下列规定：

1）下节桩段的桩头宜高出地面 0.5m。

2）下节桩的桩头处宜设导向箍；接桩时上下节桩段应保持顺直，错位偏差不宜大于 2mm；接桩就位纠偏时，不得采用大锤横向敲打。

3）桩对接前，上下端板表面应采用铁刷子清刷干净，坡口处应刷至露出金属光泽。

4）焊接宜在桩四周对称进行，待上下桩节固定后拆除导向箍再分层施焊；焊接层数不得少于2层，第1层焊完后必须把焊渣清理干净，方可进行第2层施焊，焊缝应连续、饱满。

5）焊好后的桩接头应自然冷却后方可继续锤击，自然冷却时间不宜少于8min；严禁采用水冷却或焊好即施打。

6）雨天焊接时，应采取可靠的防雨措施。

7）焊接接头的质量检查宜采用探伤检测，同一工程探伤抽样检验不得少于3个接头。

（4）采用机械快速螺纹接桩的操作与质量应符合下列规定：

1）接桩前应检查桩两端制作的尺寸偏差及连接件，无受损后方可起吊施工，其下节桩端宜高出地面0.8m。

2）接桩时，卸下上下节桩两端的保护装置后，应清理接头残物，涂上润滑脂。

3）应采用专用接头锥度对中，对准上下节桩进行旋紧连接。

4）可采用专用链条式扳手进行旋紧，（臂长1m，卡紧后人工旋紧再用铁锤敲击板臂，）锁紧后两端板尚应有1～2mm的间隙。

（5）采用机械啮合接头接桩的操作与质量应符合下列规定：

1）将上下接头钣清理干净，用扳手将已涂抹沥青涂料的连接销逐根旋入上节桩Ⅰ型端头钣的螺栓孔内，并用钢模板调整好连接销的方位。

2）剔除下节桩Ⅱ型端头钣连接槽内泡沫塑料保护块，在连接槽内注入沥青涂料，并在端头钣面周边抹上宽度20mm、厚度3mm的沥青涂料；当地基土、地下水含中等以上腐蚀介质时，桩端钣板面应满涂沥青涂料。

3）将上节桩吊起，使连接销与Ⅱ型端头钣上各连接口对准，随即将连接销插入连接槽内。

4）加压使上下节桩的桩头钣接触，完成接桩。

3-7 锤击沉桩的施工有哪些要求?

(1) 沉桩前必须处理空中和地下障碍物，场地应平整，排水应畅通，并应满足打桩所需的地面承载力。

(2) 桩锤的选用应根据地质条件、桩型、桩的密集程度、单桩竖向承载力及现有施工条件等因素确定，也可按表 3-5 选用。

锤重选择表 **表 3-5**

锤型			柴油锤(t)						
			$D25$	$D35$	$D45$	$D60$	$D72$	$D80$	$D100$
锤的动力性能		冲击部分质量(t)	2.5	3.5	4.5	6.0	7.2	8.0	10.0
		总质量(t)	6.5	7.2	9.6	15.0	18.0	17.0	20.0
		冲击力(kN)	2000～2500	2500～4000	4000～5000	5000～7000	7000～10000	>10000	>12000
		常用冲程(m)	1.8～23						
		预制方桩、预应力管桩的边长或直径(mm)	350～400	400～450	450～500	500～550	550～600	600以上	600以上
		钢管桩直径(mm)	400		600	900	900～1000	900以上	900以上
持力层	黏性土粉土	一般进入深度(m)	1.5～2.5	2.0～3.0	2.5～3.5	3.0～4.0	3.0～5.0		
		静力触探比贯入阻力 P_s 平均值(MPa)	4	5	>5	>5	>5		
	砂土	一般进入深度(m)	0.5～1.5	1.0～2.0	1.5～2.5	2.0～3.0	2.5～3.5	4.0～5.0	5.0～6.0
		标准贯入击数 $N_{63.5}$(未修正)	20～30	30～40	40～45	45～50	50	>50	>50
锤的常用控制贯入度(cm/10 击)			2～3		3～5	4～8		5～10	7～12
设计单桩极限承载力(kN)			800～1600	2500～4000	3000～5000	5000～7000	7000～10000	>10000	>10000

注：1. 本表仅供选锤用。

2. 本表适用于桩端进入硬土层一定深度的长度为 20～60m 的钢筋混凝土预制桩及长度为 40～60m 的钢管柱。

(3) 打桩机就位时，应对准桩位，保证垂直、稳定，确保在施工中不发生倾斜、移动。

(4) 取桩应符合下列规定：

1) 当桩叠层堆放超过两层时，应采用吊机取桩，严禁拖拉取桩；

2) 三点支撑自行式打桩机不应拖拉取桩。

(5) 桩尖插入桩位后，先用落距较小的冷锤 1～2 次，桩入土一定深度，再调整桩锤、桩帽、桩垫及打桩机导杆，使之与打入方向成一直线，并使桩稳定。

桩在打入前，应在桩的侧面或桩架上设置标尺，以便在施工中观测、记录。

(6) 桩打入时应符合下列规定：

1) 桩帽或送桩帽与桩周围的间隙应为 5～10mm；

2) 锤与桩帽、桩帽与桩之间应加设硬木、麻袋、草垫等弹性衬垫；

3) 桩锤、桩帽或送桩帽应和桩身在同一中心线上；

4) 桩插入时的垂直度偏差不得超过 0.5%。

(7) 打桩顺序要求应符合下列规定：

1) 对于密集桩群，自中间向两个方向或四周对称施打；

2) 当一侧毗邻建筑物时，由毗邻建筑物处向另一方向施打；

3) 根据基础的设计标高，宜先深后浅；

4) 根据桩的规格，宜先大后小，先长后短。

(8) 打入桩（预制混凝土方桩、预应力混凝土空心桩）的桩位偏差，应符合表 3-6 的规定。斜桩倾斜度的偏差不得大于倾斜角正切值的 15%（倾斜角系桩的纵向中心线与铅垂线间夹角）。

(9) 桩终止锤击的控制应符合下列规定：

1) 当桩端位于一般土层时，应以控制桩端设计标高为主，贯入度为辅。

2) 桩端达到坚硬、硬塑的黏性土、中密以上粉土、砂土、碎石类土及风化岩时，应以贯入度控制为主，桩端标高为辅。

3）贯入度已达到设计要求而桩端标高未达到时，应继续锤击3阵，并按每阵10击的贯入度不应大于设计规定的数值确认，必要时，施工控制贯入度应通过试验确定。

打入桩桩位的允许偏差　　表3-6

项　目	允许偏差(mm)
带有基础梁的桩：(1)垂直基础梁的中心线 (2)沿基础梁的中心线	100+0.01H 150+0.01H
桩数为1～3根桩基中的桩	100
桩数为4～16根桩基中的桩	1/2桩径或边长
桩数大于16根桩基中的桩：(1)最外边的桩 (2)中间桩	1/3桩径或边长 1/2桩径或边长

注：H为施工现场地面标高与桩顶设计标高的距离。

(10) 当遇到贯入度剧变，桩身突然发生倾斜、位移或有严重回弹、桩顶或桩身出现严重裂缝、破碎等情况时，应暂停打桩，并分析原因，采取相应措施。

(11) 当采用射水法沉桩时，应符合下列规定：

1）射水法沉桩宜用于砂土和碎石土。

2）沉桩至最后1～2m时，应停止射水，并采用锤击至规定标高，终锤控制标准可按有关规定执行。

(12) 施打大面积密集桩群时，应采取下列辅助措施：

1）对预钻孔沉桩，预钻孔孔径可比桩径（或方桩对角线）小50～100mm，深度可根据桩距和土的密实度、渗透性确定，宜为桩长的1/3～1/2；施工时应随钻随打；桩架宜具备钻孔锤击双重性能。

2）对饱和黏性土地基，应设置袋装砂井或塑料排水板；袋装砂井直径宜为70～80mm，间距宜为1.0～1.5m，深度宜为10～12m；塑料排水板的深度、间距与袋装砂井相同。

3）应设置隔离板桩或地下连续墙。

4）可开挖地面防震沟，并可与其他措施结合使用，防震沟沟宽可取0.5～0.8m，深度按土质情况决定。

5）应控制打桩速率和日打桩量，24h内休止时间不应少于 8h。

6）沉桩结束后，宜普遍实施一次复打。

7）应对不少于总桩数 10% 的桩顶上涌和水平位移进行监测。

8）沉桩过程中应加强邻近建筑物、地下管线等的观测、监护。

（13）预应力混凝土管桩的总锤击数及最后 1.0m 沉桩锤击数应根据桩身强度和当地工程经验确定。

（14）锤击沉桩送桩应符合下列规定：

1）送桩深度不宜大于 2.0m。

2）当桩顶打至接近地面需要送桩时，应测出桩的垂直度并检查桩顶质量，合格后应及时送桩。

3）送桩的最后贯入度应参考相同条件下不送桩时的最后贯入度并修正。

4）送桩后遗留的桩孔应立即回填或覆盖。

5）当送桩深度超过 2.0m 且不大于 6.0m 时，打桩机应为三点支撑履带自行式或步履式柴油打桩机；桩帽和桩锤之间应用竖纹硬木或盘圆层叠的钢丝绳作“锤垫”，其厚度宜取 150～200mm。

（15）送桩器及衬垫设置应符合下列规定：

1）送桩器（图 3-10）宜做成圆筒形，并应有足够的强度、刚度和耐打性。送桩器长度应满足送桩深度的要求，弯曲度不得大于 1/1000。

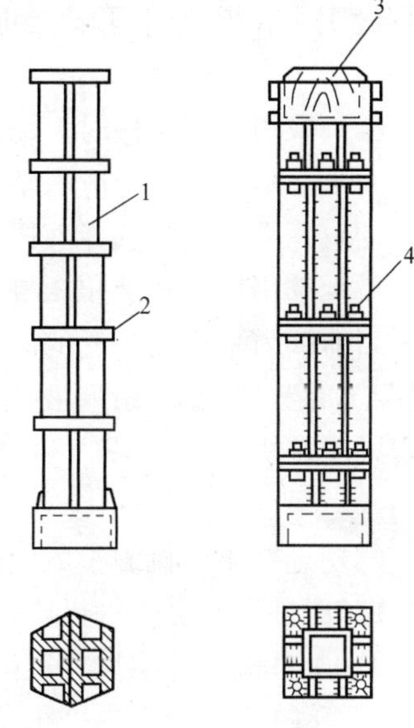

图 3-10　钢送桩构造

（a）钢轨送桩；（b）多板送桩

1—钢轨；2—15mm 厚钢板箍；3—硬木垫；4—连接螺栓

2）送桩器上下两端面应平整，且与送桩器中心轴线相垂直。

3）送桩器下端面应开孔，使空心桩内腔与外界连通。

4）送桩器应与桩匹配：套筒式送桩器下端的套筒深度宜取250～350mm，套管内径应比桩外径大20～30mm；插销式送桩器下端的插销长度宜取200～300mm，杆销外径应比（管）桩内径小20～30mm，对于腔内存有余浆的管桩，不宜采用插销式送桩器。

5）送桩作业时，送桩器与桩头之间应设置1～2层麻袋或硬纸板等衬垫。内填弹性衬垫压实后的厚度不宜小于60mm。

（16）施工现场应配备桩身垂直度观测仪器（长条水准尺或经纬仪）和观测人员，随时量测桩身的垂直度。

3-8 静压沉桩施工要点有哪些要求?

（1）采用静压沉桩时，场地地基承载力不应小于压桩机接地压强的1.2倍，且场地应平整。

（2）静力压桩宜选择液压式和绳索式压桩工艺；宜根据单节桩的长度选用顶压式液压压桩机和抱压式液压压桩机。

当前国内采用较广泛的一种新压桩机械。常用的静力压桩机有YZY系列和ZYJ系列液压静力压桩机（图3-11）、DY-80型绳索式压桩机（图3-12），其型号和技术性能见表3-7和表3-8所列。

（3）选择压桩机的参数应包括下列内容：

1）压桩机型号、桩机质量（不含配重）、最大压桩力等；

2）压桩机的外型尺寸及拖运尺寸；

3）压桩机的最小边桩距及最大压桩力；

4）长、短船形履靴的接地压强；

5）夹持机构的型式；

6）液压油缸的数量、直径，率定后的压力表读数与压桩力的对应关系；

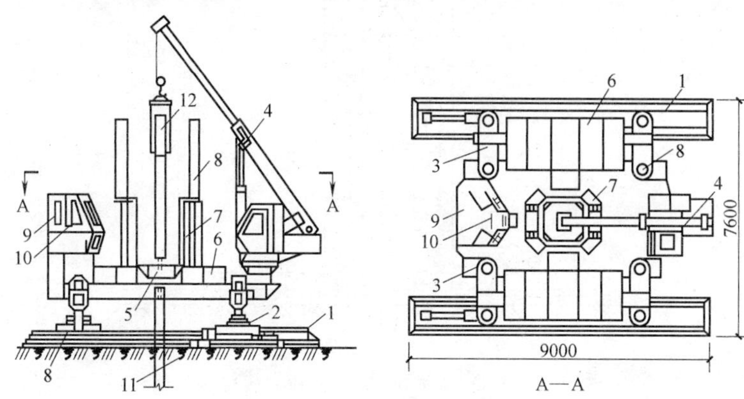

图 3-11　全液压式静力压桩机

1—长向行走机构；2—短向行走及回转机构；3—支腿式底盘结构；4—液压起重机；5—夹持与压板装置；6—配重铁块；7—导向架；8—液压系统；9—电控系统；10—操纵室；11—已压入下节桩；12—吊入上节桩

YZY 系列液压静力压桩机主要技术参数　　　表 3-7

参数 \ 型号		YZY200	YZY280	YZY400	YZY500	YZY600	YZY650
最大压入力(kN)		2000	2800	4000	5000	6000	6500
边桩距离(m)		3.9	3.5	3.5	4.5	4.2	4.2
适用桩截面	方桩最小边长(m)	0.35	0.35	0.35	0.40	0.35	0.35
	方桩最大边长(m)	0.50	0.50	0.50	0.60	0.50	0.50
	圆桩最大直径(m)	0.50	0.50	0.60	0.60	0.50	0.50
配电功率(kW)		96	112	112	132	132	132
工作吊机	起重力径(kN·m)	460	460	480	720	720	720
	用桩长度(m)	13	13	13	13	13	13
整机质量	自重(t)	80	90	130	150	158	165
	配重(t)	130	210	290	350	462	505
拖运尺寸(宽×高)(m)		3.38×4.20	3.38×4.30	3.39×4.40	3.38×4.40	3.38×4.40	3.38×4.40

7）吊桩机构的性能及吊桩能力。

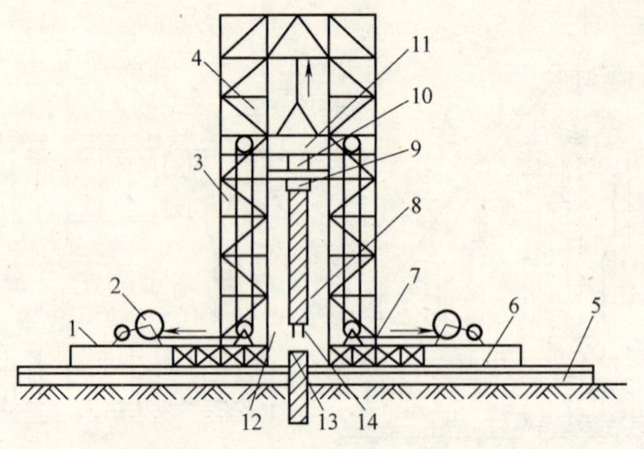

图 3-12　DY-80 绳索式静力压桩机

1—操作平台；2—卷扬机；3—加压钢绳滑轮组；4—桩架导向笼；5—轨道；6—底盘；7—加重物仓；8—上段桩；9—桩帽；10—油压表；11—活动压梁；12—导笼口；13—下段接桩锚筋孔；14—上段接桩锚筋

ZYJ 系列液压静力压桩机主要技术参数　　表 3-8

参数＼型号		ZYJ240	ZYJ320	ZYJ420	ZYJ500	ZYJ600	ZYJ680
额定压桩力(kN)		2400	3200	4200	5000	6000	6800
压桩速度(m/min)	高速	2.76	2.76	2.80	2.20	1.80	1.80
	低速	0.90	1.00	0.95	0.75	0.65	0.60
一次压桩行程(m)		2400	3200	4200	5000	6000	6800
适用桩截面	方桩最小边长(m)	0.30	0.35	0.40	0.40	0.40	0.40
	方桩最大边长(m)	0.50	0.50	0.55	0.55	0.60	0.60
	圆桩最大直径(m)	0.50	0.50	0.55	0.55	0.60	0.60

（4）压桩机的每件配重必须用量具核实，并将其质量标记在该件配重的外露表面；液压式压桩机的最大压桩力应取压桩机的机架重量和配重之和乘以 0.9。

（5）当边桩空位不能满足中置式压桩机施压条件时，宜利用压边桩机或选用前置式液压压桩机进行压桩，但此时应估计最大压桩能力减少造成的影响。

(6) 当设计要求或施工需要采用引孔法压桩时，应配备螺旋钻孔机，或在压桩机上配备专用的螺旋钻。当桩端需进入较坚硬的岩层时，应配备可入岩的钻孔桩机或冲孔桩机。

(7) 最大压桩力不宜小于设计的单桩竖向极限承载力标准值，必要时可由现场试验确定。

(8) 静力压桩施工的质量控制应符合下列规定：

1) 第一节桩下压时垂直度偏差不应大于 0.5%；

2) 宜将每根桩一次性连续压到底，且最后一节有效桩长不宜小于 5m；

3) 抱压力不应大于桩身允许侧向压力的 1.1 倍；

4) 对于大面积桩群，应控制日压桩量。

(9) 终压条件应符合下列规定：

1) 应根据现场试压桩的试验结果确定终压标准。

2) 终压连续复压次数应根据桩长及地质条件等因素确定。对于入土深度不小于 8m 的桩，复压次数可为 2～3 次；对于入土深度小于 8m 的桩，复压次数可为 3～5 次。

3) 稳压压桩力不得小于终压力，稳定压桩的时间宜为5～10s。

(10) 压桩顺序宜根据场地工程地质条件确定，并应符合下列规定：

1) 对于场地地层中局部含砂、碎石、卵石时，宜先对该区域进行压桩。

2) 当持力层埋深或桩的入土深度差别较大时，宜先施压长桩后施压短桩。

(11) 压桩过程中应测量桩身的垂直度。当桩身垂直度偏差大于 1%时，应找出原因并设法纠正；当桩尖进入较硬土层后，严禁用移动机架等方法强行纠偏。

(12) 出现下列情况之一时，应暂停压桩作业，并分析原因，采取相应措施：

1) 压力表读数显示情况与勘察报告中的土层性质明显不符。

2）桩难以穿越硬夹层。

3）实际桩长与设计桩长相差较大。

4）出现异常响声；压桩机械工作状态出现异常。

5）桩身出现纵向裂缝和桩头混凝土出现剥落等异常现象。

6）夹持机构打滑。

7）压桩机下陷。

（13）静压送桩的质量控制应符合下列规定：

1）测量桩的垂直度并检查桩头质量，合格后方可送桩，压桩、送桩作业应连续进行。

2）送桩应采用专制钢质送桩器，不得将工程桩用做送桩器。

3）当场地上多数桩的有效桩长不大于15m或桩端持力层为风化软质岩，需要复压时，送桩深度不宜超过1.5m。

4）除满足本条上述3款规定外，当桩的垂直度偏差小于1%，且桩的有效桩长大于15m时，静压桩送桩深度不宜超过8m。

5）送桩的最大压桩力不宜超过桩身允许抱压压桩力的1.1倍。

（14）引孔压桩法质量控制应符合下列规定：

1）引孔宜采用螺旋钻干作业法；引孔的垂直度偏差不宜大于0.5%。

2）引孔作业和压桩作业应连续进行，间隔时间不宜大于12h；在软土地基中不宜大于3h。

3）引孔中有积水时，宜采用开口型桩尖。

（15）当桩较密集，或地基为饱和淤泥、淤泥质土及黏性土时，应设置塑料排水板、袋装砂井消减超孔压或采取引孔等措施，并可按相关规范执行。在压桩施工过程中应对总桩数10%的桩设置上涌和水平偏位观测点，定时检测桩的上浮量及桩顶水平偏位值，若上涌和偏位值较大，应采取复压等措施。

（16）对预制混凝土方桩、预应力混凝土空心桩等压入桩的桩位偏差，应符合表3-6的规定。

3-9 打入式混凝土预制桩施工时应注意哪些问题?

（1）预制桩必须提前订制，打桩时顶制桩强度必须达到设计强度的100%，锤击预制桩，宜采取强度与龄期双控制。蒸养养护时，蒸养后应增加自然养护期1个月后方准施打。

（2）当地面受打桩施工影响而平整度遭到破坏时，应随时进行修整。

（3）选用打桩机时，应充分考虑施工中的噪声、振动、地层扰动、废气、溅油、烟火等对周围环境的影响。

（4）打桩过程中，遇见下列情况应暂停，并及时与有关单位研究处理：

1）贯入度剧变。

2）桩身突然发生倾斜、位移或有严重回弹。

3）桩顶或桩身出现严重裂缝或破碎。

（5）冬期在冻土区打桩有困难时，应先将冻上挖除或解冻后进行。

（二）钢桩（钢管桩、H型桩及其他异型钢桩）

3-10 钢桩的制作有哪些要求?

（1）制作钢桩的材料应符合设计要求，并应有出厂合格证和试验报告。

（2）现场制作钢桩应有平整的场地及挡风防雨措施。

（3）钢桩制作的允许偏差应符合表3-9的规定，钢桩的分段长度应满足相关规范的规定，且不宜大于15m。

（4）用于地下水有侵蚀性的地区或腐蚀性土层的钢桩，应按设计要求做防腐处理。

钢桩制作的允许偏差 **表 3-9**

项目		允许偏差(mm)
外径或断面尺寸	桩端部	±0.5%外径或边长
	桩身	±0.1%外径或边长
长度		>0
矢高		≤1‰桩长
端部平整度		≤2(H形桩≤1)
端部平面与桩身中心线的倾斜值		≤2

3-11 钢桩焊接有哪些规定?

(1) 必须清除桩端部的浮锈、油污等脏物，保持干燥；下节桩顶经锤击后变形的部分应割除；

(2) 上下节桩焊接时应校正垂直度，对口的间隙宜为2～3mm；

(3) 焊丝（自动焊）或焊条应烘干；

(4) 焊接应对称进行；

(5) 应采用多层焊，钢管桩各层焊缝的接头应错开，焊渣应清除；

(6) 当气温低于 0℃或雨雪天及无可靠措施确保焊接质量时，不得焊接；

(7) 每个接头焊接完毕，应冷却 1min 后方可锤击；

(8) 焊接质量应符合国家现行标准《钢结构工程施工质量验收规范》GB 50205—2001 和《建筑钢结构焊接技术规程》JGJ 81—2002 的规定，每个接头除应按表 3-10 规定进行外观检查外，还应按接头总数的 5%进行超声或 2%进行 X 射线拍片检查，对于同一工程，探伤抽样检验不得少于 3 个接头。

(9) H 型钢桩或其他异型薄壁钢桩，接头处应加连接板，可按等强度设置。

接桩焊缝外观允许偏差　　　　**表 3-10**

项　　目	允许偏差(mm)
上下节桩错口：	
①钢管桩外径≥700mm	3
②钢管桩外径<700mm	2
H 形钢桩	1
咬边深度(焊缝)	0.5
加强层高度(焊缝)	2
加强层宽度(焊缝)	3

3-12　钢桩的运输和堆放有哪些要求?

(1) 堆放场地应平整、坚实、排水通畅;

(2) 桩的两端应有适当保护措施，钢管桩应设保护圈;

(3) 搬运时应防止桩体撞击而造成桩端、桩体损坏或弯曲;

(4) 钢桩应按规格、材质分别堆放，堆放层数：ϕ900 的钢桩，不宜大于 3 层；ϕ600 的钢桩，不宜大于 4 层；ϕ400 的钢桩，不宜大于 5 层；H 形钢桩不宜大于 6 层。支点设置应合理，钢桩的两侧应采用木楔塞住。

3-13　钢桩沉桩有哪些要求?

(1) 当钢桩采用锤击或静压沉桩时，可参照混凝土预制桩沉桩要求施工。

(2) 对敞口钢管桩，当锤击沉桩有困难时，可在管内取土助沉。

(3) 锤击 H 形钢桩时，锤重不宜大于 4.5t 级（柴油锤），且在锤击过程中，桩架前应有横向约束装置。

(4) 当持力层较硬时，H 形钢桩不宜送桩。

（5）当地表层遇有大块石、混凝土块等回填物时，应在插入H形钢桩前进行触深，并应清除桩位上的障碍物。

3-14 沉桩施工对安全有哪些要求？

（1）吊桩前应将桩锤提升到一定位置固定牢靠，防止吊桩时桩锤坠落。

（2）起吊时吊点必须正确，速度要均匀，桩身应平稳，必要时桩架应设缆风绳。

（3）桩身附着物要清除干净，起吊后人员不准在桩下通过。

（4）吊桩与运桩发生干扰时，应停止运桩。

（5）插桩时，手、脚严禁介入桩与龙门之间。

（6）用撬棍或板舢等工具校正桩时，用力不宜过猛。

（7）打桩时应采取与桩型、桩架和桩锤相适应的桩帽及衬垫，发现损坏应及时修整或更换。

（8）锤击不宜偏心，开始落距要小。如遇贯入度突然增大，桩身突然倾斜、位移、桩头严重损坏、桩身断裂、桩锤严重回弹等应停止锤击，经采取措施后方可继续作业。

（9）熬制胶泥要穿好防护用品。工作棚应通风良好，注意防火；容器不准用锡焊，防止熔穿泄漏；胶泥浇筑后，上节桩应缓慢放下，防止胶泥飞溅。

（10）套送桩时，应使送桩、桩锤和桩三者中心在同一轴线上。

（11）拔送桩时应选择合适的绳扣，操作时必须缓慢加力，随时注意桩架、钢丝绳的变化情况。

（12）送桩拔出后，地面孔洞必须及时回填或加盖。

3-15 沉桩施工对环境控制有哪些要求？

（1）施工前，检查打桩机设备及起重工具，铺设水电管网。进行设备架立组装和试打桩。在桩架上设置标尺或在桩的侧面画上标尺，以便能观测桩身入土深度。

(2) 采用锤击法打桩时，应采用“重锤轻击法”，降低噪声的产生，开始沉桩应起锤轻压并轻击数锤，观察桩身、桩架、桩锤等垂直一致。将桩锤提升到指定高度，自由落下，将预制桩贯入土中。桩锤提升高度不宜过高，避免造成较大的冲击，对桩结构造成破坏，同时产生较大的噪声。

(3) 打桩时，应用导板夹具或桩箍将桩嵌固在桩架两导柱中，桩锤、桩帽与桩身中心线要一致，桩顶不平，应用环氧树脂砂浆补抹平整。防止由于桩受力不均匀，对桩结构造成破坏。

(4) 打桩时，在桩头上应加垫适合桩头尺寸的弹性垫层，以缓和打桩的冲击，降低噪声的排放。弹性垫层可采用尼龙件浇筑，既经济又耐用，一个尼龙桩垫可打 600 根桩而不损坏。

(5) 采用振动沉桩法施工时，应注意振动箱的振动频率，防止产生较大的噪声，同时避免对桩身造成破坏，浪费资源。

(6) 打（沉）桩由于巨大体积的桩体在冲击作用下于短时间内沉入土中，会对周围环境带来下述危害，在打桩前应编制详细的方案，减轻对环境的影响。

1) 挤土，由于桩体入土后挤压周围土层造成的。

2) 振动打桩过程中在桩锤冲击下，桩体产生振动，使振动波向四周传播，会给周围的设施造成危害，造成较大的影响。

3) 超静水压力土壤中含的水分在桩体挤压下产生很高的压力。高压力的水向四周渗透时亦会给周围设施带来危害。

(7) 桩锤对桩体冲击产生的噪声，达到一定分贝时，亦会对周围人民的生活和工作带来不利影响。

为避免和减轻上述打桩产生的危害，可采取下述措施。

1) 限速即控制单位时间（如 1d）打桩的数量，可避免产生严重的挤土和超静水压力对周围环境的影响。

2) 正确确定打桩顺序一般在打桩的推进方向挤土较严重，为此。宜背向保护对象向前推进打桩。

3) 挖应力释放沟（或防振沟）在打桩区与被保护对象之间

挖沟（深 2m 左右），此沟可隔断浅层内的振动波。如在沟底再钻孔排土，则可减轻挤土影响。

（8）打桩施工期间，安排专人定期（每周不少于一次）对防振沟的工作情况进行监测，当发现防振沟不能满足要求时，应与设计单位一同重新设计，加深或加宽防振沟。

（9）打桩施工期间，每班对打桩机械进行检查，发现打桩机械烟尘排放超标时，应及时请专业维修人员检修，减少机械烟尘的排放。

（三）灌注桩

3-16 什么是灌注桩？不同桩型的适用条件有哪些规定？

灌注桩是相对混凝土预制桩而言，是采用机械或人工成孔，放入钢筋笼，灌注混凝土工艺的现灌钢筋混凝土桩。不同桩型的适用条件如下：

（1）泥浆护壁钻孔灌注桩宜用于地下水位以下的黏性土、粉上、砂土、填土、碎石土及风化岩层；

（2）旋挖成孔灌注桩宜用于黏性土、粉土、砂土、填土、碎石土及风化岩层；

（3）冲孔灌注桩除宜用于上述地质情况外，还能穿透旧基础、建筑垃圾填土或大孤石等障碍物。在岩溶发育地区应慎重使用。采用时，应适当加密勘察钻孔；

（4）长螺旋钻孔压灌桩后插钢筋笼宜用于黏性土、粉土、砂土、填土、非密实的碎石类土、强风化岩；

（5）干作业钻、挖孔灌注桩宜用于地下水位以上的黏性土、粉土、填土、中等密实以上的砂土、风化岩层；

（6）在地下水位较高，有承压水的砂土层、滞水层、厚度较大的流塑状淤泥、淤泥质土层中不得选用人工挖孔灌注桩；

（7）沉管灌注桩宜用于黏性土、粉土和砂土；夯扩桩宜用于桩端持力层为埋深不超过 20m 的中、低压缩性黏性土、粉土、砂土和碎石类土。

3-17 灌注桩成孔的控制深度有哪些要求?

1. 摩擦型桩

摩擦桩应以设计桩长控制成孔深度；端承摩擦桩必须保证设计桩长及桩端进入持力层深度。当采用锤击沉管法成孔时，桩管入土深度控制应以标高为主，以贯入度控制为辅。

2. 端承型桩

当采用钻（冲）、挖掘成孔时，必须保证桩端进入持力层的设计深度；当采用锤击沉管法成孔时，桩管入土深度控制以贯入度为度，以控制标高为辅。

3-18 灌注桩成孔施工的允许偏差有哪些规定?

灌注桩成孔施工允许偏差见表 3-11 所列。

灌注桩成孔施工允许偏差　　　　表 3-11

<table>
<tr><td colspan="2" rowspan="2">成孔方法</td><td rowspan="2">桩径允许偏差(mm)</td><td rowspan="2">垂直度允许偏差(%)</td><td colspan="2">桩位允许偏差(mm)</td></tr>
<tr><td>1～3 根桩、条形桩基沿垂直轴线方向和群桩基础中的边桩</td><td>条形桩基沿轴线方向和群桩基础的中间桩</td></tr>
<tr><td rowspan="2">泥浆护壁钻、挖、冲孔桩</td><td>$d \leqslant 1000$mm</td><td>±50</td><td rowspan="2">1</td><td>$d/6$ 且不大于 100</td><td>$d/4$ 且不大于 150</td></tr>
<tr><td>$d>1000$mm</td><td>±50</td><td>$100+0.01H$</td><td>$150+0.01H$</td></tr>
<tr><td rowspan="2">锤击(振动)沉管，振动冲击沉管成孔</td><td>$d \leqslant 500$mm</td><td rowspan="2">−20</td><td rowspan="2">1</td><td>70</td><td>150</td></tr>
<tr><td>$d>500$mm</td><td>100</td><td>150</td></tr>
<tr><td colspan="2">螺旋钻、机动洛阳铲干作业成孔</td><td>−20</td><td>1</td><td>70</td><td>150</td></tr>
<tr><td rowspan="2">人工挖孔桩</td><td>现浇混凝土护壁</td><td>±50</td><td>0.5</td><td>50</td><td>150</td></tr>
<tr><td>长钢套管护壁</td><td>±20</td><td>1</td><td>100</td><td>200</td></tr>
</table>

注：1　桩径允许偏差的负值是指个别断面。

2　H 为施工现场地面标高与桩顶设计标高的距离；d 为设计桩径。

3-19 灌注桩施工对材料、设备的选用和制作有哪些要求？

（1）钢筋笼制作、安装的质量应符合下列要求：

1）钢筋笼的材质、尺寸应符合设计要求，制作允许偏差应符合表 3-12 的规定；

钢筋笼制作允许偏差　　表 3-12

项　目	允许偏差(mm)
主筋间距	±10
箍筋间距	±20
钢筋笼直径	±10
钢筋笼长度	±100

2）分段制作的钢筋笼，其接头宜采用焊接或机械式接头（钢筋直径大于 20mm），并应遵守国家现行标准《钢筋机械连接技术规程》JGJ 107—2010、《钢筋焊接及验收规程》JGJ 18—2003 和《混凝土结构工程施工质量验收规范》GB 50204—2002 的规定；

3）加箍筋宜设在主筋外侧，当因施工工艺有特殊要求时也可置于内侧；

4）导管接头处外径应比钢筋笼的内径小 100mm 以上；

5）搬运和吊装钢筋笼时，应防止变形，安放应对准孔位，避免碰撞孔壁和自由落下，就位后应立即固定。

（2）粗骨料可选用卵石或碎石，其粒径不得大于钢筋间最小净距的 1/3。

（3）检查成孔质量合格后应尽快灌注混凝土。直径大于 1m 或单桩混凝土量超过 $25m^3$ 的桩，每根柱桩身混凝土应留有 1 组试件；直径不大于 1m 的桩或单桩混凝土量不超过 $25m^3$ 的桩，每个灌注台班不得少于 1 组；每组试件应留 3 件。

（4）在正式施工前，宜进行试成孔。

（5）灌注柱施工现场所有设备、设施、安全设置、工具配件以及个人劳保用品必须经常检查，确保完好和使用安全。

3-20 长螺旋钻孔灌注桩的适用范围有哪些?

长螺旋钻孔灌柱桩适于用民用与工业建筑地下水位以上的一般黏性土、砂土及人工填土地基的长螺旋成孔灌注桩工程。

3-21 长螺旋钻孔灌注桩施工对材料、机具的选用有哪些具体要求?

1. 材料

（1）水泥：宜选用42.5级水泥，具有出厂合格证和检测报告。

（2）砂：洁净的中砂或粗砂，含泥量不大于5%，质量符合相关规范规定。

（3）石子：质地坚硬的卵石或碎石，粒径5～40mm，含泥量不大于2%，质量符合有关规范规定。

（4）钢筋：品种和规格均符合设计规定，并有出厂合格证及试验报告。

（5）预拌混凝土：符合设计及相关验收规范要求，坍落度宜取70～100mm，水下灌注时宜取160～220mm，强度不低于C25。

2. 机具设备

（1）长螺旋钻孔机：有直径400～1000mm多种规格，根据设计桩径选用。常用长螺旋钻孔机械的主要技术参数，见表3-13所列。

国内长螺旋钻孔机多与步履式、悬挂履带式桩架配套使用，也有与轨道式、车装式桩架配套使用的，近几年来与三点支撑式履带式桩架配套使用的例子越来越多。图3-13为液压步履式长螺旋钻机。

常有长螺旋钻孔工作主机的主要技术参数　　表 3-13

机械名称	电机功率（kW）	回转速度（r/min）	回转扭矩（kg·m）	钻进下压力（kg）	钻进速度（m/min）	外形尺寸（m）
履带式 LZ 型	30	81	340	2800	1	8.0×3.21～21.78
汽车式 QZ-4 型	17	120	140	1500	1	7.3×2.65

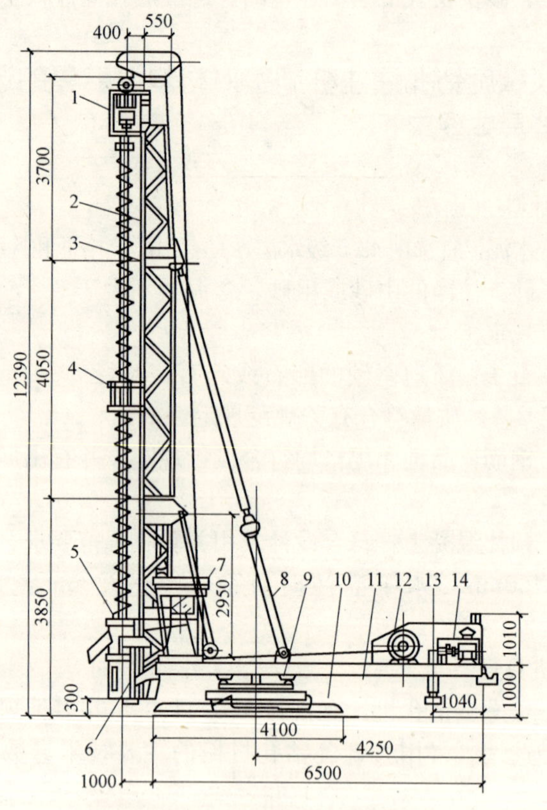

图 3-13　液压步履式长螺旋钻机

1—减速箱；2—臂架；3—钻杆；4—中间导向套；5—出土装置；6—前支腿；7—操纵室；8—斜撑；9—中盘；10—下盘；11—上盘；12—卷扬机；13—后支腿；14—液压系统

(2) 机动小翻斗车或手推车：装卸运土或运送混凝土。

(3) 长、短棒式振捣器、部分加长软轴，振捣混凝土用。

(4) 盖板：盖孔口用。

(5) 溜筒：加大盖板，中间孔洞垂直焊有圆筒，浇灌混凝土用。

(6) 测孔深的测绳、手把灯、低压变压器和测垂直度的线坠等用具。

3-22 长螺旋钻孔灌注桩施工工艺有哪些要求?

(1) 成孔工艺流程

钻孔机就位→钻孔→检查成孔质量→孔底清理→盖好孔口盖板→移桩机至下一桩位。

(2) 钻机定位后，应进行复检，钻头与桩位点偏差不得大于20mm，开孔时下钻速度应缓慢；钻进过程中，不宜反转或提升钻杆。

钻孔机就位时，必须保持平稳，不发生倾斜、移位。为准确控制钻孔深度，应在桩架上或桩管上做出控制的标尺，以便在施工中进行观测、记录。

(3) 安装有筒式出土器的钻机，为便于钻头迅速、准确地对准桩位，可在桩位上放置定位圆环。

(4) 当需要穿越老黏土、厚层砂土、碎石土以及塑性指数大于 25 的黏土时，应进行试钻。

(5) 螺旋钻进应根据地层情况选择和调整钻进参数，并通过电流表控制进尺速度。电流值增大时，说明孔内阻力增大，应降低钻进速度。

(6) 开始钻进及穿过软硬土层交界处时，应保持钻杆垂直，控制速度缓慢进尺。以免扩大孔径。

(7) 钻进过程中遇含有砖头瓦块卵石较多的土层，或含水量较大的软塑黏土层时，应控制钻杆跳动与机架摇晃，以免孔径扩大和孔底增加回落土。

(8) 当钻进中遇到卡钻、不进尺或钻进缓慢时，应停机检查原因，采取措施，盲目钻进会导致桩孔严重倾斜、塌孔甚至卡钻、折断钻具等恶性孔内事故。

(9) 遇孔内渗水、塌孔、缩径等异常情况时. 可采取调整钻进参数、投入适量黏土球、上下活动钻具等措施，保证钻进顺畅。

(10) 在硬土层钻孔. 宜采用高转速、小进尺、恒钻压钻进。

(11) 在砂卵石层中钻进时，钻杆易发生跳动、晃动现象，影响成孔的垂直度，此时必须用经纬仪严密监测，以及时控制桩孔垂直度。

(12) 钻进中应观测挺杆上的深度控制标尺或钻杆长度，控制钻孔深度，当钻至设计孔深时，需做好记录。

(13) 钻进过程中散落在地面上的土，必须随时清除运走。

(14) 黏土护壁成孔第一次进尺宜为 5m，以后每次进尺3～5m。

在地下水位以下的砂土层中钻进时，钻杆底部活门应有防止进水的措施，压灌混凝土应连续进行。

(15) 采用筒式钻头时每次钻取厚度应小于筒身高度，钻进时应适当加水冷却。

(16) 检查成孔质量：用测绳（锤）或手提灯测量孔深、垂直度及虚土厚度。虚土厚度等于测量深度与钻孔深的差值，虚土厚度一般不应超过 100mm。

(17) 孔底土清理：钻到设计标高（深度）后，必须在深处进行空转清土，然后停止转动，提钻杆，不得回转钻杆。孔底的虚土厚度超过质量标准时，要分析原因，采取处理措施。进钻过程中散落在地面上的土，必须随时清除运走。

(18) 盖好孔口盖板：经过成孔质量检查后，应按表逐项填好桩孔施工记录，然后盖好孔口盖板。

(19) 移走盖板复测孔深、垂直度：移走盖孔盖板，再次复查孔深、孔径、孔壁、垂直度及孔底虚土厚度。

(20) 浇灌混凝土工艺流程

移走盖板复测孔深、垂直度→放钢筋笼→放混凝土溜筒→浇灌混凝土（随浇随振）

(21) 吊放钢筋笼：钢筋笼上必须先绑好砂浆垫块（或卡好塑料卡）；钢筋笼起吊时不得在地上拖曳，吊入钢筋笼时，要吊直扶稳，对准孔位，缓慢下沉，避免碰撞孔壁。钢筋笼下放到设计位置时，应立即固定。两段钢筋笼连接时，应采用焊接，以确保钢筋的位置正确，保护层符合要求。浇灌混凝土前应再次检查测量孔内虚土厚度。

(22) 根据桩身混凝土的设计强度等级，应通过试验确定混凝土配合比；混凝土坍落度宜为180～220mm；粗骨料可采用卵石或碎石，最大粒径不宜大于30mm；可掺加粉煤灰或外加剂。

(23) 混凝土泵型号应根据桩径选择，混凝土输送泵管布置宜减少弯道，混凝土泵与钻机的距离不宜超过60m。

(24) 放混凝土溜筒（导管）：浇筑混凝土必须使用导管。导管内径200～300mm，每节长度为2～2.5m，最下端一节导管长度应为4～6m，检查合格后方可使用。

(25) 浇灌混凝土

放好混凝土溜筒，浇灌混凝土，注意落差不得大于2m，应边浇灌混凝土边分层振捣密实，分层高度按捣固的工具而定，一般不大于1.5m。

浇灌桩顶以下5m范围内的混凝土时，每次浇筑高度不得大于1.5m。

灌注混凝土至桩顶时，应适当超过桩顶设计标高500mm以上，以保证在凿除浮浆后，桩标高能符合设计要求。拔出混凝土溜筒时，钢筋要保持垂直，保证有足够的保护层，防止插斜、插偏。灌注桩施工按规范要求留置试块，每桩不得少于一组。

(26) 冬期当温度低于0℃浇灌混凝土时，应采取加热保温措施。浇灌时，混凝土的温度按冬期施工方案规定执行。在桩顶未达到设计强度50%以前不得受冻。当气温高于30℃时，应根据具体情况对混凝土采取缓凝措施。

(27) 雨期严格坚持随钻随打混凝土的规定，以防遇雨成孔后灌水造成塌孔。雨天不能进行钻孔施工。现场必须采取有效的排水措施。

3-23 长螺旋钻孔灌注桩的质量检验要求有哪些?

1. 主控项目

(1) 灌注桩的原材料和混凝土强度必须符合设计要求和施工规范的规定。

(2) 桩位和成孔深度必须符合设计要求。

(3) 钢筋笼制作必须符合设计要求和施工规范的规定。

(4) 成桩后承载力必须符合设计要求和施工规范的规定。

2. 一般项目

(1) 桩径、桩孔垂直度、孔底沉渣厚度符合设计要求和施工规范的规定。

(2) 混凝土配合比计量准确，坍落度符合设计要求和施工规范的规定。

(3) 实际浇筑混凝土量不得小于计算体积。

(4) 浇筑混凝土后的桩顶标高及浮浆处理，符合设计要求和施工规范的规定。

(5) 长螺旋钻孔灌柱桩允许偏差项目见表 3-14 的所列。

长螺旋钻孔灌柱桩允许偏差　　表 3-14

项次		项目	允许偏差（mm）	检验方法
主控项目	1	钢筋笼主筋间距	±10	钢尺量检查
	2	钢筋笼长度	±100	钢尺量检查
	3	桩的位置：1～3 根桩、单排桩基垂直于桩基中心线方向和群桩基础的边桩	70	拉线和尺量检查
		桩的位置：条形桩基沿桩基中心线方向和群桩基础的中间桩	150	拉线和尺量检查
	4	孔深	+300	重锤或测钻杆
一般项目	1	钢筋笼箍筋间距	±20	钢尺量检查
	2	钢筋笼直径	±10	钢尺量检查
	3	桩径	−20	井径仪或钢尺
	4	垂直度	<1%	测钻杆
	5	桩底虚土厚度：端承桩	≤50	重锤测量
		桩底虚土厚度：摩擦桩	≤150	
	6	钢筋笼安装深度	±100	用钢尺量
	7	混凝土坍落度：干法灌注	70～100	坍落度仪
		混凝土坍落度：水下灌注	160～220	
	8	混凝土充盈系数	>1	检查实际灌注量
	9	桩顶标高（扣除桩顶浮浆层及劣质桩体）	+30 −50	水准仪

3-24　长螺旋钻孔灌注桩对安全施工有哪些要求?

(1) 各种机电设备的操作人员，都必须经过专业培训，领取驾驶证或操作证后方准开车。禁止其他人员擅自开车或开机。

(2) 所有操作人员应严格执行有关“操作规程”。在桩机安装、移位过程中，注意上部有无高压线路。熟悉周围地下管线情况，防止物体坠落及轨枕沉陷。

（3）总、分配电箱都应有漏电保护装置，各种配电箱、板均必须防雨，门锁齐全，同时线路要架空，轨道两道应设两组接地。

（4）桩机所有钢丝绳要检查保养，发现有断股情况，应及时调换，钻机运转时不得进行维修。

（5）钻机周围5m以内应无高压线路，作业区应有明显标志或围栏，严禁闲人入内。

（6）作业场地距电源变压器或供电主干线距离应在200m以内，启动时电压降不得超过额定电压的10%。

（7）电缆应尽量架空设置，不能架起的绝缘电缆通过道路时应采取保护措施，钻机行走时应设专人提电缆同行。

（8）钻机检查时挺杆下严禁站人。

（9）钻机安装前应详细检查各部件，安装后钻杆中心线偏斜应小于全长的1%，10m以上的钻杆不得在地面上一次接好吊起安装。

（10）安装钻杆时，应从动力头开始，逐节往下安装。不得将所需钻杆长度在地面上全部接好后一次起吊安装。

（11）安装前，应检查并确认钻杆及各部件无变形；安装后，钻杆与动力头的中心线允许偏斜为全长的1%。

（12）启动前，应将操纵杆放在空档位置。启动后，应做空运转试验，检查仪表、温度、音响、制动等各项工作正常，方可作业。

（13）钻孔时若机架摇晃、移动、偏移或钻头内发生有节奏响声时，应立即停钻，经处理后方可继续施钻。

（14）钻机作业中，电缆应有专人负责收放，如遇停电，应将控制器置于零位，切断电源，将钻头接触地面。

（15）作业中停电时，应将各控制器放置零位，切断电源，并及时将钻杆全部从孔内拔出，使钻头接触地面。

（16）钻机运转时，应防止电缆线被缠入钻杆中，必须有专人看护。

（17）作业后应及时清除螺旋叶片上的泥土，此时需将钻头下降接触地面，各部位制动住，操纵杆放到空档，切断电源。

（18）成孔后，应将孔口加盖保护。

3-25 后植入钢筋笼灌注桩的适用范围有哪些？

后植入钢筋笼灌注桩适用土质范围较广，凡是长螺旋钻孔机能正常钻进的地层一般都可以施工。

3-26 后植入钢筋笼灌注桩对材料、机具选用有哪些要求？

1. 材料

（1）水泥：宜用 42.5 级水泥，具有出厂合格证和检测报告。

（2）砂：洁净的中砂或粗砂，含泥量不大于 5%，质量符合相关规范规定。

（3）石子：5～16mm 豆石或碎石，含泥量不大于 2%；质量符合相关规范规定。

（4）钢筋：品种和规格均符合设计规定，并有出厂合格证及试验报告。

（5）预拌混凝土：符合设计及相关验收规范要求，混凝土具备良好的和易性，缓凝时间 6h，入泵坍落度 200～220mm。

2. 机具设备

（1）采用的钻孔机械具有中心压灌混凝土功能，关键在于动力头上部没有压灌混凝土回转接头，回转接头上部与压混凝土弯管相连，并设有放气机构。回转接头与钻机主轴回转密封相连。主轴是空心的，与钻杆相通。钻头带有特殊的出料活门。

（2）植入钢筋笼采用专用植笼装置。植入钢筋笼作业有振动和振动冲击两种方式，地质条件较差、工程量较大时，宜采用振动冲击方式。

(3) 各种主要设备及辅助机具见表 3-15 所列。

单台桩机配置　　　　表 3-15

序号	设备名称	技术参数	单位	数量
1	履带或步履桩机		台	1
2	长螺旋钻孔机动力头		台	1
3	ϕ400～ϕ800 钻杆		套	1
4	ϕ400～ϕ800 钻头	带混凝土出料活门	个	1～2
5	ϕ400 出土器或护圈		套	1
6	混凝土拖式泵		台	1
7	混凝土输送钢管			若干
8	混凝土输送软管			若干
9	装载机		台	1
10	振笼装置		套	1
11	启动箱		个	1
12	振笼钢管或型钢		根	1
13	运钢筋笼小车		辆	2～3
14	拔笼器		个	1
15	制造钢筋笼设备		套	1～2
16	汽车吊		台	1

3-27 后植入钢筋笼灌注桩施工工艺有哪些要求?

(1) 施工工艺流程

测放桩位，桩机就位→钻孔→提钻，灌注混凝土→现场制造钢筋笼→向钢筋笼套穿钢管，钢管与振动装置快速连接→沉放钢筋笼→拆管，进行下一循环作业。

（2）场地标高一般应为承台梁的上皮标高，并经过夯实或辗压。

（3）分段制作好钢筋笼，其长度以5～8m为宜。

（4）施工前应做成孔试验：数量不少于2根。

（5）桩机就位，调整钻杆与地面的垂直度，垂直度偏差不大于1%。

（6）启动钻机入钻，观察钻机电机电流表，根据电流大小控制下钻进尺，钻到预定深度。

（7）用混凝土泵完成钻孔中心压灌混凝土成桩，钻进到设计深度后，略提钻杆20～50cm。以便混凝土料将活门冲开。边提钻边压灌混凝土，提钻与压混凝土速度必须匹配。混凝土的灌注高度应高于设计桩顶标高50cm。多余的部分后期凿掉，以保证桩顶的强度满足设计要求。钻杆拔出孔口前，先关混凝土泵，注意保证钻杆内存料量，满足桩顶高度。

（8）钻孔的同时，将振笼用的钢管在地面水平方向穿入钢筋笼内腔。钢管与专用低频振动装置连接，钢筋笼与振动装置用钢丝绳柔性连接。钢管的上部和下部必须开设透气孔。

（9）待钻孔中心泵压混凝土形成桩体后，钻杆拔出孔口前，先将孔口浮土清理，然后将已吊起的振动装置、钢管及钢筋笼垂直对准孔口，把钢筋笼下端插入混凝土桩体中，采用不完全卸载方法，使钢筋笼下沉到预定深度。

（10）钢筋笼到位后，振动拔出钢管。

3-28 后植入钢筋笼灌注桩质量检验要求有哪些?

（1）桩体倾斜偏差不超过1%，用线坠和经纬仪测量钻杆。

（2）桩长允许偏差不超过+300mm，按设计要求进入持力层。

（3）桩径偏差不超过50mm，桩径不允许出现负偏差。

3-29 泥浆护壁正反循环成孔灌注桩的适用范围有哪些？

泥浆护型正反循环成孔灌注桩适用于建筑工程中采用泥浆护壁进行钻孔灌注桩施工。

对孔深较大的端承型桩和粗粒土层中的摩擦型桩，宜采用反循环工艺成孔或清孔，也可根据土层情况采用正循环钻进，反循环清孔。

3-30 泥浆护壁正反循环成孔灌注桩对材料、机具选用有哪些要求？

1. 材料

（1）水泥：宜用 42.5 级水泥，其质量必须符合现行国家标准的规定。水泥进场应有产品合格证和出厂检验报告，进场后应对强度、安定性及其他必要的性能指标进行取样复验，合格后方可使用。

（2）钢筋：品种、级别、规格和质量应符合设计要求。钢筋进场应有产品合格证和出厂检验报告，进场后应按现行国家标准《钢筋混凝土用钢》GB 1499 等的规定抽取试件做力学性能检验。

（3）粗细骨料：质量符合国家现行标准《普通混凝土用砂、石质量及检验方法标准》JGJ 52—2006 规定，进场后应取样复验合格。

（4）水：宜采用饮用水。当采用其他水源时，其水质应符合国家现行标准《混凝土用水标准》JGJ 63—2006 的规定。

（5）外加剂：其品种应符合混凝土配合比的要求，应有产品说明书、出厂检验报告及合格证，进行应复验。

（6）辅助材料：膨润土及羧甲基纤维素（CMC）等（根据成孔工艺选用）、黏土球、隔水塞（或球胆）、钢筋定位器（或滚轴垫块）。

2. 机具设备

（1）钻（冲）孔设备：常用的有国产转盘式循环钻机、钻斗钻机、潜水钻机、钢丝绳冲击式钻机。

（2）辅助设施与机具

1）护筒：钢质护筒或钢筋混凝土护筒。

2）小型土方机械：用于沉淀池开挖和护筒埋设施工。

3）泥浆系统：泥浆池、淀淀池、循环槽、废浆池、泥浆搅拌设备、泥浆泵、钻渣分离装置。

4）清孔设备：空压机、风管、砂石泵（射流泵）、掏泥筒。

3-31 泥浆护壁正反循环成孔灌注桩泥浆调制和泥浆循环系统如何设置？

（1）钻孔泥浆一般由水、黏土（或膨润土）和添加剂按适当配合比配置而成，其性能指标可参照表 3-16 选用。

直径大于 2.5m 的大直径钻孔灌柱桩对泥浆的要求较高，应根据地质情况、钻机性能、泥浆材料条件等确定。在地质复杂、覆盖层较厚、护筒下沉不到岩层的情况下，宜使用丙烯酰胺 PHP 浆，此泥浆的特点是不分散、低固相、高黏度。

（2）循环系统由泥浆池、沉淀池、循环槽、废浆池、泥浆泵、泥浆搅拌设备、钻渣分离装置组成，并配有排水、清渣、排废浆设施和钻渣转运通道等。一般采用集中搅拌，集中向钻孔输送泥浆的方式。

泥浆性能的选用，见表 3-16 所列。

沉淀池不宜少于 2 个，可串联使用，每个沉淀池的容积不少于 $6m^3$；泥浆池的容积一般不宜小于 $8\sim10m^3$。

循环槽应设 1∶200 的坡度，槽的断面应能保证冲洗液正常循环不外溢。

沉淀池、泥浆池、循环槽可用砖和水泥砂浆砌筑，不得渗漏。

泥浆池不能建在新堆积的土层上，以免池体下陷开裂，泥浆漏失。

应及时清除循环槽和沉淀池内沉淀的钻渣。清出的钻渣应及时运出现场，防止污染环境。

泥浆性能指标选择　　表 3-16

钻孔方法	地层情况	泥浆性能指标							
		相对密度	黏度（Pa・s）	含砂率（%）	胶体率（%）	失水率（mL/30min）	泥皮厚（mm/30min）	静切力（Pa）	酸碱度（pH）
正循环	一般地层	1.05～1.20	16～22	8～4	≥96	≥25	≥2	10.5～2.5	8～10
	易塌地层	1.20～1.45	19～28	8～4	≥96	≥15	≥2	3～5	8～10
反循环	一般地层	1.02～1.06	16～20	≤4	≥95	≤20	≤3	1～2.5	8～10
	易塌地层	1.06～1.10	18～28	≤4	≥95	≤20	≤3	1～1.25	8～10
	卵石土	1.10～1.15	20～35	≤4	≥95	≤20	≤3	1～1.25	8～10

注：1. 地下水位高或其流速大时，指标取高限，反之取低限。
2. 地质状态较好，孔径或孔深较小的取低限，反之取高限。
3. 在不易坍塌的黏质土层中使用反循环钻进时，可用清水提高水头（≥2m）维护孔壁。
4. 若当地缺乏优良黏质土，调制不出合格泥浆时，可掺用添加剂改善泥浆性能，添加剂量可经现场试验确定。

3-32 泥浆护壁正反循环成孔灌注桩施工工艺流程是如何设定的?

测量定位→埋设护筒→钻机就位→钻至设计深度→第一次清孔→钢筋笼加工及安放→插入导管→第二次清孔→灌注水下混凝土→拔出导管及护筒。

3-33 泥浆护壁正反循环成孔灌注桩施工孔口护筒如何埋设?

当表层土为砂土，且地下水位较浅时，或表层土为杂填土，孔径大于 800mm 时，应设置护筒。

（1）护筒埋设应准确、稳定，护筒中心与桩位中心的偏差不得大于50mm。

（2）护筒的埋设深度：在黏性土中不宜小于1.0m；砂土中不宜小于1.5m。护筒下端外侧应采用填黏土分层夯实；其高度尚应满足孔内泥浆面高度的要求。

（3）护筒内径比钻头直径大100mm左右。护筒端部应置于黏土层或粉土层中，一般不应设在填土层或砂砾层中，以保证护筒不漏水。在护筒顶部开设1～2个溢浆口。

（4）当护筒直径小于1m且埋设较浅时宜用钢质护筒，钢板厚度4～8mm，直径大于1m，且埋设较深时可采用永久性钢筋混凝土护筒。

（5）护筒的埋设，对于钢护筒可采用锤击法，对于钢筋混凝土护筒可采用挖埋法。护筒口应高出地面至少100mm。在埋设过程中，一般采用十字拴桩法确保筒中心与桩位中心重合。

（6）受水位涨落影响或水下施工的钻孔灌注桩，护筒应加高加深，必要时应打入不透水层。

3-34 泥浆护壁正反循环成孔灌注桩施工钻机设置的导向装置有何规定？

（1）潜水钻的钻头上应有不小于$3d$长度的导向装置；

（2）利用钻杆加压的正循环回转钻机，在钻具中就加设扶正器。

3-35 泥浆护壁正反循环成孔灌注桩施工孔底沉渣厚度有何要求？

钻孔达到设计深度，灌注混凝土之前，孔底沉渣厚度指标应符合下列规定：

（1）对端承型桩，不应大于50mm；

（2）对摩擦型桩，不应大于100mm；

(3) 对抗拔、抗水平力桩，不应大于 200mm。

3-36 泥浆护壁正循环成孔灌注桩如何进行钻进施工？

(1) 钻头回转中心对准护筒中心，偏差不大于允许值。开动泥浆泵使冲洗液循环 2～3min，然后再开动钻机，慢慢将钻头放置护筒底。在护筒刃脚处应低压慢速钻进，使刃脚处的地层能稳固地支撑护筒，待钻至刃脚以下 1m 以后，可根据土质情况以正常速度钻进。

(2) 在黏土地层钻进时，由于土层本身的造浆能力强，钻屑成泥块状，易出现钻头包泥、憋泵现象，应选用尖底且翼片较少的钻头，采用低钻压、快转速、大泵量的钻进工艺。

(3) 在砂层钻进时，应采用较大密度、黏度和静切力的泥浆，以提高泥浆悬浮、携带砂粒的能力。在坍塌段，必要时可向孔内投入适量黏土球，以帮助形成泥壁，避免再次坍塌。要控制钻具的升降速度和适当降低回转速度，减轻钻头上下运动对孔壁的冲刷。

(4) 在卵石或砾石土层钻进时，易引起钻具跳动、憋车、憋泵、钻头切削具崩刃、钻孔偏斜等现象，宜用低档慢速、优质泥浆、慢进尺钻进。

(5) 随钻进随循环冲洗液，为保证冲洗液在外环空间的上返流速在 0.25～0.3m/s，以能够携带出孔底泥砂和岩屑，应有足够的冲洗液量。已知钻孔和钻具的直径，可按下式计算冲洗液量：

$$Q=4.71\times10^{4}(D_2-d_2)v$$

式中 Q——冲洗液量 (L/min)；

D——钻孔直径，通常按钻头直径计算 (m)；

d——钻具外径 (m)；

v——冲洗液上返流速 (m/s)。

(6) 钻速的选择除了满足破碎岩土扭矩的需要，还要考虑钻头不同部位的磨耗情况，按下式计算：

$$n=60V/\pi D$$

式中 n——转速（r/min）；

D——钻头直径（m）；

V——钻头线速度，0.8～2.5m/s。

式中钻头线速度的取值如下：在松散的第四系地层和软土中钻进时取大值；在硬岩中钻进时取小值；钻头直径大时取小值，钻头直径小时取大值。

根据经验数据，一般地层钻进时，转速范围 40～80r/min，钻孔直径小、黏性土层取高值；钻孔直径大、砂性土层取低值；较硬或非匀质土层转速可相应减少到 20～40r/min。

（7）钻压的确定原则

在土层中钻进时，钻进压力应保证以冲洗液畅通、钻渣清除及时为前提，灵活掌握。

在基岩钻进时，要保证每颗（或每组）硬质合金切削刀具上具有足够的压力。在此压力下，硬质合金钻头能有效地切入并破碎岩石，同时又不会过快地磨钝、损坏。应根据钻头上硬质合金片的数量和每颗硬质台金片的允许压力计算出总压力。

（8）清孔方法

抽浆法：空气吸泥清孔（空气升液排渣法）是利用灌注水下混凝土的导管作为吸泥管，高压风作动力将孔内泥浆抽走。高压风管可设在导管内也可设在导管外。将送风管通过导管插入到孔底，管子的底部插入水下至少 10m，气管与导管底部的最小距离为 2m 左右。压缩空气从气管底部喷出，搅起沉渣，沿导管排出孔外，直至达到清孔要求。为不降低孔内水位，必须不断地向孔内补充清水。

砂石泵或射流泵清孔。利用灌注水下混凝土的导管作为吸泥管，砂石泵或射流泵作动力将孔内泥浆抽走。

换浆法：

第一次沉渣处理：在终孔时停止钻具回转，将钻头提离孔底

100～200mm，维持冲洗液的循环，并向孔中注入含砂量小于4%（比重 1.05～1.15）的新泥浆或清水，令钻头在原位空转10～30min左右，直至达到清孔要求为止。

第二次沉渣处理：在钢筋笼和下料导管放入孔内至灌注混凝土以前进行第二次沉渣处理，通常利用混凝土导管向孔内压入比重 1.15 左右的泥浆，把在下钢筋笼和导管的过程中孔底再次沉淀的钻渣置换出。

3-37 泥浆护壁反循环成孔灌注桩如何进行钻进施工?

（1）钻头回转中心对准护筒中心，偏差不大于允许值。先启动砂石泵，待泥浆循环正常后，开动钻机慢速回转下放钻头至护筒底。开始钻进时应轻压慢转，待钻头正常工作后，逐渐加大钻速，调整压力，并使钻头不产生堵水。在护筒刃脚处应低压慢速钻进，使刃脚处的地层能稳固地支撑护筒，待钻至刃脚以下 1m 以后，可根据土质情况以正常速度钻进。

（2）在钻进时，要仔细观察进尺情况和砂石泵排水出渣的情况，排量减少或出水中含渣量较多时，要控制钻进速度，防止因循环液比重过大而中断循环。

（3）采用反循环在砂砾、砂卵石地层中钻进时，为防止钻渣过多，卵砾石堵塞管路，可采用间断钻进、间断回转的方法来控制钻进速度。

（4）加接钻杆时，应先停止钻进，将机具提离孔底 80～100min，维持冲洗液循环 1～2min，以清洗孔底并将管道内的钻渣排净，然后停泵加接钻杆。

（5）钻杆连接应拧紧上牢，防止螺栓、螺母、拧卸工具等掉入孔内。

（6）钻进时如孔内出现塌孔、涌砂等异常情况，应立即将钻具提离孔底，控制泵量，保持冲洗液循环，吸除坍落物和涌砂，同时向孔内补充加大比重的泥浆，保持水头压力以抑止涌砂和塌孔，恢复钻进后，泵排量不宜过大，以防塌孔壁。

(7) 钻进达到要求孔深停钻时，仍要维持冲洗液正常循环，直到返出冲洗液的钻渣含量小于4%时为止。起钻时应注意操作轻稳，防止钻头拖刮孔壁，并向孔内补入适量冲洗液，稳定孔内水头高度。

(8) 沉渣处理（清孔）

第一次沉渣处理：在终孔时停止钻具回转，将钻头提离孔底100～200mm，维持冲洗液的循环，并向孔中注入含砂量小于4%（比重1.05～1.15）的新泥浆或清水，令钻头在原位空转10～30min左右，直至达到清孔要求为止。

第二次沉渣处理：（空气升液排渣法）是利用灌注水下混凝土的导管作为吸泥管，高压风作动力将孔内泥浆抽排走。基本要求与正循环法清孔相同。

(9) 反循环钻机钻进参数和钻速的选择见表3-17所列。

泵吸反循环钻进推荐参数和钻速表　　表3-17

钻进参数和钻速 / 地层性质	钻压 (kN)	钻头转速 (r/min)	砂石泵排量 (m^3/h)	钻进速度 (m/h)
黏土层、硬土层	10～25	30～50	180	4～6
砂土层	5～15	20～40	160～180	6～10
砂层、砂砾层、砂卵石层	3～10	20～40	160～180	8～12
中硬以下基岩	20～40	10～30	140～160	0.5～1.0

注：1. 本表钻进参数以上海探机厂GPS-15型钻机为例，砂石泵排量要根据孔径大小和地层情况灵活选择调整，一般外环间隙冲洗液流速不宜大于10m/min，钻杆内上返流速应大于2.4m/s。
2. 桩孔直径较大时，钻压宜选用上限，钻头钻速宜选用下限；桩孔直径较小时，钻压宜选用下限，钻头钻速宜选用上限。

3-38　泥浆护壁正反循环成孔灌注桩施工对泥浆护壁有何要求？

(1) 施工期间护筒内的泥浆面应高出地下水位1.0m以上，

在受水位涨落影响时，泥浆面应高出最高水位 1.5m 以上。

（2）在清孔过程中，应不断置换泥浆，直至灌注水下混凝土。

（3）灌注混凝土前，孔底 500mm 以内的泥浆相对密度应小于 1.25；含砂率不得大于 8%；黏度不得大于 28s。

（4）在容易产生泥浆渗漏的土层中应采取维持孔壁稳定的措施。

（5）废弃的浆、渣应进行处理，不得污染环境。

3-39 泥浆护壁正反循环成孔灌注桩施工对安放钢筋笼有何要求?

（1）直径大于 2m 的钢筋笼可用角钢或扁钢作架立筋，以增大钢筋笼刚度。

（2）钢筋笼下端部的加工应适应钻孔情况。

（3）为确保桩身混凝土保护层的厚度，应在主筋外侧安设钢筋定位器或滚轴垫块。

（4）当钢筋笼需要接长时，要先将第一段钢筋笼放入孔中，利用其上部架立筋暂时固定在护筒上部，然后吊起第二段钢筋笼对准位置后，用绑扎或焊接等方法接长后放入孔中，如此逐段接长后放入到预定位置。待钢筋笼安设完成后，要检查确认钢筋顶端的高度。

3-40 泥浆护壁正反循环成孔灌注桩导管和水下混凝土施工有何要求?

（1）混凝土的强度等级应符合设计要求，水泥用量不少于 $350kg/m^3$，掺减水剂时水泥用量不少于 $300kg/m^3$，水灰比宜为 0.5～0.6，扩展度宜为 340～380mm。

（2）水下灌注混凝土必须使用导管，导管内径 200～

300mm，每节长度为 2～2.5m，最下端一节导管长度应为 4～6m。导管在使用前应进行水密承压试验（禁用气压试验）。水密试验的压力不应小于孔内水深 1.3 倍的压力，也不应小于导管承受灌注混凝土时最大内压力 P 的 1.3 倍。

$$P=\gamma_c h_c-\gamma_w H_w$$

式中 P——导管可能承受的最大内压力（kPa）；

γ_c——混凝土拌合物的重度（取 $24kN/m^3$）；

h_c——导管内混凝土柱最大高度（m），以导管全长或预计的最大高度计；

γ_w——井孔内水或泥浆的重度（kN/m^3）；

H_w——井孔内水或泥浆的深度（m）。

（3）隔水塞可用混凝土制成也可使用球胆制作，其外形和尺寸要保证在灌注混凝土时顺畅下落和排出。

（4）首批混凝土灌注：在灌注首批混凝土之前，先配制 $0.1\sim0.3m^3$ 水泥砂浆放入滑阀（隔水塞）以上的导管和漏斗中，然后再放入混凝土，确认初灌量备足后，即可剪断钢丝，借助混凝土重量排除导管内的水，使滑阀（隔水塞）留在孔底，灌入首批混凝土。

灌注首批混凝土时，导管埋入混凝土内的深度不小于 1.0m，混凝土的初灌量按下式计算：

$$V\geqslant\frac{\pi D^2}{4}(H_1-H_2)+\frac{\pi d^2}{4}h_1$$

式中 V——灌注首批混凝土所需数量（m^3）；

D——桩孔直径（m）；

H_1——桩孔底至导管底间距，一般为 0.4m；

H_2——导管初次埋置深度（m）；

d——导管直径（m）；

h_1——桩孔内混凝土达到埋置深度 H_2 时，导管内混凝土柱平衡导管外（或泥浆）压力所需的高度（m），即 $h_1=H_w\gamma_w/\gamma_c$。

（5）连续灌注混凝土：首批混凝土灌注正常后，应连续灌注混凝土，严禁中途停工。在灌注过程中，应经常探测混凝土面的上升高度，并适时提升拆卸导管，保持导管的合理埋深。探测次数一般不少于所使用的导管节数，并应在每次提升导管前，探测一次管内外混凝土高度。遇特殊情况（局部严重超径、缩径和灌注量特别大的桩孔等）应增加探测次数，同时观察返水情况，以正确分析和判断孔内的情况。

（6）灌注混凝土过程中，应采取防止钢筋笼上浮的措施：

当灌注的混凝土顶面距钢筋骨架底部 1m 左右时应降低混凝土的灌注速度；

当混凝土拌合物上升到骨架底口 4m 以上时，提升导管，使其底口高于底部 2m 以上，即可恢复正常灌注速度。

（7）在水下灌注混凝土时，要根据实际情况严格控制导管的最小埋深，以保证混凝土的连续均匀，防止出现断桩现象。导管最大埋深不宜超过最下端一节导管的长度或 6m。导管埋深见表 3-18 所列。

导管埋入混凝土深度值　　表 3-18

导管内径（mm）	桩孔直径（mm）	衬灌量埋深（m）	连续灌注埋深（m）		桩顶部灌注埋深（m）
			正常灌注	最小埋深	
200	600～120	1.2～2.0	3.0～4.0	1.5～2.0	0.5～1.0
230～255	800～1800	1.0～1.5	2.5～3.5	1.5～2.0	
300	≥1500	0.8～1.2	2.0～3.0	1.2～1.5	

（8）混凝土灌注时间：混凝土灌注的上升速度不得小于2m/h。混凝土的灌注时间必须控制在导管小的混凝土未丧失流动性以前，必要时可掺入缓凝剂。混凝土灌注时间见表 3-19 所列。

混凝土灌注时间参考表　　表 3-19

桩长（m）	灌注量（m^3）	适当灌注时间（h）
≤30	≤40	2～3
	40～80	4～5

续表

桩长(m)	灌注量(m^3)	适当灌注时间(h)
30～50	≤40	3～4
	40～80	5～6
	80～120	6～7
50～70	≤50	3～5
	50～100	6～8
	100～160	7～9
70～100	≤60	4～6
	60～120	8～10
	120～200	10～12

(9) 桩顶处理：混凝土灌注的高度，应超过桩顶设计标高约500mm，以保证在剔除浮浆后，桩顶标高和桩面混凝土质量符合设计要求。

(10) 拔出导管和护筒。

3-41 泥浆护壁正反循环成孔灌注桩施工质量检验有哪些要求?

(1) 灌注桩的原材料和混凝土强度必须符合设计要求和施工规范的规定。

(2) 桩位和成孔深度必须符合设计要求。

(3) 钢筋笼制作必须符合设计要求和施工规范的规定。

(4) 成桩后承载力必须符合设计要求和施工规范的规定。

(5) 桩径、桩孔垂直度、孔底沉渣厚度符合设计要求和施工规范的规定。

(6) 混凝土配合比计量准确，坍落度符合设计要求和施工规范的规定。

(7) 实际浇筑混凝土量不得小于计算体积。

(8) 浇筑混凝土后的桩顶标高及浮浆处理，符合设计要求和施工规范的规定。

(9) 泥浆护壁正反循环成孔灌注桩允许偏差项目见表3-20所列。

泥浆护壁正反循环成孔灌注桩允许偏差　　表3-20

<table>
<tr><th colspan="2">项次</th><th colspan="2">项目</th><th>允许偏差(mm)</th><th>检验方法</th></tr>
<tr><td rowspan="5">主控项目</td><td>1</td><td colspan="2">钢筋笼主筋间距</td><td>±10</td><td>钢尺量检查</td></tr>
<tr><td>2</td><td colspan="2">钢筋笼长度</td><td>±100</td><td>钢尺量检查</td></tr>
<tr><td rowspan="2">3</td><td rowspan="2">桩的位置</td><td>1～3根桩、单排桩基垂直于桩基中心线方向和群桩基础的边桩</td><td>70</td><td>拉线和尺量检查</td></tr>
<tr><td>条形桩基沿桩基中心线方向和群桩基础的中间桩</td><td>150</td><td>拉线和尺量检查</td></tr>
<tr><td>4</td><td colspan="2">孔深</td><td>+300</td><td>重锤或测钻杆</td></tr>
<tr><td rowspan="11">一般项目</td><td>1</td><td colspan="2">钢筋笼箍筋间距</td><td>±20</td><td>钢尺量检查</td></tr>
<tr><td>2</td><td colspan="2">钢筋笼直径</td><td>±10</td><td>钢尺量检查</td></tr>
<tr><td>3</td><td colspan="2">桩径</td><td>−20</td><td>井径仪或钢尺</td></tr>
<tr><td>4</td><td colspan="2">垂直度</td><td><1%</td><td>测钻杆</td></tr>
<tr><td rowspan="2">5</td><td rowspan="2">桩底虚土厚度</td><td>端承型桩</td><td>≤50</td><td rowspan="2">重锤测量</td></tr>
<tr><td>摩擦型桩</td><td>≤150</td></tr>
<tr><td>6</td><td colspan="2">钢筋笼安装深度</td><td>±100</td><td>用钢尺量</td></tr>
<tr><td rowspan="2">7</td><td rowspan="2">混凝土坍落度</td><td>干法灌注</td><td>70～100</td><td rowspan="2">坍落度仪</td></tr>
<tr><td>水下灌注</td><td>160～220</td></tr>
<tr><td>8</td><td colspan="2">混凝土充盈系数</td><td>>1</td><td>检查实际灌注量</td></tr>
<tr><td>9</td><td colspan="2">桩顶标高(扣除桩顶浮浆层及劣质桩体)</td><td>+30
−50</td><td>水准仪</td></tr>
</table>

3-42　泥浆护壁正反循环成孔灌注桩施工对安全和环境保护有哪些要求?

1. 技术安全要求

（1）钻机安装前应详细检查各部件，安装后钻杆中心线偏斜应小于全长的 1%，10m 以上的钻杆不得在地面上一次接好吊起安装。

（2）钻孔中卡钻时，应立即切断电源，停止进钻，未查明原因前不得强行启动。

（3）钻孔时若机架摇晃、移动、偏斜或钻头内发生有节奏响声时，应立即停钻，经处理后方可继续施钻。

（4）钻机作业中，电缆应有专人负责收放，如遇停电，应将控制器置于零位，切断电源，将钻头接触地面。

（5）作业后应及时清除螺旋叶片上的泥土，此时需将钻头下降接触地面，各部位制动住，操纵杆放到空档，切断电源。

（6）钻机周围 5m 以内应无高压线路，作业区应有明显标志或围栏，严禁闲人入内。

（7）卷扬机钢丝绳应经常处于润滑状态，防止干摩擦。

（8）电缆应尽量架空设置，不能架起的绝缘电缆通过道路时应采取保护措施，钻机行走时应设专人提电缆同行。

（9）钻机起动前应将操纵杆置于空档，且起动后应做空档运转试验，检查仪表、制动等正常后方可作业。

（10）钻机检查时挺杆下严禁站人。

2. 环境保护要求

（1）水泥和细颗粒散体材料应在库内存放或遮盖。

（2）运输细颗粒散体材料或渣土时，必须覆盖以防扬尘，并不得沿途遗撒。

（3）施工现场应制定洒水降尘措施，指定专人负责现场洒水降尘和清理浮土。

（4）施工中的废水、废浆等应及时排人事先挖好的沉淀池中，不得随意排放。

（5）施工中应采取降噪措施，减少扰民。

（6）钻孔过程中，对钻出的泥土应及时运走，保持场地平整。

（7）雨期应做排水沟和集水坑，及时将积水排走，确保场地无积水。

3-43 旋挖成孔灌注桩的特点和适用范围有哪些?

旋挖成孔施工具有低噪声、低振动、扭矩大、成孔速度快、自带动力、无泥浆循环等特点，适用于对噪声、振动、泥浆污染要求严的场地施工。适用地层：除基岩、漂石等地层外，一般地层均可用旋挖方法成孔。成孔直径一般为600～3000mm，一般最大孔深达76m。多用于大型建（构）筑物（如大型立交桥、工业与民用建筑）基础桩、抗浮桩及用于基坑支护的护坡桩等。

3-44 旋挖成孔灌注桩施工对材料和机具选用有何要求?

1. 材料

（1）水泥：宜用强度等级为32.5级的矿渣硅酸盐水泥，具有出厂合格证和检测报告。

（2）钢筋：品种和规格均符合设计要求，并有出厂合格证及复试合格报告。

（3）预拌混凝土：坍落度一般要求为180～200mm，和易性及强度等级符合设计要求，常用强度等级为C20～C40。

（4）盖板：盖孔使用。

（5）钻机耗材：液压油、齿轮油、润滑油、柴油、钢丝绳、斗齿、齿座、销垫等符合要求。

（6）泥浆制备材料：膨润土、纯碱、外加剂等符合要求。

2. 机具设备

一股采用进口或国产旋挖钻机及与之相配套的各类钻头、泥浆泵、泥浆管、导管、电焊机、测绳等。

（1）旋挖钻机。目前常用的旋挖钻机主要有意大利R-208、R-312、R-412、R-516、R-518、R-618、R-622、R-725、R-825、

R-930，德国 BG-15、BG-18、BG-22、BG-25 及日本的旋挖钻机。旋挖钻机主要技术性能参数见表 3-21 所列。

旋挖钻机主要技术性能参数表 **表 3-21**

钻机型号	R-412	R-516	R-622	BG-15	BG-18
最大钻孔直径(mm)	1500	2000/1500	2500	1800	1800
最大孔深(m)	55	41/61	77	52	61
最大转矩(kN·m)	122	165	201	172	205
主卷扬最大起拔力(kN)	150	170	200	160	233
副卷扬最大起拔力(kN)	65	75	140	80	80
发动机最大功率(kW)	169	224	300	148	148
整机质量(t)	48	60	70	52	70

图 3-14 为日本钻机（2）钻斗钻机示意图，图 3-15 为几种钻头。

（2）钻杆。旋挖钻机常用钻杆有传动键伸缩式圆钻杆和伸缩式方钻杆。传动键伸缩式圆钻杆又分机锁式、摩阻式和多锁式。

（3）旋挖钻斗。旋挖钻机常用钻斗有底开式钻斗、半合式钻斗、销定式钻斗，其中底开式最为常见，分为普通单底式和捞砂双层底式。

（4）斗齿。常用的有楔形及弯角齿套两种，切削角为 35°～55°，小切削角适用于软土层钻进，弯角齿套切削角为 60°～70°，适用于硬土层钻进。

（5）导管。宜用厚壁螺纹连接的钢导管，规格有 200mm、250mm、300mm、350mm 等，且密封性良好。

（6）测绳。要求标准点牢固，绳体伸缩性低。

3-45 旋挖成孔灌注桩的施工工艺流程如何设定?

钻机就位→拴桩对准桩位→钻斗或短螺旋钻开孔→埋设护筒→泥浆制作→旋挖钻进成孔→清孔→钢筋笼制作→下钢筋笼→

下导管→浇筑混凝土。

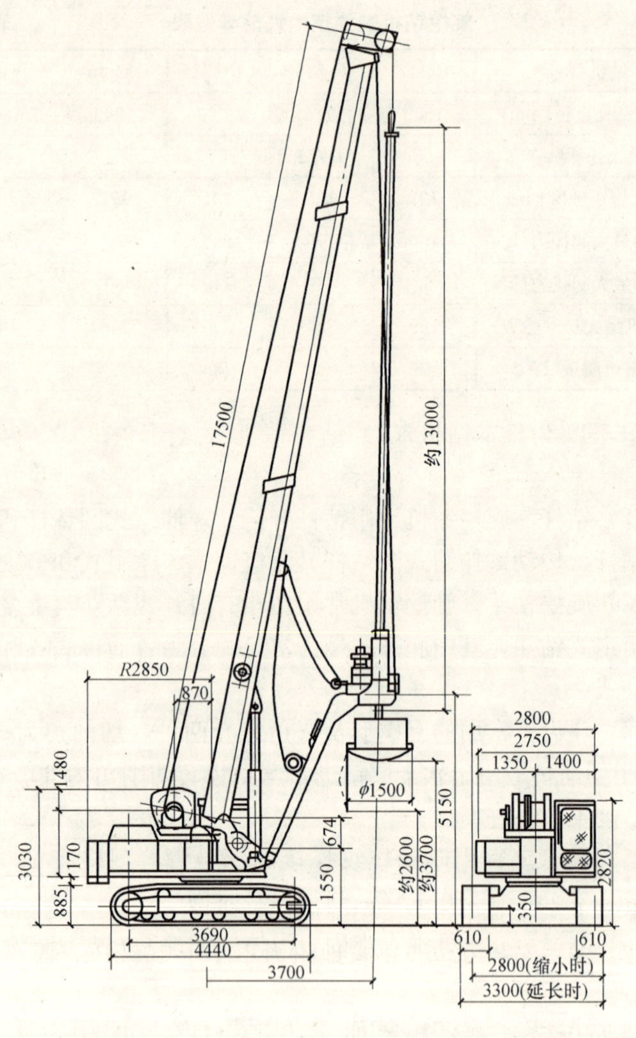

图 3-14 日本钻孔（2）钻斗钻机示意图

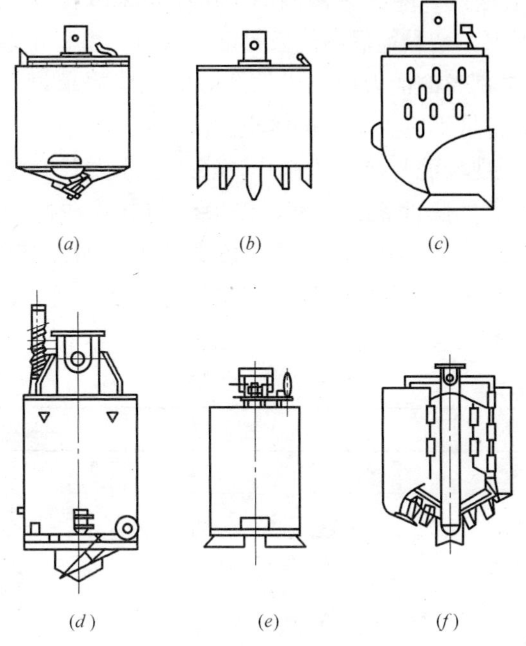

图 3-15 钻斗钻机的钻头

(*a*) 锅底式钻头；(*b*) 多刃切削式钻头；(*c*) 锁定式钻头；
(*d*) 双底钻头；(*e*) 清底钻头；(*f*) S形锥底钻头

3-46 旋挖成孔灌注桩施工工艺有哪些要求?

(1) 旋挖钻成孔灌注桩应根据不同的地层情况及地下水位埋深，采用干作业成孔和泥浆护壁成孔工艺。

(2) 钻机安装就位。要求地耐力不小于 100kPa，履盘坐落的位置应平整，坡度不大于 3°，避免因场地不平整，产生功率损失及倾斜位移，重心高还易引发安全事故。

(3) 每根桩均应安设钢护筒，护筒应满足相关规范的规定。

(4) 泥浆制备

1) 泥浆护壁旋挖钻机成孔应配备成孔和清孔用泥浆及泥浆

池（箱），在容易产生泥浆渗漏的土层中可采取提高泥浆相对密度，掺入锯末、增黏剂提高泥浆黏度等维持孔壁稳定的措施。

2）泥浆制备的能力应大于钻孔时的泥浆需求量，每台套钻机的泥浆储备量不应少于单桩体积。

3）采用现场泥浆搅拌机制作，宜先加水并计算体积，在搅拌时加入规定的膨润土、纯碱，以溶液的方式在搅拌时徐徐加入，搅拌时间一般不少于 3mm。必要时还可加入其他外加剂，如增黏降失水剂、重晶石粉增大泥浆相对密度，锯末、棉子等防止漏浆。制备泥浆的性能指标可参见表 3-22 所列。

制备泥浆性能指标 **表 3-22**

项目	性能指标	检验方法
比重	1.04～1.18	泥浆比重计
黏度	18～25s	500/700 漏斗法
固相含量	6%～8%	—
胶体率	>95%	量杯法
含砂率	<2%	—
pH 值	7～9	pH 试纸

（5）钻孔

1）旋挖钻机施工时，应保证机械稳定、安全作业，必要时可在场地铺设能保证其安全行走和操作的钢板或垫层（路基板）。

2）成孔前和每次提出钻斗时，应检查钻斗和钻杆连接销子、钻斗门连接销子以及钢丝绳的状况，并应清除钻斗上的渣土。

3）旋挖钻机成孔应采用跳挖方式，钻斗倒出的土距桩孔口的最小距离应大于 6m，并应及时清除。应根据钻进速度同步补充泥浆，保持所需的泥浆面高度不变。

4）为保证孔壁稳定，应视表土松散层厚度，孔口下入长度适当的护筒，并保持泥浆液面高度，随泥浆损耗及孔深增加，应及时向孔内补充泥浆，以维持孔内压力平衡。

5）钻遇软层，特别是黏性土层，应选用较长斗齿及齿间距较大的钻斗以免糊钻，提钻后应经常检查底部切削齿，及时清理齿间黏泥，更换已磨钝的斗齿。

钻遇硬土层，如发现每回次钻进深度大小，钻斗内碎渣量太少。可换一个较小直径钻斗，先钻一小孔，然后再用直径适宜钻斗扩孔。

6）钻砂卵砾石层，为加固孔壁和便于取出砂卵砾石，可事先向孔内投入适量黏土球，采用双层底板捞砂钻斗，以防提钻过程中砂卵砾石从底部漏掉。

7）提升钻头过快，易产生负压，造成孔壁坍塌，一般钻斗提升速度可按表 3-23 推荐值使用。

钻斗升降速度推荐值 **表 3-23**

桩径（m）	装满渣土钻斗提升（m/s）	空钻斗升降（m/s）	桩径（m）	装满渣土钻斗提升（m/s）	空钻斗升降（m/s）
700	0.937	1.210	1300	0.628	0.830
1200	0.748	0.830	1500	0.575	0.830

8）在桩端持力层钻进时，可能会由于钻斗的提升引起持力层的松弛，因此在接近孔底标高时应注意减小钻斗的提升速度。

（6）清孔。因旋挖钻用泥浆不循环，在保障泥浆稳定的情况下，清除孔底沉渣， 般用双层底捞砂钻斗，在不进尺的情况下，回转钻斗使沉渣尽可能地进入斗内，反转，封闭斗门，即可达到清孔的目的。

钻孔达到设计深度时，应采用清孔钻头进行清孔，并应满足相关规范要求。孔底沉渣厚度控制指标应符合相关规范规定。

（7）钢筋笼制作，按设计图纸及规范要求制作。一般不超过 29m 长可在地表一次成型，超过 29m，宜在孔口焊接。

（8）下钢筋笼：钢筋笼场内移运可用人工抬运或用平车加托架移运，不可使钢筋笼产生永久性变形；钢筋笼起吊要采用双点起吊，钢筋笼大时要用两个吊车同时多点起吊，对正孔位，徐徐下入，不准强行压入。

（9）下导管：导管连接要密封、顺直，导管下口离孔底约30mm即可，导管平台应平整，夹板牢固可靠。

（10）浇筑混凝土

1）钢筋笼、导管下放完毕，做隐蔽检查，必要时进行二次清孔，验收合格后，立即浇筑混凝土。

2）使用预拌混凝土应具备设计的强度等级，良好的和易性，坍落度宜为180～220mm。

3）初灌量应保证导管下端埋入混凝土面下不少于0.8m。

4）隔水塞应具有良好的隔水性能，并能顺利排出。

5）导管埋深保证2～6m，随着混凝土面上升，随时提升导管。

6）混凝土灌至钢筋笼下端时，为防止钢筋笼上浮，应采取如下措施，在孔口固定钢筋笼上端；灌注时间尽量缩短，防止混凝土进入钢筋笼时流动性变差；当孔内混凝土面进入钢筋笼1～2m时，应适当提升导管，减小导管埋深，增大钢筋笼在下层混凝土中的埋置深度。

7）灌注结束时，控制桩项标高，混凝土面应超过设计桩顶标高300～500mm，保障桩头质量。

3-47　旋挖成孔灌注桩施工质量检验要求有哪些？

（1）混凝土灌注桩钢筋笼质量检验标准（mm），见表3-24所列。

混凝土灌注桩钢筋笼质量检验标准（mm）　　表3-24

项目	序号	检查项目	允许偏差或允许值	检查方法
主控项目	1	主筋间距	±10	用钢尺量
	2	长度	±100	用钢尺量
一般项目	1	钢筋材质检验	设计要求	抽样送检
	2	箍筋间距	±20	用钢尺量
	3	直径	±10	用钢尺量

（2）混凝土灌注桩的质量检验标准应符合表3-25的规定。

混凝土灌注桩质量检验标准（mm）　　　　表 3-25

项目	序号	检查项目	允许偏差或允许值		检查方法
			单位	数值	
一般项目	1	桩位	1～3 根，单排桩基垂直于中心线方向和群桩基础的边桩(mm)	70	基坑开挖前量护筒，开挖后量桩中心
			条形桩基沿中心线方向和群桩基础的中间桩(mm)	150	
	2	孔深	mm	+300	只深不浅，用重锤测，或测钻杆、套管长度，嵌岩桩应确保进入设计要求的嵌岩深度
	3	桩体质量检验	按基桩检测技术规范。如钻芯取样，大直径嵌岩桩应钻至桩尖下 500mm		按基桩检测技术规范
	4	混凝土强度	设计要求		试件报告或钻芯取样送检
	5	承载力	按基桩检测技术规范		按基桩检测技术规范
	6	垂直度	<1%		测套管或钻杆，或用超声波探测，干施工时吊垂球
	7	桩径	mm	-20	井径仪或超声波检测，干施工时用钢尺量
	8	泥浆相对密度(黏土或砂性土中)	1.15～1.20		用比重计测，清孔后在距孔底 500mm 处取样
	9	泥浆面标高(高于地下水位)	m	0.5～1.0	目测
	10	沉渣厚度： 端承桩 摩擦桩	 mm mm	 ≤50 ≤150	用沉渣仪或重锤测量
	11	钢筋笼安装深度	mm	±100	用钢尺量
	12	混凝土充盈系数	>1		检查每根桩的实际灌注量
	13	桩顶标高	mm	+30，-50	水准仪，需扣除桩顶浮浆层及劣质桩体

3-48 旋挖成孔灌注桩季节施工有哪些要求?

1. 雨期施工

(1) 露天使用的电气设备、闸箱的防雨措施可靠，放置较高位置，电焊机等导电设备应加护雨罩。

(2) 旋挖钻机雨期施工应有防雷接地，并定期检查。

(3) 检查有无地基塌陷情况，在旋挖钻机行走时，务必避开塌陷地段。

2. 冬期施工

(1) 钻机上、下拖板时，应有防滑措施，避免侧滑引起安全事故。

(2) 水管泥浆管不用时，应清理干净，整理好存放，防止冻冰。

(3) 注意观察护筒周围土层情况，防止因泥浆浸泡而化冻。发生坍孔事故。

3-49 旋挖成孔灌注桩施工安全和环境保护要求有哪些?

1. 施工安全要求

(1) 在成孔和灌注桩施工前，认真查清邻近建（构）筑物情况，采取有效的防震安全措施，以避免成孔施工时，震坏邻近建（构）筑物，造成裂缝、倾斜，甚至倒塌事故。

(2) 成孔机械操作时应安放平稳，防止成孔作业时突然倾倒，造成人员伤亡或机械设备损坏。

(3) 灌注桩成孔后，在未灌注混凝土之前，应用盖板封严，以免掉土或发生人身安全事故。

(4) 所有成孔设备，电路要架空设置，不得使用不防水的电线或绝缘层有损伤的电线；电闸箱和电动机应有接地装置，加盖防雨罩；电路接头应安全可靠，开关应有保险装置。

（5）恶劣气候应停止成孔作业，休息或作业结束时，应切断电源总开关。

（6）混凝土灌注时，装、拆导管人员必须戴安全帽，并注意防止扳手、螺栓掉入桩孔内；拆卸导管时，其上空不得进行其他作业，导管提升后继续浇灌混凝土的，必须检查其是否垫稳或挂牢。

（7）井口作业人员应挂安全带，井下作业戴安全帽和绝缘手套，穿绝缘胶鞋；提土时井下设安全区，防掉土或石块伤人；在井内必须有可靠的上、下安全联系信号装置。

（8）加强对孔壁土层涌水情况的观察，如发现流砂、大量涌水等异常情况，应及时采取处理措施。

（9）井内抽水管线、通风管、电线等必须对其整理，并临时固定在护壁上，以防吊桶或吊篮上下时挂住拉断或撞断。

2. 环境要求

（1）施工垃圾应在适当地点设置临时堆放点，并定期外运，外运途中需采取遮盖措施，以防遗撒。

（2）运土车辆出场需冲洗，以免污染道路，现场排水经沉淀后方能排入污水管道。

（3）施工中噪声必须控制，对噪声超标机械采用有效的隔声措施。

（4）现物泥浆应有组织地排放至泥浆池或沉淀池内，泥浆外运应使用封闭罐车，运到指定地点排放，以免造成环境污染。

3-50 什么是人工挖孔混凝土灌注桩？其适用范围有哪些？

人工挖孔灌注桩是指用人工挖土成孔、灌注混凝土成桩。人工挖孔桩的孔径（不含护壁）不得小于 0.8m，且不宜大于 2.5m；孔深不宜大于 30m。当桩净距小于 2.5m 时，应采用间隔开挖。相邻排桩跳挖的最小施工净距不得小于 4.5m。

人工挖孔灌注桩适用于地下水位较低的黏土、粉质黏土，含少量砂、砂卵石、姜结石的黏土层地质情况复杂，对有流砂、地下水位较高、涌水量的冲积地带及地下水位高的土层不宜采用。

3-51 人工挖孔混凝土灌注桩施工对材料和机具选用有哪些要求？

1. 材料

（1）水泥：宜用42.5级水泥，具有出厂合格证和检测报告。

（2）砂：洁净的中砂或粗砂，含泥量不大于5%，质量符合相关规范规定。

（3）石子：质地坚硬的卵石或碎石，粒径5～40mm，含泥量不大于2%，质量符合相关规范规定。

（4）钢筋：品种和规格均符合设计规定，并有出厂合格证及试验报告。

（5）预拌混凝土：符合设计及相关验收规范要求，坍落度宜取70～100mm，水下灌注时宜取160～220mm，强度不低于C25。

（6）外加剂、掺合料根据施工需要通过试验确定。

2. 主要机具

（1）一般有三木搭、卷扬机组或捯链、手推车或翻斗车、定滑轮组、导向滑轮组、混凝土搅拌机、吊桶、溜槽，导管、送风设备、水泵、风管、氧气、木辘轳、活动爬梯、工作灯、安全带等。

（2）模板：组合式钢模、弧形工具式钢模、卡具、挂勾等零配件。

3-52 人工挖孔混凝土灌注桩的施工工艺流程是怎样设定的？

放线定桩位及高程→开挖第一节桩孔土方→支护壁模板放附

加钢筋→浇灌第一节护壁混凝土→检查桩位（中心）轴线→架设垂直运输架→安装倒链（卷扬机）→安装吊桶、照明、活动盖板、水泵、通风机等→开挖吊运第二节桩孔土方（修边）→先拆第一节、第二节护壁模护（附加钢筋）→浇灌第二节护壁混凝土→检查桩位（中心）轴线→逐层往下循环作业→开挖扩底部部分→检查验收→吊放钢筋→浇灌柱身混凝土。

3-53 人工挖孔混凝土灌注桩的施工要点有哪些？

（1）施工准备

1）按基础平面图，测设桩位轴线、定位点，测定高程基准点，测量放线工序完成后办理预检手续。

2）按设计要求预制钢筋笼，长度超过 12m 的可分成两节制作。

3）开挖之前，有选择地先挖两个，作为成孔试挖，分析土质、水文等有关情况。

4）有地下水区域，宜先降低地下水位至桩底以下。

5）人工挖孔操作安全极为重要。开挖前应对施工人员进行全面的安全技术交底，操作前对吊具进行安全可靠性检查，确保施工安全。

（2）人工挖孔桩混凝土护壁的厚度不应小于 100mm，混凝土强度等级不应低于桩身混凝土强度等级，并应振捣密实；护壁应配置直径不小于 8mm 的构造钢筋，竖向筋应上下搭接或拉结。

（3）人工挖孔桩施工应采取下列安全措施：

1）孔内必须设置应急软爬梯供人员上下；使用的捯链、吊笼等应安全可靠，并配有自动卡紧保险装置，不得使用麻绳和尼龙绳吊挂或脚踏井壁凸缘上下；捯链宜用按钮式开关，使用前必须检验其安全起吊能力。

2）每日开工前必须检测井下的有毒、有害气体，并应有相应的安全防范措施；当桩孔开挖深度超过10m时，应有专门向井下送风的设备，风量不宜少于25L/s。

3）孔口四周必须设置护栏，护栏高度宜为0.8m。

4）挖出的土石方应及时运离孔口，不得堆放在孔口周边1m范围内，机动车辆的通行不得对井壁的安全造成影响。

5）施工现场的一切电源、电路的安装和拆除必须遵守现行行业标准《施工现场临时用电安全技术规范》JGJ 46—2005的规定。

（4）施工要点

1）开孔前，桩位应准确定位放样，在桩位外设置定位基准桩，安装护壁模板必须用桩中心点校正模板位置，并应由专人负责。

在场地三通一平的基础上，依据建筑物测量控制网的资料和基础平面布置图，测定桩位轴线方格控制网和高程基准点。确定好桩位中心，以中点为圆心，以桩身半径加护壁厚度为半径划出上部（即第一节）的圆周。撒石灰线作为桩孔开挖尺寸线。并沿桩中心位置向桩孔外引出四个桩中轴线控制点，用牢固木桩标定。桩位线定好之后，必须经有关部门复查，办好预验手续后开挖。

2）开挖第一节桩孔土方，由人工开挖从上到下逐层进行，先挖中间部分的土方，然后扩及周边，有效控制开挖截面尺寸。每节的高度应根据土质好坏及操作条件而定，一般以0.9～1.2m为宜。开孔完成后进行一次全面测量校核工作，对孔径、桩位中心检测无误后进行支护。

3）修筑井圈护壁应符合下列规定：

① 护壁的厚度、拉结钢筋、配筋、混凝土强度等级均应符合设计要求。

② 上下节护壁的搭接长度不得小于50mm。

③ 每节护壁均应在当日连续施工完毕。

④ 护壁混凝土必须保证振捣密实，应根据土层渗水情况使

用速凝剂。

⑤ 护壁模板的拆除应在灌注混凝土24h之后。

⑥ 发现护壁有蜂窝、漏水现象时，应及时补强。

⑦ 同一水平面上的井圈任意直径的极差不得大于50mm。

4）当遇有局部或厚度不大于1.5m的流动性淤泥和可能出现涌土涌砂时，护壁施工可按下列方法处理：

① 将每节护壁的高度减小到300～500mm，并随挖、随验、随灌注混凝土。

② 采用钢护筒或有效的降水措施。

5）安放混凝土护壁的钢筋、支护壁模板

① 成孔后应设置井圈，宜优先采用现浇钢筋混凝土井圈护壁。当桩的直径不大、深度小、土质好、地下水位低的情况下也可以采用素混凝土护壁。护壁的厚度应根据井圈材料、性能、刚度、稳定性、操作方便、构造简单等要求，并按受力状况，以及所承受的土侧压力和地下水侧压力，通过计算来确定。

② 土质较好的小直径桩护壁可不放钢筋，但当设计要求放置钢筋或挖土遇软弱土层需加设钢筋时，桩孔挖土完毕并经验收合格后，安放钢筋，然后安装护壁模板。护壁中水平环向钢筋不宜太多，竖向钢筋端部宜弯成U形钩并打入挖土面以下100～200mm，以便与下一节护壁中钢筋本连接。

③ 护壁模板用薄钢板，圆钢、角钢拼装焊接成弧形工具式内钢模每节分成4块，大直径桩也可分成5～8块，或用组合式钢模板预制拼装而成。采取拆上节、支下节的方式重复周转使用。模板之间用卡具、扣件连接固定，也可以在每节模板的上下端各设一道用槽钢或角钢做成的圆弧形内钢圈作为内侧支撑，防止内模变形。为方便操作不设水平支撑。

④ 第一节护壁以高出地坪150～200mm为宜，护壁厚度按设计计算确定，一般取100～150mm。第一节护壁应比下面的护壁厚50～100mm，一般取150～250mm。护壁中心应与桩位中心重合，偏差不大于20mm，且任何方向二正交直径偏差不大于

50mm，桩孔垂直度偏差不大于0.5%。符合要求后可用木楔稳定模板。

6）浇灌第一节护壁混凝土

① 桩孔挖完第一节后应立即浇灌护壁混凝土，人工浇灌，人工捣实，不宜用振动棒。混凝土强度一般为C20，坍落度控制在70～100mm。

② 护壁模板宜24h后，强度大于5MPa后拆除，一般在下节桩孔土方挖完后进行。拆模后若发现护壁有蜂窝、漏水现象，应加以堵塞或导流。

③ 第一节护壁筑成后，将桩孔中轴线控制点引回到护壁上，并进一步复核无误后，作为确定下一节护壁中心的基准点，同时用水准仪把相对水准标高标定在第一节孔圈护壁上。

7）检查桩位（中心）轴线及标高：每节的护壁做好以后，必须将桩位十字轴线和标高测设在护壁上口，然后用十字线对中，吊线坠向井底投设，以半径尺杆检查孔壁的垂直平整度，随之进行修整。井深必须以基准点为依据，逐根进行引测，保证桩孔轴线位置、标高、截面尺寸满足设计要求。

8）架设垂直运输架：第一节桩孔成孔以后，即着手在孔上口架设垂直运输支架，支架有三木搭、钢管吊架或木吊架、工字钢导轨支架，要求搭设稳定、牢固。

9）安装捯链或卷扬机：浅桩和小型桩孔也可以用木吊架、木辘轳或人工直接借助粗麻绳作提升工具。地面运土用翻斗车、手推车。

10）安装吊桶、照明、活动安全盖板、水泵、通风机

① 在安装滑轮组及吊桶时，注意使吊桶与桩孔中心位置重合，挖土时直观上控制桩位中心和护壁支模中心线。

② 井底照明必须用低压电源（36V，100W）、防水带罩安全灯具。井上口设护栏。电缆力段与护壁固定，长度适中，防止与吊桶相碰。

③ 当井深大于5m时应有井下通风，加强井下空气对流，必要时送氧气，密切注视，防止有毒气体的危害。操作时上下人

员轮换作业，互相呼应，井上人员随时观察井下人员情况，切实预防发生人身安全事故。

④ 当地下渗水量不大时，随挖随将泥水用吊桶运出，或在井底挖集水坑，用潜水泵抽水，并加强支护。当地下水位较高，排水沟难以解决时，可设置降水井降水。

⑤ 井口安装水平推移的活动安全盖板：井下有人操作时，掩好安全盖板，防止杂物掉入井内，无关人员不得靠近井口，确保井下人员安全施工。

11）开挖吊运第二节桩孔土方（修边）：从第二节开始，利用提升设备运土，井下人员应戴好安全帽，井上人员拴好安全带，井口架设护栏，吊桶离开井上口 1m 时推动活动盖板，掩蔽井口，防止卸土时土块、石块等杂物坠落井内伤人。吊桶在小推车内卸土后（也可以用工字钢导轨将吊桶移出，向翻斗车内卸土）再打开井盖，下放吊桶装土。

桩孔挖至规定的深度后，用尺杆检查桩孔的直径及井壁圆弧度，上下应垂直平顺，修整孔壁。

12）第二节护壁支护模板：安放附加钢筋，并与上节预留的竖向钢筋连接，拆除第一节护壁模板，支护第二节。护壁模板采用拆上节支下节依次周转使用。使上节护壁的下部嵌入下节护壁的上部混凝土中，上下搭接 50～75mm。桩孔检测复核无误后浇灌护壁混凝土。护壁分为外齿式和内齿式两种（图 3-16）。

13）浇灌第二节护壁混凝土混凝土用吊桶送来，人工浇灌、人工振捣密实，混凝土掺入早强剂由试验确定。

14）检查桩位（中心）轴线及标高：以井上口的定位线为依据，逐节投测、修整。

15）逐层往下循环作业，将桩孔挖至设计深度，清除虚土，检查土质情况，桩底应进入设计规定的持力层深度。

16）开挖扩底部分：桩底可分为扩底和不扩底两种。挖扩底桩应先将扩底部位桩身的圆柱体挖好。再按照扩底部位的尺寸、形状，自上而下削土扩充成扩底形状。扩底尺寸应符合设计要

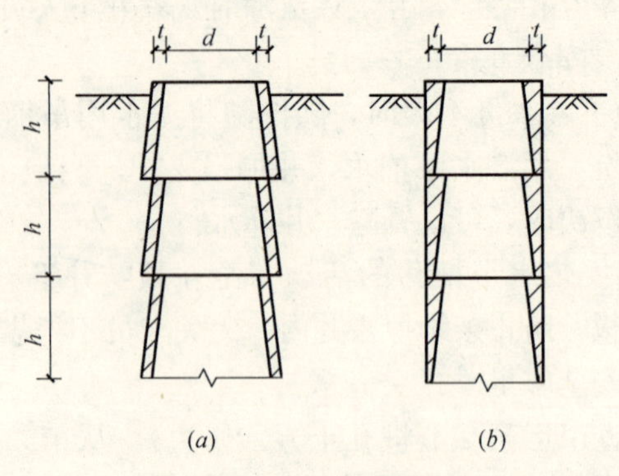

图 3-16 混凝土护壁形式

(a) 外齿式；(b) 内齿式

求，完成后清除护壁污泥、孔底残渣、浮土、杂物、积水等。

17）检查验收。挖至设计标高后，应清除护壁上的泥土和孔底残渣、积水，并应进行隐蔽工程验收。验收合格后，应立即封底和灌注桩身混凝土。成孔以后必须对桩身直径、扩大头尺寸、井底标高、桩位中心、井壁垂直度、虚土厚度、孔底岩（土）性质进行逐个全面综合测定。做好成孔施工验收记录，办理隐蔽验收手续。检验合格后迅速封底，安放钢筋笼，灌注桩身混凝土。

18）吊放钢筋笼

① 按设计要求对钢筋笼进行验收，检查钢筋种类、间距、焊接质量、钢筋笼直径、长度及保护块（卡）的安置情况，填写验收记录。

② 钢筋笼用起重机吊起，沉入桩孔就位。用挂钩钩住钢筋笼最上面的一根加强箍，用槽钢作横担，将钢筋笼吊挂在井壁上口，以自重保持骨架的垂直，控制好钢筋笼的标高及保护层的厚度。起吊时防止钢筋笼变形，注意不得碰撞孔壁。

③ 如钢筋笼太长时，可分段起吊，在孔口进行垂直焊接。大直径（＞1.4m）桩钢筋笼也可在孔内安装绑扎。

④ 超声波等非破损检测桩身混凝土质量用的测管，也应在

安放钢筋笼的同时按设计要求进行预埋。钢筋笼安放完毕后，须经验筋合格后方可浇灌桩身混凝土。

19）浇筑桩身混凝土

① 桩身混凝土宜使用设计要求强度等级的预拌混凝土，浇灌前应检测其坍落度，并按规定每根桩至少留置一组试块。用溜槽加串桶向井内浇筑，混凝土的落差不大于2m，如用泵送混凝土时，可直接将混凝土泵出料口，移入孔内投料。桩孔深度超过12m时宜采用混凝土导管连续分层浇灌，振捣密实。一般浇灌到扩底部的顶面。振捣密实后继续浇筑以上部分。

② 桩直径小于1.2m、深度达6m以下部位的混凝土可利用混凝土自重下落的冲力，再适当辅以人工插捣使之密实，其余6m以上部分再分层浇灌振捣密实。大直径桩要认真分层逐次浇灌捣实，振捣棒的长度不可及部分，采用人工钢管、钢筋棍插捣。浇灌直至桩顶。将表面压实、抹平。桩顶标高及浮浆处理应符合要求。

③ 当孔内渗水较大时（可以孔内水面上升速度大于15mm/min为参考），应预先采取降水、止水措施或采用导管法灌注水下混凝土。水下灌注时首次投料量必须足以将导管底端一次性埋入水下混凝土中达800mm以上。

3-54 人工挖孔灌注桩施工质量检验有哪些要求?

1. 主控项目

（1）灌注桩用的原材料混凝土强度必须满足设计要求和施工规范规定。试块应在浇灌地点制作，试块组数应按规定留置，检查材料合格证和试验报告。

（2）桩位中心和深度必须达到设计要求。沉渣或虚土厚度严禁大于标准规定。

（3）钢筋笼制作必须符合设计要求和施工规范的规定。

（4）成桩后承载力必须满足设计要求。

2. 一般项目

（1）桩径、桩孔垂直度、孔底沉渣厚度符合设计要求和施工规范的规定。

（2）混凝土配合比计量准确，坍落度符合设计要求和施工规范的规定。

（3）实际浇筑混凝土量不得小于计算体积。

（4）浇筑混凝土后的桩顶标高及浮浆处理，符合设计要求和施工规范的规定。

（5）混凝土护壁人工挖孔灌注桩允许偏差项目见表 3-26 所列。

混凝土护壁人工挖孔灌注桩允许偏差表　　　表 3-26

<table>
<tr><th colspan="2">项次</th><th colspan="2">项目</th><th>允许偏差(mm)</th><th>检验方法</th></tr>
<tr><td rowspan="5">主控项目</td><td>1</td><td colspan="2">钢筋笼主筋间距</td><td>±10</td><td>钢尺量检查</td></tr>
<tr><td>2</td><td colspan="2">钢筋笼长度</td><td>±100</td><td>钢尺量检查</td></tr>
<tr><td rowspan="2">3</td><td rowspan="2">桩的位置</td><td>1～3 根桩、单排桩基垂直于桩基中心线方向和群桩基础的边桩</td><td>50</td><td>拉线和尺量检查</td></tr>
<tr><td>条形桩基沿桩基中心线方向和群桩基础的中间桩</td><td>150</td><td>拉线和尺量检查</td></tr>
<tr><td>4</td><td colspan="2">孔深</td><td>+300</td><td>重锤或测钻杆</td></tr>
<tr><td rowspan="9">一般项目</td><td>1</td><td colspan="2">钢筋笼箍筋间距</td><td>±20</td><td>钢尺量检查</td></tr>
<tr><td>2</td><td colspan="2">钢筋笼直径</td><td>±10</td><td>钢尺量检查</td></tr>
<tr><td>3</td><td colspan="2">桩径(不含混凝土护壁厚度)</td><td>+50</td><td>井径仪或钢尺</td></tr>
<tr><td>4</td><td colspan="2">垂直度</td><td><0.5%</td><td>测钻杆</td></tr>
<tr><td>5</td><td colspan="2">桩底虚土厚度:端承型桩
摩擦型桩</td><td>≤50
≤150</td><td>重锤测量</td></tr>
<tr><td>6</td><td colspan="2">钢筋笼安装深度</td><td>±100</td><td>用钢尺量</td></tr>
<tr><td>7</td><td colspan="2">混凝土坍落度:干法灌注</td><td>70～100</td><td>坍落度仪</td></tr>
<tr><td>8</td><td colspan="2">混凝土充盈系数</td><td>>1</td><td>检查实际灌注量</td></tr>
<tr><td>9</td><td colspan="2">桩顶标高(扣除桩顶浮浆层及劣质桩体)</td><td>+30
−50</td><td>水准仪</td></tr>
</table>

3-55　人工挖孔灌注桩季节性施工有何要求?

（1）雨天不宜进行人工挖桩孔施工，如确需施工，现场必须做好排水的措施，严防地面雨水流入桩孔内，孔口周围应有挡水措施，防止雨水流入孔内。

雨期应对现场供电线路及电气设施进行全面检查，做好电气设施防雨、防淹、防雷措施。施工期间要有专人定期检查、定期维护，预防触电事故的发生。

（2）冬期施工当气温低于0℃浇筑混凝土时，应采取加热保温措施。混凝土的浇筑温度不得低于5℃。桩顶混凝土未达到冻结强度前不准受冻，桩顶覆盖保温。在大雪天气尽量不灌注混凝土。

冬期施工应做好给水排水、消防管道的保温，防止管道受冻。

（3）当气温高于30℃时，应根据具体情况在混凝土中掺入缓凝剂。

3-56　人工挖孔灌注桩施工中应注意的质量问题有哪些?

（1）从事挖孔桩作业的工人应经健康检查和井下、高空、用电，吊装及简单的机械操作等安全作业培训，且经过考核合格，方可进入现场施工。

（2）垂直偏差大：桩孔垂直度超偏差，由于开挖过程未按每挖一节即吊线坠核查桩井的垂直度，致使挖完以后垂直度超偏差。必须每挖完一节即根据井上口护壁上的轴线中心线吊线坠，用尺杆测定修边，使井壁圆弧保持上下顺直。

（3）孔壁坍塌：因桩位土质不好，或地下水渗出造成孔壁土体坍落，开挖前应掌握现场土质情况，错开桩位开挖，随时观察土体松动情况，必要时可在坍塌处用砌砖封堵，操作进程要紧凑，不留间隔空隙，避免塌孔。

（4）井底残留虚土太多：成孔、修边以后有大量虚土存积在井底，未认真清除，扩大头斜面土体坍落。挖到规定深度以后，除认真清除虚土外，放好钢筋笼之后再检查一次，必须将孔底的虚土清除干净，必要时用水泥砂浆或混凝土封底。

（5）孔底积水过多：成孔以后孔底积水，开挖过程采取的排水措施不当，渗出的地下水积聚在井底。地下水位高、渗出量大的地区，应采取降水措施，将地下水位降低到桩底以下然后开挖。少量积水浇灌时首盘可采用半干硬性混凝土。

（6）混凝土振捣不实：由于桩身混凝土浇灌、振捣操作条件具有一定难度，未采取有效的辅助振捣措施，造成桩身混凝土松散不实、空洞、缩颈、夹土等现象。应在混凝土浇灌、振捣操作前进行技术交底，坚持分层浇筑、分层振捣、连续作业。分层浇筑厚度以一节护壁的高度为宜，必要时用钢管、竹杆、钢筋钎人工辅助插捣，以补充机械振捣的不足。

（7）钢筋笼扭曲变形：钢筋笼加工制作，点焊不牢，未采用支撑加强筋，运输吊放时易产生变形、扭曲。钢筋笼应在专用平台上加工。主筋与箍筋点焊要牢固，支撑加强要可靠。吊运要竖直，使其平稳地放入井中，保持骨架完好。

（8）桩身混凝土质量问题：灌注时不用串筒或未正确使用串筒，使砂浆和骨料离析，桩孔内未按要求抽干水或本应用水下灌注法而仍用干法施工，或水下灌注操作有误产生离析、断桩等。

3-57 人工挖孔灌注桩采用波纹钢模板施工要点有哪些？

采用波纹钢板支护，其施工程序示意如图 3-17 所示。

（1）测定基础桩中心后，在地表面开挖 60cm 左右深的土坑，其直径略大于桩径，以设置一段环形支撑（图 3-18），再仔细地竖立波纹钢板（图 3-19）；然后安装最上段的环形支撑，孔

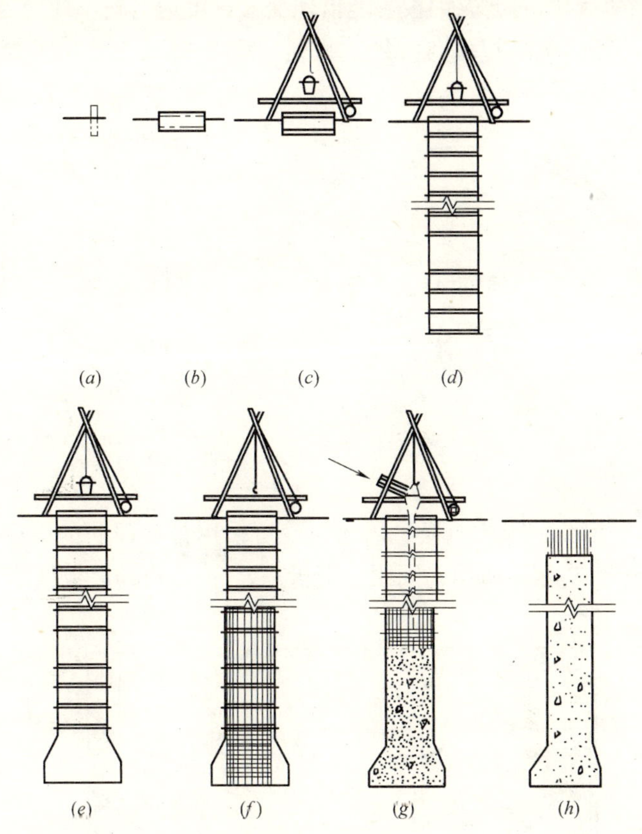

图 3-17　采用波纹钢模板的人工挖（扩）孔桩施工示意图

(*a*) 定桩位；(*b*) 设置最上段的环形支撑和波纹钢板；(*c*) 架设三角塔架；
(*d*) 挖掘、竖立波纹钢板、安装环形支撑；(*e*) 扩底部挖掘；(*f*) 钢筋笼组装；
(*g*) 拆除波纹钢板和环形支撑，组装分布筋，灌注混凝土；(*h*) 桩施工完毕

口安装完毕后，再在超挖空隙间回填密实，将第一段挤紧固定。

(2) 架设三角塔架后，随着挖掘的进行不断地竖立波纹钢板，安装环形支撑，同时用销栓互相连成框架，支挡土压力。

1) 纵向波纹钢板高度为 750～900mm；弧长为 750mm。环形支撑框架的间距通常为 660～750mm，当挖掘中遇到软土层

时，考虑到纵向波纹钢板可能出现变形，可适当减小环形支撑的间距。环形支撑和纵向波纹钢板是借助于打入土壁中的销栓连接的。

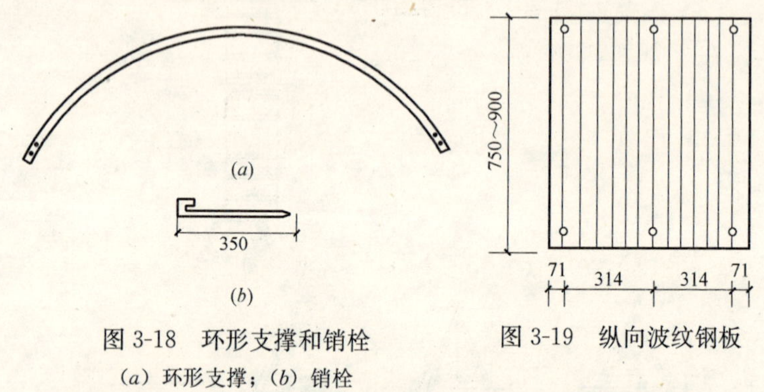

图 3-18　环形支撑和销栓

(a) 环形支撑；(b) 销栓

图 3-19　纵向波纹钢板

2）当孔壁土质疏松易坍塌时，可采用带加强肋的横向式波纹钢板如图 3-20 所示，间距（即板高）为 500mm，板顶部和底

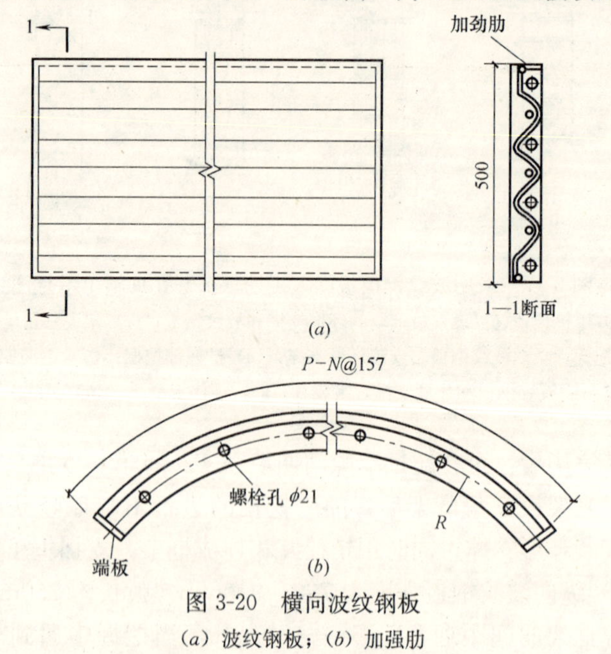

图 3-20　横向波纹钢板

(a) 波纹钢板；(b) 加强肋

部均设有加强肋，上下两板之间用螺栓连接，整个桩孔内设有箱形纵向加劲肋。采用横向波纹钢板，桩孔最大直径可达6500mm，最大深度可达30m左右。

（3）挖掘扩底部时，设置专用的扩底加压环形支撑和分布钢筋。在孔内组装钢筋笼。

（4）先灌注扩底部的混凝土。然后从扩底部顶端开始逐段向桩顶，边拆除环形支撑和波纹钢板，边绑扎分布钢筋，边灌注混凝土。

3-58 桩基承台施工的适用范围包括哪些?

适用于工业与民用建筑现浇混凝土桩基承台梁施工。

3-59 桩基承台施工对材料和机具选用有哪些要求?

1. 材料

（1）水泥：宜用矿渣硅酸盐水泥或普通硅酸盐水泥。

（2）砂：中砂或粗砂，含泥量不大于5%。

（3）水：应用自来水或不含有害物质的洁净水。

（4）石子：卵石或碎石，粒径5～32mm，含泥量不大于5%。

（5）混凝土：宜采用预拌混凝土，具含碱量应符合《预防混凝土结构工程碱集料反应规程》（DBJ 01—95—2005）的规定。

（6）钢筋：钢筋的级别、直径必须符合设计要求，有出证明书及复试报告，表面无老锈和油污。

（7）外加剂、掺合料：根据施工需要通过试验确定。

防水材料。防水材料应具有材料说明书、合格证、检验单、准用证及复试报告并做见证取样。

2. 主要机具

（1）支模板：应备有组合钢模板和零配件。

（2）浇筑混凝土：应配备混凝土泵送设备等。

3-60 桩基承台施工要点有哪些？

1. 施工准备

（1）桩基施工已完成，并按设计标高、尺寸挖完土，并做完桩基施工验收记录。

（2）桩顶疏松混凝土全部凿完，如桩顶低于设计标高时，须用同级混凝土接高，并达到一定强度；再将埋入承台内的桩顶部分凿毛、洗净，如预制桩顶伸入承台梁超过设计规定时，应预先剔凿，桩顶伸入承台梁深度应符合设计要求。

（3）桩顶伸入承台梁中的钢筋长度应符合设计及施工规范要求。

（4）对于冻胀地区，已按设计要求完成承台梁下防冻胀的处理措施。

（5）应将槽底虚土、杂物等清除干净。

（6）混凝土垫层已施工完毕，其表面应平整、压光、充分浇水养护，具备防水施工条件。

（7）弹好控制轴线和基础边线。

2. 防水施工

（1）防水材料的铺贴：应按设计选用的防水材料进行施工，并应符合现行国家标准《地下工程防水技术规范》GB 50108—2008 和《地下防水工程质量验收规范》GB 50208—2002 中的规定。

（2）桩承台防水构造，一般分为两种形式：第一种形式为桩直接锚入承台内，桩与承台接触处的缝隙采用遇水膨胀止水条；第二种形式为桩锚入承台部位的混凝土加厚，采用防水材料与遇水膨胀止水条防水。

（3）防水层施工完毕并验收合格后，应及时按设计要求做好防水保护层的施工，保护层一般采用细石混凝土，控制好标高，表面平整。

3. 钢筋绑扎

钢筋应按顺序绑扎，一般情况下，先长轴后短轴，由一端向另一端依次进行。操作时按图纸要求画线、铺铁、穿箍、绑扎，最后成型。

4. 预埋管线及铁活

预留孔洞位置应正确。桩入承台梁的钢筋、承台梁上的柱子、板墙插铁，应按图纸绑好。绑扎应牢固，应采用十字扣绑扎或焊牢，其标高、位置、搭接锚固长度等尺寸应准确，不得遗漏和移位。

5. 支设模板

模板安装完成后，应对其断面尺寸与标高、对拉螺栓、连杆支撑等进行预检，均应符合设计图纸和质量标准的要求。

6. 灌筑混凝土

(1) 浇灌混凝土前应先对桩头、模板浇水湿润，然后按混凝土施工方案要求的顺序分层浇筑，连续进行，如间隔超过初凝时间，应按施工缝要求处理。

采用泵车输送时，应选择合适的泵车，保持管道顺畅，使混凝土浇筑连续进行。

(2) 若承台截面较大，应按大体积混凝土进行控制施工；采用斜面分层、一次浇筑的方法，大体积混凝土内不留施工缝，混凝土表面温度与大气温差控制在25℃以内，以防止因温差等产生收缩应力形成裂缝。

(3) 振捣：应沿承台梁浇筑顺序的方向，采用斜向振捣法，振捣棒与水平面倾角为60°左右。插棒间距以500mm为宜，防止漏振，振捣时间以混凝土表面翻浆出气泡为准。混凝土表面应随振随按标高线，用木抹子搓平。

大体积混凝土按混凝土厚度分步浇筑、分层振捣、同步推进，不留水平施工缝。振捣时快插慢拔，在振捣上一层时，插入下层50mm左右，以消除两层之间的接缝。

（4）留接槎：纵横接连处及桩顶一般不宜留槎。留槎应在相邻两桩中间的1/3范围内，并预先用模板挡好，留成直槎。继续施工时，接槎处混凝土应用水先润湿并浇同等级减石子砂浆，保证新旧混凝土的结合良好；然后用原强度等级混凝土进行浇筑。

（5）养护：混凝土浇筑后，在常温条件下12h内应覆盖浇水养护，浇水次数以保持混凝土湿润为宜，养护时间不少于7d。

大体积混凝土的养护，可采用保温法或蓄水法。采用蓄水养护，蓄水养护时间和蓄水深度根据测温情况调整。

7. 冬期施工

（1）钢筋焊接宜在室内进行。在室外焊接时，环境温度不得低于－20℃，且应有防雪挡风措施。焊接后的接头严禁立即碰到冰雪。

（2）基土应保温，不得受冻。

（3）混凝土的养护应按冬施方案执行。混凝土的试块应增加两组，与结构同条件养护。

3-61 桩基承台施工质量检验有哪些要求？

1. 钢筋分项工程

（1）主控项目

1）受力钢筋的品种、级别、规格、形状、尺寸、数量必须符合设计要求。

2）纵向钢筋的接头位置和连接方式应符合设计和规范要求，并应按《钢筋焊接及验收规程》JGJ 18—2003、《钢筋机械连接技术规程》JGJ 107—2010及相应机械连接标准的规定抽取钢筋接头试件做力学检验，其质量应符合有关规程的规定。

3）钢筋的锚固长度，锚固位置应符合设计和规范要求，弯钩朝向正确。

（2）一般项目

1）钢筋应平直、无损伤，表面不得有裂纹、油污、颗粒状或片状老锈。

2）钢筋骨架绑扎缺扣、松扣数量不超过绑扣数量的5%，且不应集中。

3）钢筋的接头宜设在受力较小处，同一截面的接头数量应符合设计和规范的要求，当设计无要求时，必须满足《混凝土结构工程施工质量验收规范》GB 50204—2002的要求。箍筋加密应符合设计要求，当设计无要求时，必须满足《混凝土结构工程施工质量验收规范》GB 50204—2002和《建筑抗震设计规范》GB 50011—2010的要求。

4）桩承台钢筋安装及预埋件位置允许偏差见表3-27所列。

桩承台钢筋安装及预埋件位置允许偏差　　表3-27

<table>
<tr><th>项次</th><th colspan="2">项目</th><th>允许偏差（mm）</th><th>检查方法</th></tr>
<tr><td>1</td><td colspan="2">骨架的宽度、高度</td><td>±5</td><td>尺量检查</td></tr>
<tr><td>2</td><td colspan="2">骨架的长度</td><td>±10</td><td>尺量检查</td></tr>
<tr><td rowspan="2">3</td><td rowspan="2">箍筋、构造筋间距</td><td>焊接</td><td>±10</td><td rowspan="2">尺量连续三档取其最大值</td></tr>
<tr><td>绑扎</td><td>±20</td></tr>
<tr><td rowspan="2">4</td><td rowspan="2">受力钢筋</td><td>间距</td><td>±10</td><td rowspan="2">尽量两端，中间各一点，取其最大值</td></tr>
<tr><td>排距</td><td>±5</td></tr>
<tr><td>5</td><td colspan="2">钢筋弯起点位移</td><td>20</td><td>尺量检查</td></tr>
<tr><td rowspan="2">6</td><td rowspan="2">焊接预埋件</td><td>中心线位移</td><td>5</td><td rowspan="2">尺量检查</td></tr>
<tr><td>水平高差</td><td>±3</td></tr>
<tr><td>7</td><td>受力钢筋保护层</td><td>基础</td><td>±10</td><td>尺量检查</td></tr>
</table>

2. 模板分项工程

（1）主控项目

1）模板必须具有足够的强度、刚度。

2）模板安装在基土上，基土必须坚实并有排水措施。

（2）一般项目

1）模板的拼缝不应漏浆。

2）模板与混凝土的接触面应清理干净，模板内无杂物，并采取防止粘模措施。

3）桩承台模板安装和预埋件允许偏差见表 3-28。

桩承台模板安装和预埋件允许偏差表　　表 3-28

项次	项目		允许偏差（mm）	检查方法
1	轴线位移		5	尺量检查
2	标高		±5	用水准仪或拉线检查
3	截面尺寸		±10	尺量检查
4	相邻两板表面高低差		2	用直尺和尺量检查
5	表面平整度		5	用 2m 靠尺和塞尺检查
6	预埋钢板中心线位移		3	拉线和尺量检查
7	预埋管预留孔中心线位移		3	拉线和尺量检查
8	插筋	中心线位置	5	拉线和尺量检查
		外露长度	+10	
9	预埋螺栓	中心线位置	2	拉线和尺量检查
		外露长度	+10	
10	预留孔洞	中心线位置	10	拉线和尺量检查
		截面内部尺寸	+10	

3. 混凝土分项工程

（1）主控项目

1）混凝土所用的水泥、水、骨料、外加剂等必须符合施工规范和有关标准的规定。

2）混凝土的配合比、原材料计量、搅拌、养护和施工缝处理必须符合标准的规定。

3）评定混凝土强度的试块，必须按《混凝土强度检验评定标准》GB/T 50107—2010 的规定取样、制作、养护和试验，其强度必须符合规定。

4）对设计不允许有裂缝的结构，严禁出现裂缝；设计允许出现裂缝的结构，其裂缝宽度必须符合设计要求。

5）混凝土外观质量不应有严重缺陷。

（2）一般项目

1）混凝土外观质量不宜有一般缺陷。

2）桩承台混凝土允许偏差见表 3-29 所列。

桩承台混凝土允许偏差　　表 3-29

项次	项目		允许偏差(mm)	检查方法
1	轴线位移	基础	15	尺量检查
		梁	8	
2	标高		±10	用水准仪或拉线检查
3	截面尺寸		+8,−5	尺量检查
4	表面平整度		8	用 2m 靠尺和塞尺检查
5	预埋钢板中心线位移		10	尺量检查
6	预埋螺栓中心线位移		5	尺量检查
7	预留管,预留孔中心线偏移		5	尺量检查
8	预留洞中心线偏移		15	尺量检查

四、深基坑挡土支护及降水工程

（一）深基坑工程的特点、类型

4-1 深基础工程有什么特点?

一般认为当基础埋深大于 6m 时，可以看做是深基础。深基础一般具有以下工程特点：

（1）深基础的施工开挖一般需要做基坑围护结构。若采用放坡开挖，则一般放坡的坡度比较缓，放坡的范围也比较大，否则基坑在开挖过程中容易发生事故。

（2）工程量大。深基础由于一般开挖的深度较大，因此土方挖掘量也就比浅基础增加了不少。此外，由于做基坑围护结构，也使其他的工程量有所增加。

（3）深基础的基坑围护结构和支撑结构的内力受挖土工艺和顺序的影响是明显的。不同的挖土工艺和顺序，如先在中心区域开挖和先在周边开挖的中心岛开挖工艺，将使深基坑的围护结构和支撑结构中产生不同的应力和变形。及早形成支撑有利于变形的减小，但支撑内的应力也会适当的趋于变大。

（4）工期紧。一般来说，深基础工程都处在建设工程项目管理的关键路径上，是工程建设中的第一道关键工序。它能否按期完工或提前完工，不仅对地下结构有着十分重大的直接影响，也对上部结构有着很重要的间接影响。深基坑工程若能提前或按期完工，将有利于让建筑物及早产生经济效益，反之则是不利的。

（5）工程质量和环境保护要求高。深基础工程完成的质量好坏，不仅将对建筑物产生十分重要的影响。而且也会对建筑物周围的环境产生重要的影响。由于深基础开挖的区域也就是将来地下结构施工的区域，甚至有时深基坑的围护结构还是地下永久结构的一部分，而地下结构的施工质量优劣又将直接影响上部结构，所以必须保证深基础工程的质量，才能为保证地下结构和上部结构的工程质量创造一个良好的前提条件，进而保证整幢建筑物的工程质量。此外，由于深基础工程中的挖方量大，土体中原有天然应力的释放也大，这就使基坑周围的环境的不均匀沉降加大，使基坑周围的建筑物中出现不利的拉应力，地下管线的某些部位也会出现应力集中，严重时会发生破坏，因此对环境的保护要求也很高。

4-2 深基坑挡土支护结构的类型有哪几种？

深基坑挡土支护结构可根据基坑周边环境、开挖深度、工程地质与水文地质、施工作业设备和施工季节等条件，按表 4-1 选用。

挡土支护结构选型表 **表 4-1**

结构类型	适用条件
排桩或地下连续墙	1. 适用于基坑侧壁安全等级一、二、三级(表 4-2)； 2. 悬臂式结构在软土场地中不宜大于 5m； 3. 当地下水位高于基坑底面时，宜采用降水、排桩加截水帷幕或地下连续墙
水泥土墙	1. 基坑侧壁等级宜为二、三级； 2. 水泥土桩施工范围内地基土承载力不宜大于 150kPa； 3. 基坑深度不宜大于 6m
土钉墙	1. 基坑侧壁安全等级宜为二、三级的非软土场地； 2. 基坑深度不宜大于 12m； 3. 当地下水位高于基坑底面时，应采取降水或截水措施
逆作拱墙	1. 基坑侧壁安全等级宜为二、三级； 2. 淤泥和淤泥质土场地不宜采用； 3. 拱墙轴线的矢跨比不宜小于 1/8； 4. 基坑深度不宜大于 12m； 5. 地下水位高于基坑底面时，应采取降水或截水措施

续表

结构类型	适 用 条 件
放坡	1. 基坑侧壁安全等级宜为三级； 2. 施工现场应满足放坡条件； 3. 可独立或与上述其他结构结合使用； 4. 当地下水位高于坡脚时，应采取降水措施

基坑侧壁安全等级及重要系数 **表 4-2**

安全等级	破 坏 后 果	γ
一级	支护结构破坏，土体失稳或过大变形对基坑周边环境及地下结构施工影响很严重	1.10
二级	支护结构破坏，土体失稳或过大变形对基坑周边环境及地下结构施工影响一般	1.00
三级	支护结构破坏，土体失稳或过大变形对基坑周边环境及地下结构施工影响不严重	0.90

4-3 基坑工程支护结构的类型有哪几种？

支护结构的体系很多，工程上常用的典型的支护体系按其工作机理和围护墙的形式有下列所示几种：

- 支护结构体系
  - 水泥土挡墙式
    - 深层搅拌水泥土桩墙
    - 高压喷射注浆桩墙
    - 粉体喷射注浆柱墙
  - 排桩与板墙式
    - 排桩式
      - 钻孔灌注桩
      - 挖孔灌注桩
      - 钢管桩、预制钢筋混凝土桩
    - 板桩式
      - 型钢横挡板
      - 钢板桩
      - 钢筋混凝土板桩
    - 板墙式
      - 现浇地下连续墙
      - 预制装配式地下连续墙
    - 组合式
      - 钻孔灌注桩与水泥土桩组合
      - 加筋水泥土围护墙
  - 边坡稳定式
    - 土钉墙
    - 喷锚支护
  - 逆作拱墙式

4-4 基坑工程支撑结构的类型有哪几种?

在软土地基的深基坑工程中，支撑结构是承受围护壁所传递过来的土压力、水压力的结构体系。支撑结构体系常包括围檩、支撑、立柱及其他的附属构件。

深基础工程中施工结构的力的传递路线是：围护壁→围檩(圈梁)→支撑。

支撑体系按材料的种类可以分为两大类，即钢筋混凝土支撑体系和钢支撑体系。这两类支撑体系是在目前工程中最常见的支撑种类。它们之间的比较见表 4-3 所列。

钢筋混凝土、钢支撑体系的比较表　　　　表 4-3

材料	截面形式	布置形式	特点
现浇钢筋混凝土	截面的形式和尺寸灵活，可根据不同的受力情况由设计要求确定	竖向布置可以是多道水平撑或斜撑；平面布置有对撑、边桁架、环状梁结合边桁架等，布置形式灵活多样	混凝土达到强度后支撑结构的刚度大、变形小，强度的安全可靠性大，施工方便。但支撑浇筑的时间和养护的时间略长，需要破碎拆除
钢	单钢管、双钢管、单工字钢、双工字钢、H 型钢、槽钢及以上钢材的组合	竖向布置可以是多道水平撑或斜撑；平面布置一般为对撑、井字撑和角撑。当与钢筋混凝土支撑联合使用时，在节点处应处理好连接和协调问题	安装、拆除方便，可周转使用，支撑中可以预加轴力，可主动调整轴力从而有效地控制围护结构的变形。但施工工艺要求较高，在平面布置中也不如钢筋混凝土支撑体系灵活

钢筋混凝土支撑体系多为现浇式，常由围檩（头道为圈梁）、混凝土支撑结构及角撑和桁架结构、立柱和围檩的托架或吊筋、立柱与托架的锚固件等其他附件组成。

钢支撑体系多为装配式，常由内圈梁、角撑、支撑、千斤顶（包括千斤顶自动调压或嵌入式调压装置）、轴力传感器、支撑体系监测装置、立柱桩及其他附属装配式构件组成。

4-5 基坑工程施工辅助工程有哪些?

深基坑施工结构的辅助工程是指为深基坑土方施工、地下混凝土结构施工而构筑的车行便道，上、下行栈桥，起重机操作平台，行走式塔吊轨道梁等结构。它们可以是钢结构，也可以是钢筋混凝土结构，并用是和支撑结构结合在一起的。它们的传力特征是，支撑在支撑结构上；或者与支撑结构的杆件合二为一；或者将辅助工程的杆件与支撑结构的杆件组成一个共同的平面构架。当采用钢筋混凝土结构时，一般为现浇式；当采用钢结构时多为装配式。常用辅助工程类型有：

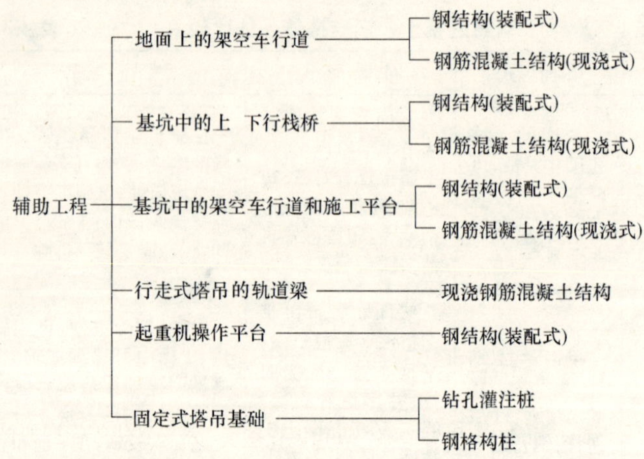

4-6 深基坑支护的基本要求是什么?

（1）确保基坑围护体系能起到挡土作用，基坑四周边坡保持稳定。

（2）确保基坑四周相邻的建（构）筑物、地下管线、道路等的安全，在基坑土方开挖及地下工程施工期间，不因土体的变形、沉陷、坍塌或位移而受到危害。

（3）在有地下水的地区，通过排水、降水、截水等措施，确保基坑工程施工在地下水位以上进行。

（4）基坑支护设计与施工应综合考虑工程地质与水文地质条件、基础类型、基坑开挖深度、降排水条件、周边环境对基坑侧壁位移的要求、基坑周边荷载、施工季节、支护结构使用期限等因素，做到因工程、因地、因时制宜，合理设计、精心施工，严格监控。

（5）基坑支护结构设计应根据对基坑周边环境及地下结构施工的影响程度按表 4-2 选用相应的侧壁安全等级及重要性系数。对基坑分级和基坑变形的监控值应符合表 4-4 的规定。

（6）尽可能与工程永久性挡土结构相结合，作为结构的组成部分，或材料能够部分回收重复使用。

（7）保护环境，保证施工期间安全；经济上合理。

基坑分级和基坑变形的监控值（cm） **表 4-4**

基坑类别	围护结构墙顶位移监控值	围护结构墙体最大位移监控值	地面最大沉降监控值
一级基坑	3	5	3
二级基坑	6	8	6
三级基坑	8	10	10

注：1. 符合下列情况之一，为一级基坑：
（1）重要工程或支护结构作主体结构的一部分；
（2）开挖深度大于 10m；
（3）与临近建筑物、重要设备的距离在开挖深度以内的基坑；
（4）基坑范围内有历史文物、近代优秀建筑、重要管线等需严加保护的基坑。
2. 三级基坑为开挖深度小于 7m，且周围环境无特别要求时的基坑。
3. 除一级和三级外的基坑属二级基坑。
4. 当周围已有的设施有特殊要求时，尚应符合这些要求。

4-7 为什么稳定问题是深基坑施工期间应注意的头等大事？

基坑在施工期间的稳定问题是头等重要的，如果围护壁插入深度不够，支撑结构承载力不够，或者基坑边坡太陡都有导致基坑失稳破坏的危险。因此，一个安全的基坑施工方案要保证整体结构是稳定的，局部结构也是稳定的，另外基坑底的回弹、隆起量也要不超过容许值。所以，重视降水对于支护结构稳定有很好作用。

4-8 什么是基坑边坡坡度?

基坑边坡坡度是以高度（H）与底边（B）之比表示的，即：

$$基坑边坡坡度 = H/B = 1/(B/H) = 1 : m$$

式中 $m = B/H$，称为坡度系数。

边坡坡度应根据土质、开挖深度、开挖方法、施工工期、地下水位、坡顶荷载及气象条件等因素来确定。

4-9 什么是边坡失稳? 引起边坡失稳的主要因素是什么?

边坡的失稳一般是指土方边坡在一定范围内整体沿某一滑动面向下或向外移动而丧失其稳定性。边坡失稳往往是在外界不利因素影响下触发和加剧的。这些外界不利因素往往导致土体剪应力的抗剪强度的降低，使土体中的剪应力大于土的抗剪强度，而造成滑动失稳。引起边坡失稳的主要因素有：

（1）土体剪应力增加。土体剪应力增加的主要因素有：坡顶堆物、行车；基坑坡度太陡；开挖深度过大；雨水或地面水渗入土中，使土的含水量增加而造成土的自重增加；地下水的渗流产生一定的动水压力；土体竖向裂缝中的积水产生侧向静水压力等。

（2）土体抗剪强度降低。土体抗剪强度降低的主要因素有：土质本身较差或因气候影响使土质变软；土体内含水量增加而产生润滑作用；饱和的细砂、粉砂受振动而液化等。

4-10 基坑放坡开挖应注意什么问题?

（1）场地开阔，环境条件容许，经设计验算满足边坡稳定性要求时，可采用放坡开挖基坑。基坑开挖深度小于 4.0m 时，可采用单级坡；基坑开挖深度大于 4.0m 时，应设置多级平台（或称马道），分层开挖。每级平台的宽度一般不小于 1.5m。

（2）放坡开挖基坑应按规定分级验算基坑开挖边坡与地基整体滑动稳定性，确定安全合理的边坡坡度。设计验算中应考虑渗流力的作用。

（3）放坡开挖基坑应在基坑开挖前采取有效措施降低坑内地下水位。降水深度一般取开挖面以下 0.5～1.0m。基坑土方分层开挖设计厚度不宜超过 2.5m。基坑开挖至设计标高前，应留有不小于 0.3m 的坑底土采取人工开挖整平，防止对坑底地基土的扰动影响。并及时浇筑垫层封闭，减少坑底暴露时间。在长大型基坑中，应提出分块开挖、控制坑底暴露时间的设计要求。

（4）放坡开挖基坑宜在开挖前采用井点降水等措施，防止流砂管涌发生。井管布置宜设在各级平台上，井管距坑边距离不宜小于 0.1m，确保井点降水质量和效果。

（5）放坡开挖基坑应在坡顶外设置截水沟或挡水土堤，防止地表水冲刷坡面和基坑外排水再回渗渗入坑内。对土质较差，且施工期较长的开挖基坑，开挖边坡宜及时采用钢丝网水泥喷浆或高分子聚合材料覆盖等措施，做好边坡保护。

（6）基坑开挖后，应及时设置坑内排水沟和集水井，防止坑底积水。排水沟不应靠坡脚处设置，宜采用盲沟排水。

（7）放坡开挖基坑的坡顶或坑边，不得有超过设计规定的堆载。当施工中出现不符合设计边坡工作条件时，应事先进行边坡稳定性的再核算。

（8）放坡开挖基坑应具有对边坡土体位移与沉降、坑内隆起，以及地下水位等内容的严格的施工监测设计。当发现边坡有失稳迹象时，应及时采取削坡、坡顶减载、坡脚压载、降低地下水位等稳定边坡的针对性措施。

（二）钢板桩支护结构

4-11 钢板桩的适用范围和施工特点有哪些？

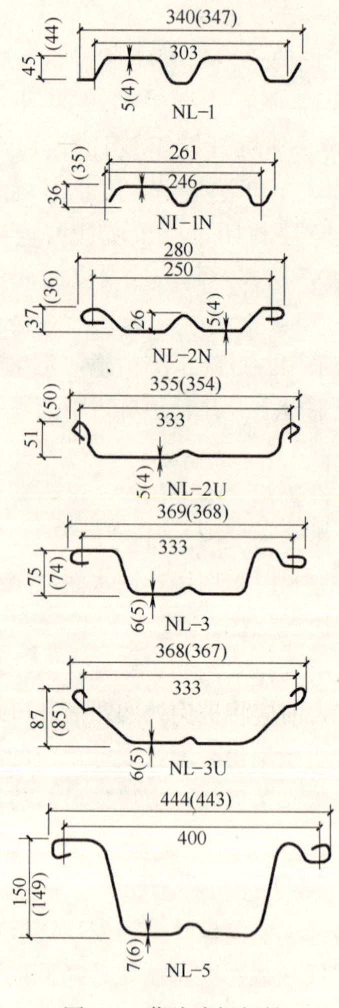

图 4-1　薄片式钢板桩

（1）钢板桩支护，系用一种特制的型钢板桩（图 4-1），借打桩机沉入地下构成一道连续的板墙，作为深基坑开挖的临时挡土、挡水围护结构。

（2）钢板桩支护常用形式有悬臂式、锚拉式、支撑式等（图 4-2）。

（3）钢板桩简易的形式为槽钢、工字钢等型钢，采用正反扣组成，由于抗弯、防渗能力较弱，且生产定尺为 6～8m，一般只用于较浅（$h \leqslant 4$m）的基坑。正规的钢板桩为热轧锁口钢板桩，形式有 U 形、Z 形、一字形、H 形和组合型等，其中以 U 形应用最多，可用于 5～10m 深的基坑，国产拉森型钢板桩长度一般为 12m，根据需要可以焊接接长，接长应先对焊，再焊加强板，最后调直。钢板桩运到现场后，应进行检查、分类、编号。钢板桩立面应平直，以一块长约 1.5～2m，而锁口合乎标准的同型板桩通

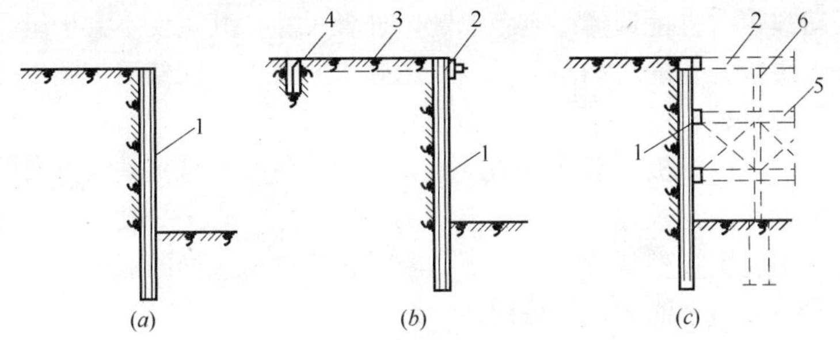

图 4-2　钢板桩支护形式

(a) 悬臂式；(b) 锚拉式；(c) 支撑式

1—钢板桩；2—钢横梁；3—拉杆；4—锚桩；5—钢支撑；6—钢柱

过检查，凡锁口不合，应进行修正合格后再用。

(4) 钢板桩支护由于它具有很高的强度、刚度和锁口功能，结合紧密，水密性好，施工简便快速，能适应多种平面形状和土质，可减少基坑开挖土方量，有利于施工机械化作业和排水，可以回收反复使用等优点，因而在一定条件下，用于地下深基础工程作为坑壁支护、防水围堰等会取得较好的技术和经济效益。这种支护存在问题是：需用大量特制钢材，一次性投资较高，一般以采取租赁方式租用，用后拔出归还较为经济适用。

4-12　钢板桩施工要点有哪些?

(1) 钢板桩施工准备。桩于打入前应将桩尖处的凹槽底口封闭，避免泥土挤入，锁口应涂以黄油或其他油脂，用于永久性工程的桩表面应涂红丹和防锈漆。对于永久失修、锁口变形、锈蚀严重的钢板桩，应整修矫正。弯曲变形的桩，可用油压千斤顶顶压或火烘等方法进行矫正。

(2) 打设钢板桩的施工机械，一般以采用三支点导杆式履带打桩机较为合适。桩锤应根据板桩打入阻力进行选择。锤重一般约为钢板桩重量的两倍。桩锤常用的有落锤、蒸汽锤、柴油锤和振动锤等，桩锤选择还应考虑锤体外形尺寸，其宽度不大于组合打入块数的宽度之和。一般以采用履带式打桩架配柴油桩锤或静力压桩机较合适。

(3) 由于板桩墙构造的需要，常用配备改变打桩轴线方向的特殊形状的钢板柱，在矩形墙中为 90°的转角桩。一般是将工程所使用的钢板桩从背面中线处切断，再根据所选择的截面进行焊接或铆接组合而成，或采用转角桩。

(4) 打桩方式一般有表 4-5 所列的几种。为保持钢板桩垂直打入和打入后钢板桩墙面平直，应先支设围檩支架，围檩支架由围檩和围檩桩组成。其形式：在平面上有单面和双面之分，高度上有单层、双层和多层。第一层围檩的安装高度约在地面上50cm。双面围檩之间的净距以比两块板桩的组合宽度大 8～10mm 为宜。围檩支架有钢板（H 型钢、I 字钢、槽钢等）和木质，但都需十分牢固，围檩支架每次安装的长度，视具体情况而定，应考虑周转使用，以提高利用率。

钢板桩打设方式选择 **表 4-5**

名称	施工要点	特点
单桩打入法 （适用于板桩长10m左右，工程要求不高的场合）	以一块或两块钢板桩为一组，从一角开始逐块（组）插打，待打到设计标高后，再插打第二块或第三块，直至工程结束	1. 施工简便，可选用较低的插桩设备； 2. 单块打入易向一边倾斜，误差积累不易纠正
双层围檩打桩法 （适用于精度要求高、数量不大的场合）	在地面上一定高度处离轴线一定距离，先筑起双层围檩架，而后将板桩依次在围檩中全部插好，待四角封闭合拢后，再逐渐按阶梯状将板桩逐块打至设计标高	1. 能保证板桩墙的平面尺寸、垂直度和平整度； 2. 工序多、施工复杂，施工速度慢，封闭合拢时需异型桩
屏风法 （适用于长度较大、要求质量高、封闭性好的场合）	用单层围檩，每 10～20 块钢板桩组成一个施工段，插入土中一定深度形成较短的屏风墙，对每一施工段，先将其两端 1～2 块钢板桩打入，严格控制其垂直度，用电焊固定在围檩上，然后对中间的板桩再按顺序分 1/2 或 1/3 板桩高度打入。为降低屏风墙高度，可采取每次插入后，将板桩打入一定深度	1. 能防止板桩过大的倾斜和扭转。能减少打入的累计倾斜误差，可实现封闭合拢，不影响邻近钢板桩加工； 2. 插桩的自立高度大，要采取措施保证墙的稳定和操作安全。要使用高度大的插桩和打桩架

（5）钢板桩打设时，先用吊车将板桩吊至插桩点进行插桩，插桩时锁口对准，每插入一块即套上桩帽，上端加硬木垫，轻轻锤击。为保证桩的垂直度，应用两台经纬仪加以控制。为防止锁口中心线平面位移，可在打桩行进方向的钢板桩锁口处设卡板，不让板桩位移，同时在围檩上预先算出每块板桩的位置，以便随时检查纠正，待板桩打至预定深度后，立即用钢筋或钢板与围檩支架焊接固定。

（6）钢板桩打入时如出现倾斜和锁口接合部位有空隙，到最后封闭合拢时有偏差，一般用异型桩（上宽下窄或宽度大于或小于标准宽度的板桩）来纠正。当加工困难时也可用轴线修正法进行而不用异型桩。

（三）水泥土墙支护结构

4-13 什么是水泥土墙支护结构？其适用范围和使用要求有哪些？

（1）水泥土墙支护结构系由水泥土桩相互搭接形成的格栅状、壁状等形式的连续重力式挡土止水墙体。

水泥土墙支护结构具有挡土、截水双重功能，施工机具设备相对较简单，成墙速度快，使用材料单一，造价较低。

（2）适用范围

1）基坑侧壁安全等级宜为二、三级；

2）水泥土墙施工范围内地基承载力不宜大于 150kPa；

3）基坑深度不宜大于 6m；

4）基坑周围具备水泥土墙的施工宽度。

（3）构造和使用要求

1）水泥土墙支护是以深层搅拌机就地将边坡土和压入的水泥浆强力搅拌形式连续搭接的水泥土柱桩挡墙（图 4-3*a*），使边坡保持稳定，这种桩墙是依靠自重和刚度进行挡土和保护坑壁的，一般不设支撑，或特殊情况下局部加设支撑，具有良好的抗渗透性能（渗透系数不大于 10^{-7}cm/s），能止水防渗，起到挡土防渗的双重作用。

2）水泥土墙支护的截面多采用连续式和格栅形，当采用格栅形水泥土的置换率（即水泥土面积 A_n 与水泥挡土结构面积 A 的比值）对于淤泥不宜小于 0.8，淤泥质土不宜小于 0.7，一般黏性土及砂土不宜小于 0.6，格栅长宽比不宜大于 2。水泥土桩与桩之间的搭接宽度，考虑截水作用不宜小于 150mm，不考虑截水作用不宜小于 100mm。

3）墙体宽度 B 和插入深度 D，根据基坑深度、土质情况及其物理、力学性能、周围环境、地面荷载等计算确定。在软土地区当基坑开挖深度 $h \leqslant 5$m，可按经验取 $B=(0.6\sim0.8)h_0$，尺寸以 500mm 进位，$D=(0.8\sim1.2)h_0$。基坑深度控制在 7m 以内，过深则不经济，插入深度前后排可稍不一致。

4）水泥土加固体强度随水泥掺入比而异，一般掺入比取 12%～14%，采用普通硅酸盐水泥，为改善水泥土的性能和提高早期强度，可掺加木钙、三乙醇胺、氯化钙、硫酸钠等，水泥土加固体的强度，30d 的无侧限抗压强度标准值 q_n 不应低于 0.8MPa。为了提高水泥土墙的刚性，也有的在水泥土搅拌桩内插入 H 型钢（图 4-3），使之成为既能受力又能抗渗两种功能的支护结构围护墙，可用于较深（8～10m）的基坑支护，水泥掺

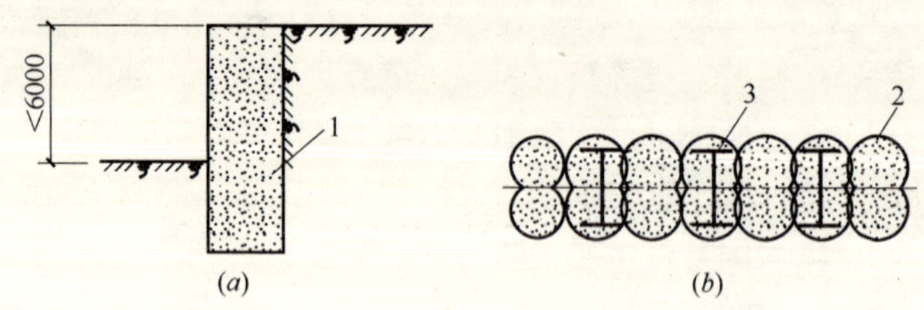

图 4-3　水泥土墙支护

（a）水泥土墙；（b）劲性水泥土搅拌桩

1—水泥土墙；2—水泥土搅拌桩；3—H 型钢

入比为20%，这种方法日本称SMWI法，国内称为劲性水泥土搅拌桩法。

4-14 水泥土墙支护结构的原材料及配制有哪些要求？

水泥土墙支护结构原材料及配制要求见表4-6所列。

原材料及配制要求　　表4-6

材料名称	要求说明
水泥	普通硅酸盐水泥、矿渣硅酸盐水泥、火山灰水泥等。一般以普通硅酸盐水泥为宜，水泥掺入比(a_w)通常选用12%～14%；对有机质含量高的新填土，可取15%～18%
水	要求搅拌用水不影响水泥土的凝结与硬化。水中物质含量限值，见表4-5所列
外掺剂	为改善水泥土的性能或提高早期强度，宜加入外掺剂，常用的外掺剂有粉煤灰、木质素磺酸钙、碳酸钠氯化钙、三乙醇胺等，掺量见表4-8所列

水泥土用水中的物质含量限值见表4-7所列。

水泥土用水中的物质含量限值　　表4-7

水中物质	含量	水中物质	含量
pH值	＞4	氯化物(以Cl^-计)	＜3500mg/L
不溶物	＜5000mg/L	硫酸盐(以SO_4^{2-}计)	＜2700mg/L
可溶物	10000mg/L	硫化物(以S^{2-}计)	—

水泥土外掺剂及掺量见表4-8所列。

水泥土外掺剂及掺量　　表4-8

外掺剂	作用	掺量①(%)	外掺剂	作用	掺量①(%)
粉煤灰	早强、填充	50～80	三乙醇胺	早强	0.05～0.2
木质素磺酸钙	减水、可泵、早强	0.2～0.5	外掺剂	作用	掺量①(%)
碳酸钠	早强	0.2～0.5	石膏	早凝	2
氯化钙	早强	2～5	水玻璃	早强	2

① 外掺剂掺量系外掺剂用量与水泥用量之比。

4-15 水泥土墙支护结构的施工要点有哪些要求？

（1）水泥土墙施工机具应优先选用喷浆型双轴深层搅拌机械，无深层搅拌机设备时亦可采用高压喷射注浆桩（又称旋喷桩湿法）或粉体喷射桩（又称粉喷桩、干法）代替。粉喷桩的施工工艺如下：

1）粉喷桩机具设备布置及施工工艺如图4-4所示。

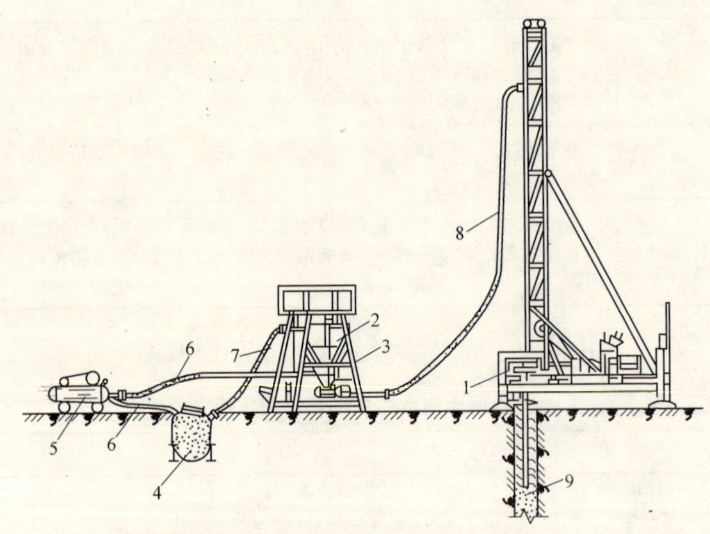

图4-4 粉喷桩机具设备布置及施工工艺

1—粉喷桩机；2—贮灰罐；3—灰罐架；4—水泥罐；5—空气压缩机；6—进气管；7—进灰管；8—喷粉管；9—粉喷桩体

2）成桩时，先用喷粉桩机在桩位钻孔，至设计要求深度后，将钻头以1.0～1.2m/min速度边旋转边提升，同时也通过喷粉系统将水泥（或石灰粉）通过钻杆端喷嘴定时定量向搅动的土体喷吩，使土体和水泥（或石灰）进行充分搅拌混合。

3）桩体喷粉要求一气呵成，不得中断，每根桩宜装一次灰，喷粉压力控制在0.5～0.8N/mm^2。

4）单位桩长喷粉量随桩体强度要求而定，一般为45～70kg/m。喷粉一般按先中轴、后边轴、先里排、后外排的次序进行。

5）当钻头提升到高于地面约150mm，喷粉系统停止向孔内喷射水泥（或石灰粉），桩体即告完成。

6）质量检验：将桩体挖出，量测直径应符合设计规定；桩身应连续均匀，桩位偏差在0.2D（D为桩径）以内，垂直度偏差小于1.5%，用实物冲击有坚实感。随机对开挖的桩体切取试样进行28d立方强度、无侧限强度和压缩试验，应满足设计强度和压缩模量要求；用静载或动测法测定复合地基的承载力，应满足设计对地基承载力的要求。

（2）深层搅拌机械就位时应对中，最大偏差不得大于20mm，并且调平机械的垂直度，偏差不得大于1%桩长。深层搅拌单桩的施工应采用搅拌头上下各两次的搅拌工艺。喷浆时的提升（或下沉）速度不宜大于0.5m/min。输入水泥浆的水灰比不宜大于0.5，泵送压力宜大于0.3MPa，泵送流量应恒定。

（3）水泥土墙应采取切割搭接法施工，应有前桩水泥土尚未固化时进行后序搭接桩施工。相邻桩的搭接长度不宜小于200mm。相邻桩喷浆工艺的施工时间间隔不宜大于10h。施工开始和结束的头尾搭接处，应采取加强措施，消除搭接勾缝。

（4）深层搅拌水泥土墙施工前，应进行成桩工艺及水泥掺入量或水泥浆的配合比试验，以确定相应的水泥掺入比或水泥浆水灰比，浆喷深层搅拌的水泥掺入量宜为被加固土重度的15%～18%；粉喷深层搅拌的水泥掺入量宜为被加固土重度的13%～16%。

（5）采用高压喷射注浆桩，施工前应通过试喷试验，确定不同土层旋喷固结体的最小直径、高压喷射施工技术参数等。高压喷射注浆水泥水灰比宜为1.0～1.5。

（6）高压喷射注浆应按试喷确定的技术参数施工，切割搭接宽度：对旋喷固结体不宜小于150mm；摆喷固结体不宜小于

150mm；定喷固结体不宜小于 200mm。

（7）深层搅拌桩和高压喷射注浆桩，当设置插筋或 H 型钢时，桩身插筋应在桩顶搅拌或旋喷完成后及时进行，插入长度和露出长度等均应按计算和构造要求确定，H 型钢靠自重下插至设计标高。

（8）深层搅拌桩和高压喷射桩水泥土墙的桩位偏差不应大于 50mm，垂直度偏差不宜大于 0.5％。

（9）水泥土挡墙应有 28d 以上的龄期，达到设计强度要求时，方能进行基坑开挖。

（10）适用于加筋水泥土桩（SMW 工法）的国产搅拌桩机见表 4-9 所列。

适用于 SMW 工法的国产搅拌桩机　　表 4-9

项目 \ 型号	SJBF45 型	SJBD60 型	JJ 型
电动机功率(kW)	2×45	2×30	2×60
搅拌轴转矩(r/min)	40	35	35
额定转矩(kN·m)	2×10	15	2×15
搅拌轴数	2	1	2
一次处理面积(m^2)	0.85	0.5～0.78	0.90
搅拌头直径(mm)	2ϕ760	800～1000	2×800
搅拌深度(m)	18～25	20～28	20～28

4-16　水泥土墙施工质量检验有何要求?

（1）施工前应检查水泥外掺剂的质量以及桩位等位置的正确情况。

（2）施工中应检查机头提升速度，水泥浆或水泥注入量、搅拌桩的长度和标高。

（3）施工结束后应检查桩体强度，应取用桩的 28d 后的试件。

（4）水泥土墙质量检验标准，见表 4-10 所列。

水泥土墙质量检验标准　　表 4-10

项目	序号	检查项目	允许偏差		检查方法
			单位	数量	
主控项目	1	水泥及外掺剂质量	设计要求		查产品合格证书或抽样送检
	2	水泥用量	参数指标		查看流量计
	3	桩体强度	设计要求		按规定办法
	4	地基承载力	设计要求		按规定办法
一般项目	1	机头提升速度	m/min	≤0.5	量机头上升距离及时间
	2	桩底标高	mm	±200	测机头深度
	3	桩顶标高	mm	+100 −50	水准仪（最上部 500mm 不计入）
	4	桩位偏差	mm	<50	用钢尺量
	5	桩位		<0.04D	用钢尺量，D 为桩径
	6	垂直度	%	≤1.5	经纬仪
	7	搭接	mm	>200	用钢尺量

（5）加劲水泥土墙质量检验标准，见表 4-11 所列。

加劲水泥土墙质量检验标准　　表 4-11

序号	检查项目	允许偏差		检查方法
		单位	数量	
1	型钢长度	mm	±10	用钢尺量
2	型钢垂直度	%	<1	经纬仪
3	型钢插入标高	mm	±30	水准仪
4	型钢插入平面位置	mm	10	用钢尺量

(6) 水泥土桩应在施工后一周内进行开挖检查或采用钻孔取芯等手段检查成桩质量，若不符合设计要求应及时调整施工工艺；水泥土墙应在设计开挖龄期采用钻芯法检测墙身完整性，钻芯数量不宜少于总桩数的2%，且不少于5根；并应根据设计要求取样进行单轴抗压强度试验。

(四) 灌注桩排桩墙支护结构

4-17 什么是灌注桩排桩墙支护结构？其特点和适用范围是什么？

灌注桩排桩墙支护结构系在开挖基坑周围，用钻机钻孔，下钢筋笼，现场灌注混凝土成桩，形成桩排作挡土支护。桩的排列形式有间隔式、双排式和连续式等（图4-5）。间隔式系每隔一定距离设置一桩，成排设置，在顶部设连系梁连成整体共同工作。双排桩系将桩前后或成梅花形，按两排布置，桩顶也设有连系梁使成门式钢架，以提高抗弯刚度，减小位移。连续式系一桩

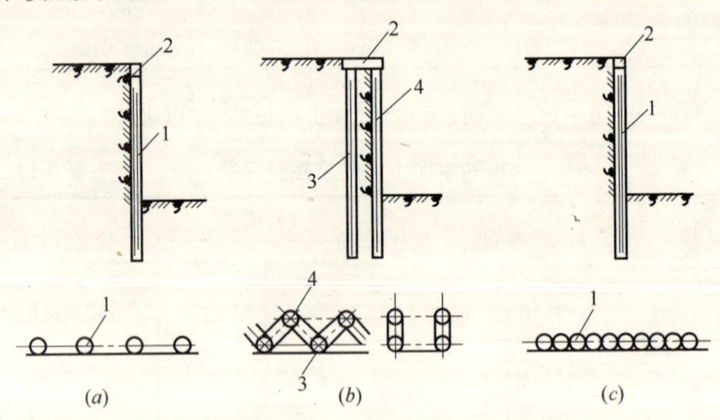

图4-5 挡土灌注桩支护形式

(a) 间隔式；(b) 双排式；(c) 连续式

1—挡土灌注桩；2—连续梁（圈梁）；3—前排桩；4—后排桩

连一桩形成一道排桩连续墙，在顶部也设有连系梁连成整体共同工作。

灌注桩排桩墙支护结构具有桩刚度较大，抗弯强度高，变形相对较小，设备简单，需要工作场地不大，噪声低，振动小，费用较低等优点。但前两种支护止水性差，这种支护桩不能回收利用。

灌注桩排桩墙支护结构适用于黏性土、开挖面积较大、较深（大于 6m）的基坑以及不允许邻近建筑物有较大下沉、位移时采用。一般土质较好可用于悬臂 7～10m 的情况，若在顶部设拉杆，中部设锚杆可用于 3～4 层地下室开挖的支护。

4-18 灌注桩排桩墙支护结构的构造设计有哪些要求?

灌注桩间距、桩径、桩长、埋置深度，根据基坑开挖深度、土质、地下水位高低以及所承受的土压力由计算确定。挡土桩间距一般为 1～2m，桩直径为 0.5～1.1m，埋深为基坑深的 0.5～1.0 倍。桩配筋根据侧向荷载由计算而定，一般主筋直径为 14～32mm，当为构造配筋时，每桩不少于 8 根，箍筋采用 $\phi8$，间距为 100～200mm。

灌注桩的混凝土强度等级不应低于 C25，主筋保护层厚度不宜小于 40mm。桩顶应留有泛浆高度，且应保证凿除预留长度后，桩身混凝土强度等级满足设计要求

灌注桩排桩墙外侧应设置防渗帷幕，防渗帷幕的选型、深度与厚度，应按规定由计算确定。

4-19 灌注桩排桩墙支护结构的施工要点有哪些?

灌注桩一般在基坑开挖前施工，成孔方法有机械和人工开挖两种，后者用于桩径不少于 0.8m 的情况。施工允许偏差，见表 4-12 所列。

排桩施工允许偏差　　表 4-12

桩位偏差	桩底沉渣
(1)轴线和垂直轴线方向均不宜超过 50mm (2)垂直度偏差不宜大于 0.5%	(1)钻孔灌注桩桩底沉渣不宜超过 200mm (2)承重结构桩桩底沉渣应符合规范要求

(五) H 型钢桩挡土墙

4-20　什么是 H 型钢（或工字钢）桩加横插板挡土结构？其适用范围和施工特点是什么？

H 型钢桩加横插板挡土结构系沿挡土位置先设型钢桩到预定深度，然后边挖方，边将挡土板塞进两型钢桩之间，组成型钢桩与挡土板复合而成的挡土壁（图 4-6）。

型钢桩多采用钢轨、工字钢、H 型钢等，间距一般为 1.0～1.5m，横向挡板采用厚 30～80mm 松木板或厚 75～100mm 预制混凝土板。

(1) H 型钢（或工字钢）桩加横插板挡土结构的适用范围

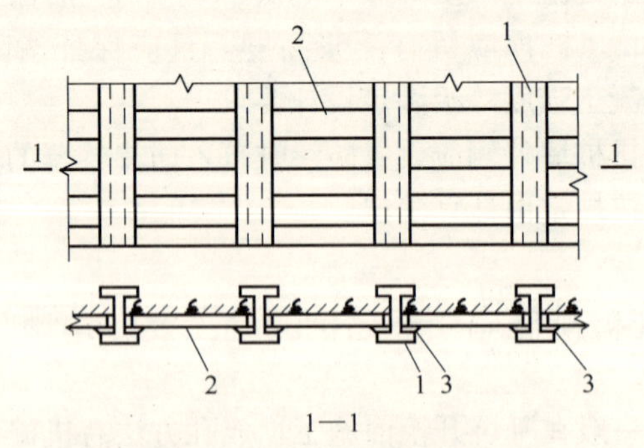

图 4-6　型钢桩横向挡板支护

1—型钢桩；2—横向挡土板；3—木楔

为：地下水位低的黏土或砂土地质，若水位高或有上层滞水时，应降水使水位低于基坑标高，软土地基应慎用。

（2）H型钢（或工字钢）桩加横插板挡土的施工要点

1）锤击H型钢桩达到设计深度，每挖一层深土后，在H型钢间加挡土插板。

2）挖土到基坑预定深度，挡土插板安装完毕。

3）地下室结构（包括外墙）施工完毕，拆除一层挡板，填实一层土。

4）填土完毕，用振动拔桩机拔出H型钢桩。

5）处理好拔桩后的孔洞。

（3）H型钢（或工字钢）桩加横插板挡土的施工特点

1）H型钢桩拔出后，按摊销费计算，比灌注桩经济。

2）打、拔桩产生的噪声和振动均较大。

3）当H型钢桩为悬臂时，要计算位移量。

（六）插筋补强支护结构

4-21 什么是插筋补强支护结构？其适用范围和施工特点是什么？

插筋补强支护结构是在挖第一步土时人工或机械成孔，然后插入钢筋、灌浆、挂钢筋网、安装锚锭板、再进行钢筋网抹灰。挖第二步土时同第一步施工。

插筋补强支护的适用范围为：非饱和土、有地下水需降水、基坑深不超过10m、每次土方开挖2～4m、挖土必须配合插筋补强作业。

插筋补强支护结构的施工特点是：施工设备简单，插筋施工简易，须与挖土方配合，施工速度快，省工期和工程造价较低。

（七）逆作拱墙支护结构

4-22 什么是逆作拱墙支护结构？其构造、特点和适用范围有哪些？

（1）逆作拱墙支护结构是在有条件的基坑工程，将支护墙在平面上做成圆形闭合拱墙、椭圆形闭合拱墙或组合拱墙（将局部做成两铰拱），使支护墙受力起拱，可有效改善受力状态，发挥混凝土的材料特性，减小支护截面，提高支护刚度，同时为基坑开挖提供较大空间。

（2）拱墙截面形式有图 4-7 所示的几种，拱墙的截面宜为 Z 字形（图 4-7*a*），拱壁的上、下端宜加肋梁；当基坑较深，且一道 Z 字形拱墙的支护高度不够时，可由数道拱墙叠合组成（图 4-7*b*），或沿拱墙高度设置数道肋梁（图 4-7*c*），以增加拱墙结构的刚度，其竖向间距不宜大于 2.5m，当基坑边坡地较窄时，亦可不加肋梁（图 4-7*d*），但应加厚拱壁。

圆形拱墙壁厚不应小于 400mm，其他拱墙壁厚不应小于 500mm，混凝土强度等级不宜小于 C25，拱墙水平方向应配连通通长双向配筋，总配筋率不应小于 0.7%。

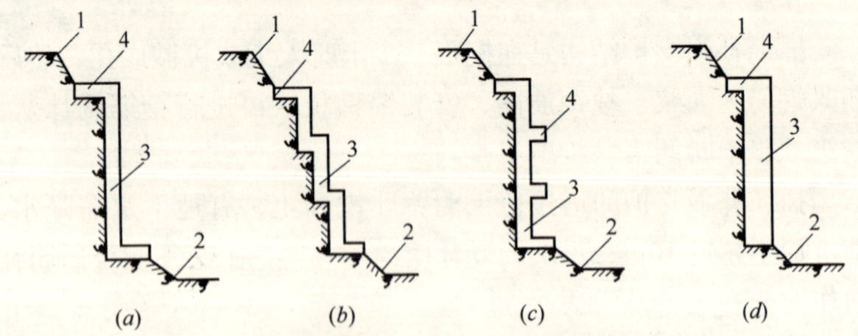

图 4-7 拱墙截面构造示意

1—地面；2—基坑底；3—拱墙；4—肋梁

(3) 逆作拱墙支护的特点是：结构主要承受压应力，可充分发挥混凝土的材料特性，减小结构截面；同时底部不用嵌固，可减少埋深；结构受力安全可靠，变形小，外形简单，施工方便，质量易于保证，费用较低。存在问题是：支护结构不嵌入基坑底以下，防水性能差，不能将支护作为基坑或地下室防水体系使用。

(4) 逆作拱墙支护结构适用于基坑面积、深度不大(≤12m)，平面为圆形、方形或接近方形的基坑作支护用。

4-23 逆作拱墙支护结构的施工要点和质量检验有哪些要求？

1. 施工要点

(1) 拱墙结构施工应采取自上而下分道、分段逆作施工，在水平方向的分段长度不应超过12m，通过软弱土层或砂层时，分段长度不宜超过8m。

(2) 拱墙在垂直方向应分道施工，每道施工的高度视土层的直立高度而定，不宜超过2.5m；待上道拱墙合拢且混凝土强度达到设计强度的70%后，才可进行下道拱墙施工。

(3) 上下两道拱墙的竖向施工缝应错开，错开距离不宜小于2m。

(4) 拱墙施工宜连续作业，每道拱墙施工时间不宜超过36h。

(5) 当采用外壁支模时，拆除模板后应将拱墙与坑壁之间的空隙填满并夯实，使拱墙受力均匀。

(6) 基坑内的积水坑的设置应远离坑壁，距离不应小于3m，基坑顶部亦应设排水沟或挡水堤。

2. 质量检验要求

拱曲线沿曲率半径方向的误差不得超过40mm；对逆作拱墙施工质量有怀疑时，宜采用钻芯法进行检测，检测数量为100m^2

墙面为 1 组，每组不应少于 3 点。

(八) 挡土灌注桩与水泥土桩组合支护结构

4-24 什么是挡土灌注桩与水泥土桩组合支护结构？其构造、特点和适用范围有哪些？

(1) 挡土灌注桩与水泥土桩组合支护结构一般是在挡土排桩的基础上，在桩间再加设水泥土桩，以形成一种挡土灌注桩与水泥土桩相互组合而成的支护体系（图 4-8）

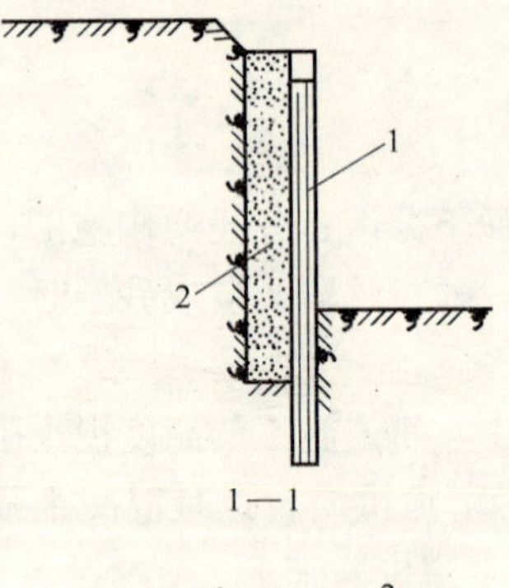

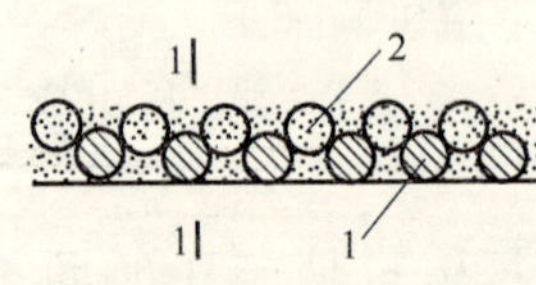

图 4-8 挡土灌注桩与水泥土桩组合支护

1—挡土灌注桩；2—水泥土桩

(2) 组合支护的做法是：先在深基坑的内侧设置直径 0.6～1.0m 的混凝土灌注桩，间距 1.2～1.5m；然后在紧靠混凝土灌注桩的内侧，与外桩相切设置直径 0.8～1.5m 的高压喷射注浆桩（又称旋喷桩），以旋喷水泥浆方式使之形成具有一定强度的水泥土桩，与混凝土灌注桩紧密结合，组成一道防渗帷幕，既可起抵抗土压力、水压力作用，又起挡水抗渗透作用，使基坑开挖处于无水状态。

(3) 挡土灌注桩与水泥土桩组合支护结构的特点是：既可挡土又可防渗透，施工比连续排桩支护快速，节省水泥、钢材，造价较低；但多一道施工高压喷射注浆桩工序。

(4) 挡土灌注桩与水泥土桩组合支护结构适用于土质条件差、地下水位较高、要求既挡土又挡水防渗的支护工程。

4-25 挡土灌注桩与水泥土桩组合支护结构的施工要点有哪些要求？

（1）挡土灌注桩与高压喷射注浆桩，采取分段间隔施工。当缺乏高压喷射注浆机具设备时，也可用深层搅拌桩或粉体喷射桩代替换用，效果相同，但机具设备和施工较旋喷桩简单。

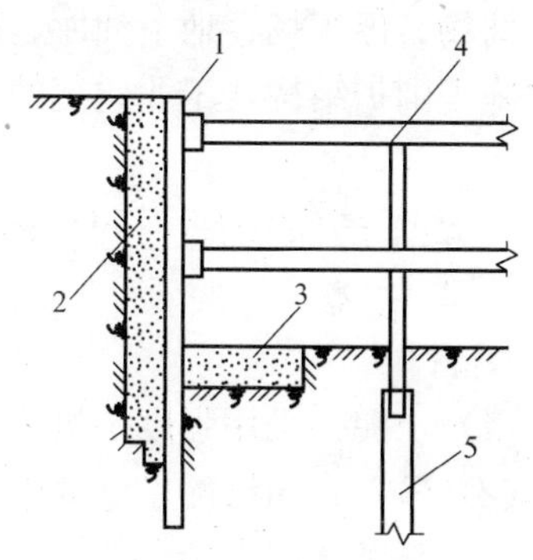

图 4-9 挡土灌注桩与水泥土桩组合支护用于软土地基

1—挡土灌注桩；2—水泥土搅拌桩挡水帷幕；3—坑底水泥土搅拌桩加固；4—内支撑；5—工程桩

（2）当基坑为淤泥质土层，除采用挡土灌注桩与水泥土桩组合支护外，还有可能在基坑底部产生管涌、涌泥现象时，此时也可在基坑底部以下用高压喷射注浆桩局部或全部封闭（图 4-9），有利于支护结构的稳定，加固后能有效减少作用于支护结构上的主动土压力，防止边坡坍塌、渗水和管涌等现象发生。

（九）地下连续墙

4-26 什么是地下连续墙？其适用范围有哪些？

地下连续墙是在工程开挖土方之前，用特制的挖槽机械在泥浆护壁下每次开挖一个单元槽段的沟槽，待挖至设计深度并清除沉淀的泥渣后，将加工好的钢筋笼吊放入充满泥浆的沟槽内，用导管向沟槽内由沟槽底部开始逐渐向上浇筑混凝土，随着混凝土的浇筑将泥浆置换出来，待混凝土浇筑至设计标高后，一个单元槽段即施工完毕，各个单元槽段之间由特制的接头连接，而形成连续的地下钢筋混凝土墙。

地下连续墙适用于密集建筑群中深基坑支护及进行逆作法施工，可用于各种地质条件下，包括砂性土层、粒径 50mm 以下的砂砾层中施工等。地下连续墙还适用于建造建筑物的地下室、地下商场、停车场、地下油库、挡土墙、高层建筑的深基础、逆作法施工围护结构，工业建筑的深池、坑、竖井等。

4-27　地下连续墙施工对材料和机具的选用有哪些要求?

1. 材料

（1）水泥：采用强度等级为 32.5 级的矿渣硅酸盐水泥。

（2）砂：宜用级配良好的中、粗砂，含泥量小于 5%。

（3）石子：宜采用卵石。如使用碎石，应适当增加水泥用量及砂率，以保证坍落度及和易性的要求。其最大粒径不应大于导管内径的 1/6 和钢筋最小间距的 1/4，且不大于 40mm。含泥量小于 2%。

（4）外加剂：可根据需要掺加减水剂、缓凝剂等外加剂，掺入量应通过试验确定。

（5）钢筋：按设计要求选用，且受力钢筋应选用 HRB335 级或 HRB400 级钢筋，直径不宜小于 ϕ20。构造钢筋宜采用 HPB235 级钢筋，直径不宜小于 ϕ16。应有出厂质量证明书或试验报告单，并应取试样做机械性能试验，合格后方可使用。

（6）泥浆材料：泥浆系由土料、水和掺合物组成。拌制泥浆使用膨润土，细度应为 200～250 目，膨润率 5～10 倍，使用前应取样进行泥浆配合比试验。如采取黏土制浆时，应进行物理、化学分析和矿物鉴定，其黏粒含量应大于 50%，塑性指数大于 20，含砂量小于 5%，二氧化硅与三氧化铝含量的比值宜为 3～4。掺合物有分散剂、增黏剂（CMC）等，外加剂的选择和配方需经试验确定，制备泥浆用水应不含杂质，pH7～9。

2. 机具设备

(1) 成槽设备：有多头钻成槽机（图 4-10、图 4-11）液压抓斗成槽机（图 4-12）、冲击式成槽机（图 4-13）、砂泵或空气吸泥机（包括空压机）、轨道转盘等。

(2) 混凝土浇灌机具：有混凝土搅拌机、浇灌架（图 4-14 包括储料斗、吊车或卷扬机）、混凝土导管和运输设备等。

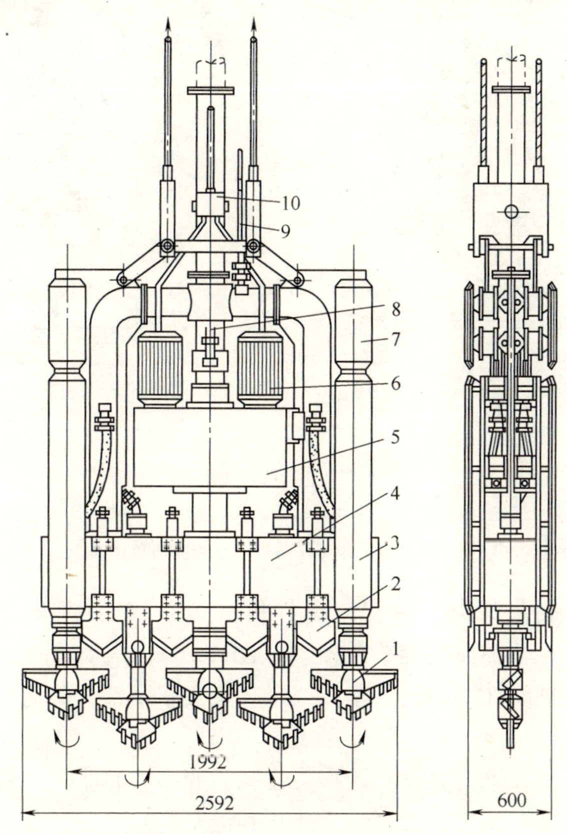

图 4-10 SF 型多头钻机的钻头

1—钻头；2—侧刀；3—导板；4—齿轮箱；5—减速箱；6—潜水电动机；7—纠偏装置；8—高压进气管；9—泥浆管；10—电缆接头

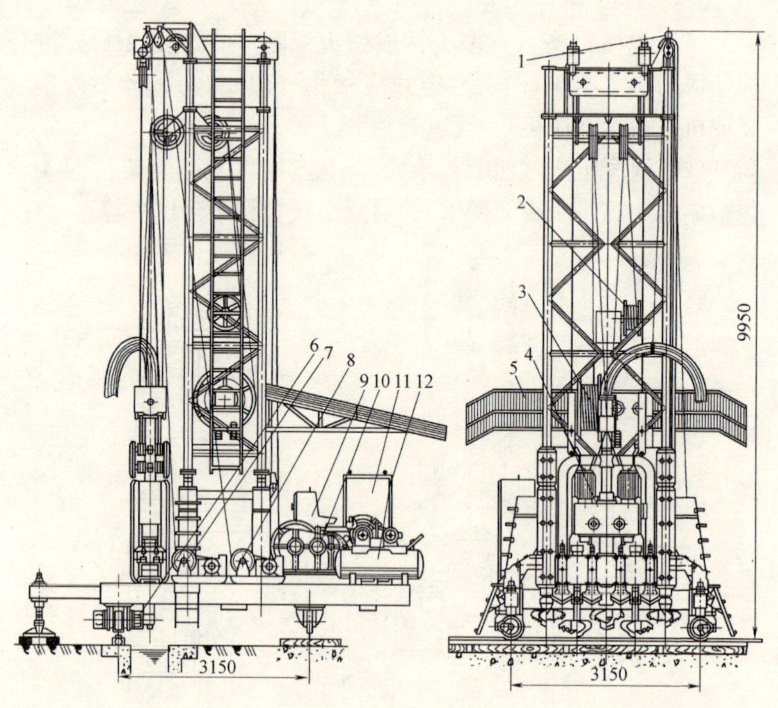

图 4-11　多头钻成槽机

1—小台令；2、3—电缆收线盘；4—多头钻机机头；5—雨篷；6—行走电动机；7、8—卷扬机；9—操作台；10—卷扬机；11—配电箱；12—空气压缩机

（3）制浆机具：有泥浆搅拌机（图 4-15）、泥浆泵、空压机、水泵、软轴搅拌器、旋流器（图 4-16）、振动筛、泥浆比重秤、漏斗黏度计、秒表、量筒或量杯、失水量仪、静切力计、含砂量测定顺、pH 试纸等。

（4）吊放钢筋笼及槽段接头设备：履带或轮胎式起重机、顶升架（包括支承架、大行程千斤顶和油泵等）、接头管、接头箱、振动拔管机等。

（5）其他机具设备：有钢筋对焊机、钢筋弯曲机、切断机、交流直流电焊机等。

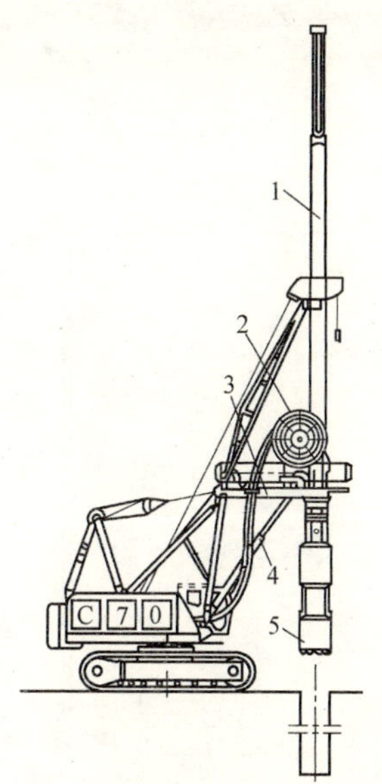

图 4-12　导杆液压抓斗构造示意图

1—导杆；2—液压管线回收轮；3—平台；4—调整倾斜度用的千斤顶；5—抓斗

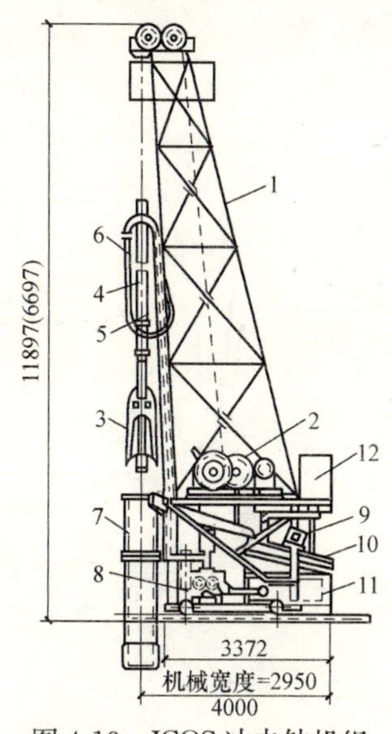

图 4-13　ICOS 冲击钻机组

1—机架；2—卷扬机；3—钻头；4—钻杆；5—中间输浆管；6—输浆软管；7—导向套管；8—泥浆循环泵；9—振动筛电动机；10—振动筛；11—泥浆槽；12—泥浆搅拌机

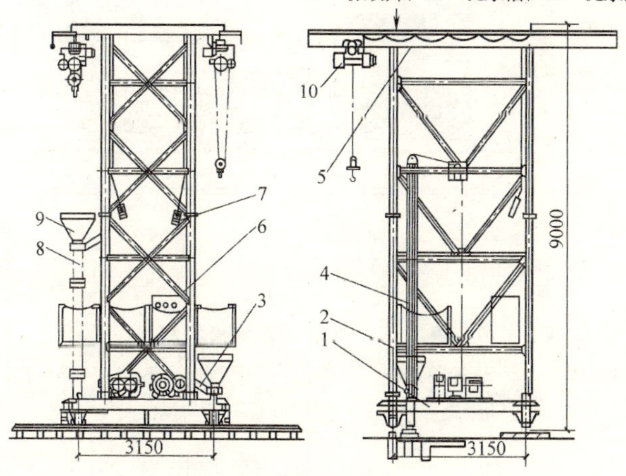

图 4-14　混凝土浇筑机架

1—底盘；2—机架；3—滑车；4—导轨；5—行车梁；6—电器箱；7—开关盒；8—导管；9—贮料斗；10—3t 捯链

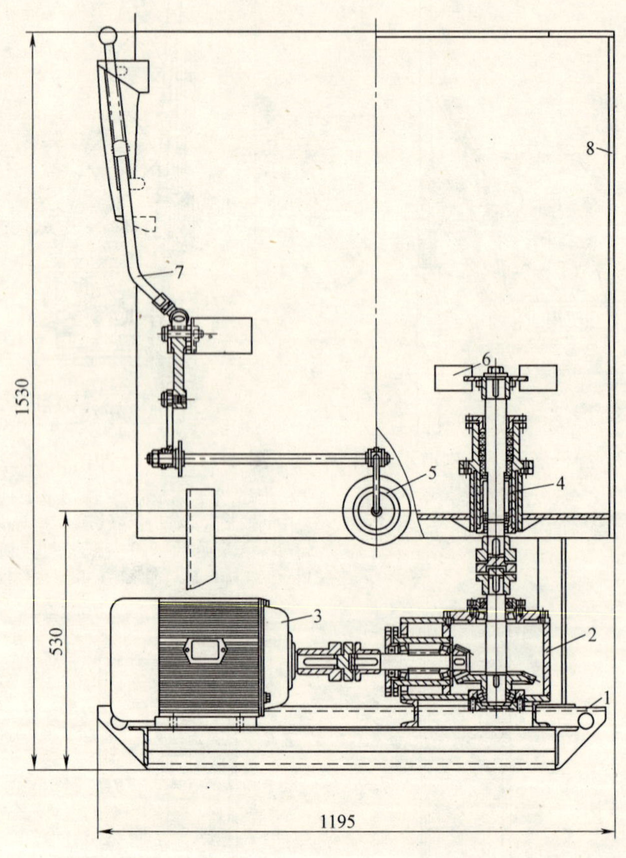

图 4-15　高速回转式搅拌机

1—底盘；2—变速箱；3—电动机；4—密封轴承座；5—出浆门盖；6—搅拌叶片；7—操纵机构；8—搅拌筒

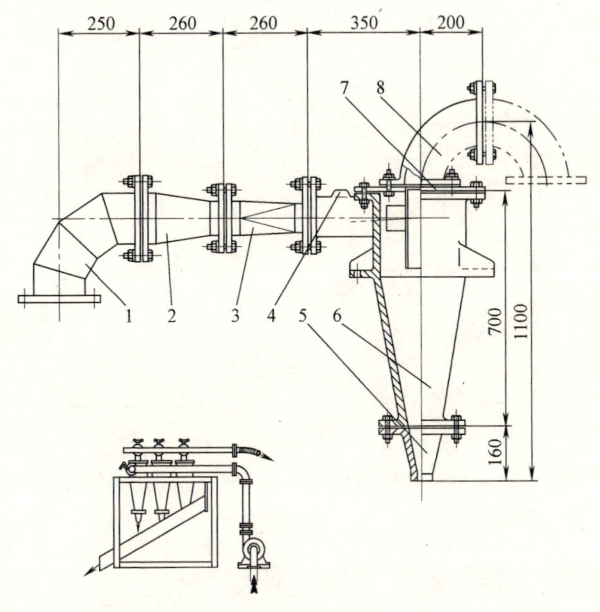

图 4-16　水力旋流器

1—90°弯头；2、3—异径管；4—压力表；5—排砂嘴；6—除砂筒；7—筒盖；8—外溢流管

4-28　地下连续墙的施工工艺流程是怎样的?

目前，我国建筑工程中应用最多的还是现浇的钢筋混凝土壁板式地下连续墙，多为临时挡土墙。

对于现浇钢筋混凝土地下连续墙，其施工工艺过程通常如图 4-17 所示。其中修筑导墙、泥浆制备与处理、深槽挖掘、钢筋笼制备与吊装以及混凝土浇筑，是地下连续墙施工中主要的工序。

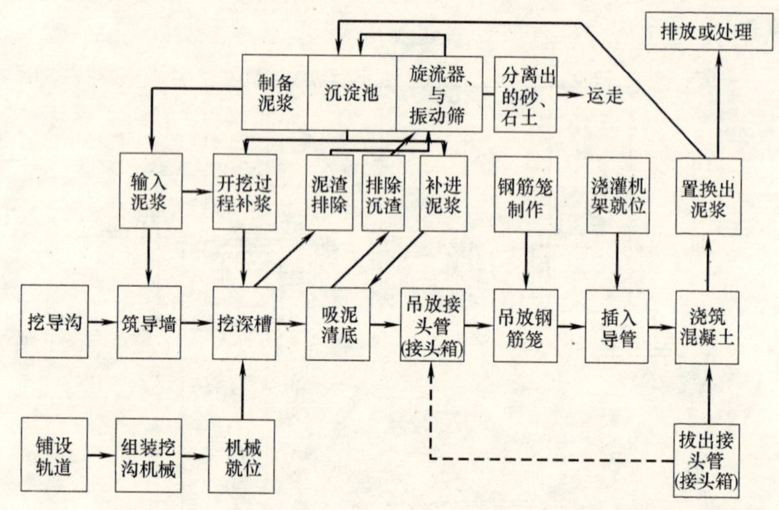

图 4-17 现浇钢筋混凝土地下连续墙的施工工艺过程

4-29 什么叫导墙？导墙的作用是什么？导墙有哪些形式？

（1）导墙是地下连续墙挖槽之前修筑的临时结构，对挖槽起重要作用。

（2）导墙的作用

1）挡土墙作用：在挖掘地下连续墙沟槽时，接近地表的土极不稳定，容易坍陷，而泥浆也不能起到护壁的作用，因此在单元槽段挖完之前，导墙就起挡土墙作用。为防止导墙在土压力和水压力作用下产生位移，一般在导墙内侧每隔 1m 左右加设上、下两道木支撑（其规格多为 5cm×10cm 和 10cm×10cm），如附近地面有较大荷载或有机械运行时，还可在导墙中每隔 20～30m 设一道钢闸板支撑，以防止导墙位移和变形。

2）作为测量的基准：它规定了沟槽的位置，同时亦作为测量挖槽标高、垂直度和精度的基准。

3）重物的支承作用：它既是挖槽机械轨道的支承，又是钢筋笼、接头管等搁置的支点，有时还承受其他施工设备的荷载。

4）存蓄泥浆作用：导墙可存蓄泥浆，稳定槽内泥浆液面。泥浆液面应始终保持在导墙面以下 20cm，并高于地下水位 1.0m，以稳定槽壁。

此外，导墙还可防止泥浆漏失，防止雨水等地面水流入槽内，地下连续墙距离现有建筑物很近时，施工时还起一定的补强作用，在路面下施工时，可起到支撑横撑的水平导梁的作用。

（3）导墙的形式

导墙一般为现浇的钢筋混凝土结构。但亦有钢制的或预制钢筋混凝土的装配式结构，可多次重复使用。不论采用哪种结构，都应具有必要的强度、刚度和精度，而且一定要满足挖槽机械的施工要求。

图 4-18 所示是适用于各种施工条件的现浇钢筋混凝土导墙的形式：图 4-18（*a*）、图 4-18（*b*）所示的断面最简单，它适用于表层土良好（如紧密的黏性土等）和导墙上荷载较小的情况。

图 4-18（*c*）、图 4-18（*d*）所示的形式为应用较多的两种，适用于表层土为杂填土、软黏土等承载能力较弱的土层，因而将导墙做成倒“L”形或上、下部皆向外伸出的“匚”形。

图 4-18（*e*）所示的形式适用于作用在导墙上的荷载很大的情况，可根据荷载的大小计算确定其伸出部分的长度。

当地下连续墙距离现有建（构）筑物很近，对相邻结构需要加以保护时，宜采用图 4-18（*f*）所示的导墙，其邻近建（构）筑物的一肢适当加强，在施工期间可阻止相邻结构变形。

当地下水位很高而又不采用井点降水的方法降水时，为确保导墙内泥浆液面高于地下水位 1m 以上，需将导墙面上提而高出地面。在这种情况下，需在导墙周边填土，可采用图 4-18（*g*）所示的导墙。

当施工作业面的地下（如在路面以下）时，导墙需要支撑已施工结构的作为临时支承用的水平导梁，可采用图 4-18（*h*）所示的导墙。此时导墙需适当加强，而且导墙内侧的横撑宜用千斤顶代替。

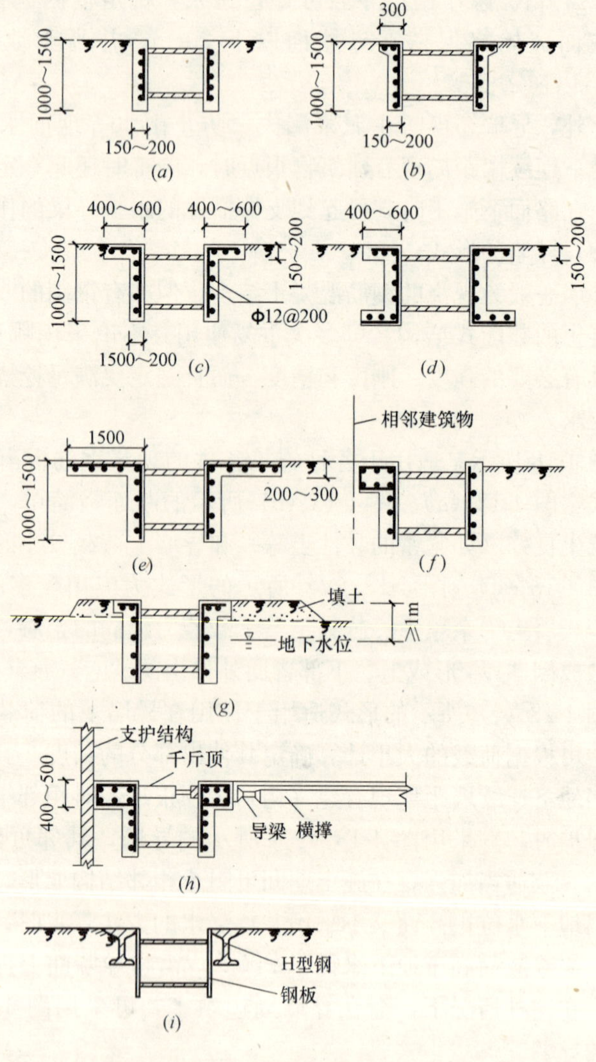

图 4-18 各种导墙的形式

金属结构的可拆装导墙的形式很多，图 4-18（*i*）所示为导墙是其中的一种，它由 H 型钢（常用者 300mm×300mm）和钢板组成。这种导墙可重复使用。

4-30 导墙的施工有哪些要求？

（1）导墙的厚度一般为 0.15～0.20m，墙趾不宜小于 0.20m，深度一般为 1.0～2.0m。导墙的配筋多为ϕ12@200，水平钢筋必须连接起来，使导墙成为整体。导墙施工接头位置应与地下连续墙施工接头位置错开。

（2）导墙面应高于地面约 10～20cm，可防止地面水流入槽内污染泥浆。导墙的内墙面应平行于地下连续墙轴线，对轴线距离的最大允许偏差为±10mm；内外导墙面的净距，应为地下连续墙名义墙厚加 40mm，净距的允许误差为±5mm，墙面应垂直；导墙顶面应水平，全长范围内的高差应小于±10mm，局部高差应小于 5mm。导墙的基底应和土面密贴，以防槽内泥浆渗入导墙后面。

（3）现浇钢筋混凝土导墙拆模以后，应沿其纵向每隔 1m 左右加设上、下两道木支撑（常用规格为 5cm×10cm 和 10cm×10cm），将两片导墙支撑起来，在导墙的混凝土达到设计强度之前，禁止任何重型机械和运输设备在旁边行驶，以防导墙受压变形。

（4）导墙的混凝土强度等级多为 C20，浇筑时要注意捣实质量。

1）导墙宜筑于密实的地层上，背侧应用黏性土回填并分层夯实，不得漏浆。每个槽段内的导墙应设一个溢浆孔。

2）导墙顶面应高出地下水位 1m 以上，以保证槽内泥浆液面高于地下水位 0.5m 以下，且不低于导墙顶面 0.3m。

3）导墙混凝土强度应达 70%以上方可拆模。拆模后，应立即在两片导墙间加支撑，其水平间距为 2.0～2.5m。

4）采用预制导墙时，必须保证接头的连接质量。

4-31 泥浆的作用是什么？泥浆配制与使用有哪些要求？

1. 泥浆的作用

地下连续墙的深槽是在泥浆护壁下进行挖掘的。泥浆材料的选用既要考虑护壁效果，又要考虑其经济性，应尽可能地利用当地材料。泥浆的成槽过程中有下述作用：

（1）护壁作用：可以防止槽壁倒塌剥落，并防止地下水渗入。

（2）携碴作用：泥浆具有一定的黏度，它能将钻头式挖槽机挖下来的土碴悬浮起来，既便于土碴随同泥浆一同排出槽外，又可避免土碴沉积在工作面上影响挖槽机的挖槽效率。

（3）冷却和滑润作用：冲击式或钻头式挖槽机在泥浆中挖槽，钻具在连续冲击或回转中温度剧烈升高，泥浆既可降低钻具的温度，又可起滑润作用而减轻钻具的磨损，有利于延长钻具的使用寿命和提高深槽挖掘的效率。

2. 泥浆配制与使用

（1）护壁泥烧通常采用膨润土泥浆，加适量分散剂、增黏剂（CMC）、防溶剂等配制而成。常用配合比，见表4-13所列，泥浆制作基本流程如图4-19所示。

护壁泥浆的配合比 **表4-13**

泥浆用途		泥浆材料			
		水	陶土粉	纯碱	CMC
一般槽段用新配制泥浆	质量（%）	100	7	0.4～0.5	0.05～0.08
	每立方米用量（kg/m³）	1000	70	4～5	0.5～0.8
使用后再生处理的泥浆	质量比（%）	100	—	1.5	0.2
	每立方米用量（kg/m³）	1000	—	15	2
塌方槽段和特殊情况使用的泥浆	质量比（%）	100	14	1.5	0.2
	每立方米用量（kg/m³）	1000	140	15	2

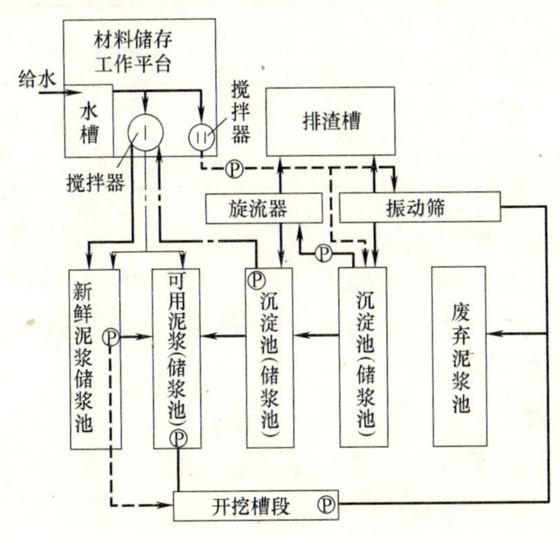

图 4-19　泥浆制作工艺流程

泥浆的性能和技术指标，应根据成槽方法和地质情况而定，一般可按表 4-14 采用。泥浆质量控制指标，见表 4-15 所列。

泥浆的性能和技术指标　　表 4-14

项目	性能指标		检验方法
	一般地层	软弱地层	
密度	1.04～1.25kg/L	1.05～1.30kg/L	泥浆密度秤
黏度	18～22S	19～25S	500～700mL 漏斗法
胶体率	>95%	>98%	100mL 量杯法
稳定性	<0.05g/cm³	<0.02g/cm³	500mL 量筒或稳定计
失水量	<30mL/30min	<20mL/30min	失水量仪
pH 值	<10	8～9	pH 试纸
泥皮厚度	1.5～3.0mm/30min	1.0～1.5mm/30min	失水量仪
静切力	10～20mg/cm²	20～50mg/cm²	静切力计
含砂量	<4%～8%	<4%	含砂量测定器

泥浆质量的控制指标　　　　　　表 4-15

指标名称	新制备的泥浆	使用过的循环泥浆	指标名称	新制备的泥浆	使用过的循环泥浆
黏度	19～21S	19～25S	泥皮厚度	<1mm	<2.5mm
相对密度	<1.05	<1.20	稳定性	100%	—
失水量	<10mL/30min	<20mL/30min	pH 值	8～9	<11

（2）配制泥浆时，先根据初步确定的配合比进行试配，如试配制出的泥浆符合规定的要求，则可投入使用，否则需修改初步确定的配合比。试配制出的泥浆要按泥浆控制指标的规定进行试验测定。

（3）泥浆必须经过充分搅拌，常用方法有：低速卧式搅拌机搅拌；螺旋桨式搅拌机搅拌；压缩空气搅拌；离心泵重复循环。泥浆搅拌后应在储浆池内静置 24h 以上。

（4）在施工过程中应加强检查和控制泥浆的性能，定时对泥浆性能进行测试，随时调泥浆配合比，做好泥浆质量检测记录。一般做法是：在新浆拌制后静止 24h，测一次全项（含砂量除外）；在成槽过程中，一般每进尺 1～5m 或每 4h 测定一次泥浆密度和黏度。在成槽结束前侧一次密度、黏度；浇灌混凝土前侧一次密度。两次取样位置均应在槽底以上 200mm 处。失水量和 pH 值，应在每槽孔的中部和底部各测一次。含砂量可根据实际情况测定，稳定性和胶体率一般在循环泥浆中不测定。

（5）通过沟槽循环或混凝土换置排出的泥浆，如重复使用，必须进行净化再生处理。一般采用重力沉降处理，它是利用泥浆和土渣的密度差，使土渣沉淀，沉淀后的泥浆进入贮浆池，贮浆池的容积一般为一个单元槽段挖掘量及泥浆槽总体积的 2 倍以上。沉淀池和贮浆池设在地上或地下均可，但要视现场条件和工艺要求合理配置。如采用原土渣浆循环时，应将高压水通过导管从钻头孔射出，不得浆水直接注入槽孔中。

（6）在容易产生泥浆渗漏的土层施工时，应适当提高泥浆黏度和增加储备量，并备堵漏材料。如发生泥浆渗漏，应及时补浆和堵漏，使槽内泥浆保持正常。

4-32 地下连续墙槽段的设置有哪些要求?

挖槽是地下连续墙施工中的关键工序。挖槽约占地下连续墙工期的一半，因此提高挖槽的效率是缩短工期的关键。同时，槽壁形状基本上决定了墙体外形，所以挖槽的精度又是保证地下连续墙质量的关键之一。

地下连续墙挖槽的主要工作，包括：单位槽段划分；挖槽机械的选择与正确使用；制定防止槽壁坍塌的措施与工程事故和特殊情况的处理等。

地下连续墙施工时，预先沿墙体长度方向把地下墙划分为许多某种长度的施工单元，这种施工单元称为“单元槽段”。

单元槽段的最小长度不得小于一个挖掘段（挖土机械的挖土工作装置的一次挖土长度）。单元槽段愈长愈好，因为这样可以减少槽段的接头数量，增加地下连续墙的整体性，又可提高其防水性能和施工效率。但是单元槽段长度受许多因素限制，如地质条件、单位时间内混凝土浇筑供应量。以及现场泥浆存贮容量等。

此外，划分单元槽段时尚应考虑单元槽段之间的接头位置，一般情况下接头避免设在转角处及地下连续墙与内部结构的连接处，以保证地下连续墙有较好的整体性。单元槽段划分还与接头形式有关。单元槽段的长度多取 5～7m，但也有取 10m 甚至更长的情况。

4-33 地下连续墙开挖槽段有哪些要求?

（1）挖槽施工前，一般将地下连续墙划分为若干个单元槽段。每个单元槽段有若干个挖掘单元。在导墙顶面划好槽段的控制标记，如有封闭槽段时，必须采用两段式成槽，以免导致最后一个槽段无法钻进。一般普通钢筋混凝土地下连续墙工程挖掘单元长为6～8m，素混凝土止水帷幕工程挖掘单元长为3～4m。

（2）成槽前对成槽设备进行一次全面检查，各部件必须连接可靠，特别是钻头连接螺栓不得有松脱现象。

（3）为保证机械运行和工作平稳，轨道铺设应牢固可靠，道渣应铺填密实。轨道宽度允许误差为±5mm，轨道标高允许误差±10mm。连续墙钻机就位后应使机架平稳，并使悬挂中心点和槽段中心一线。钻机调好后，应用夹轨器固定牢靠。

（4）挖槽过程中，应保持槽内始终充满泥浆，以保持槽壁稳定。成槽时，依排渣和泥浆循环方式分为正循环和反循环（图4-20）。当采用砂泵排渣时，依砂泵是否潜入泥浆中，又分为泵举式和泵吸式。一般采用泵举式反循环方式排渣，操作简便，排泥效率高。但开始钻进须先用正循环方式，待潜水泵电机潜入泥浆中后，再改用反循环排泥。

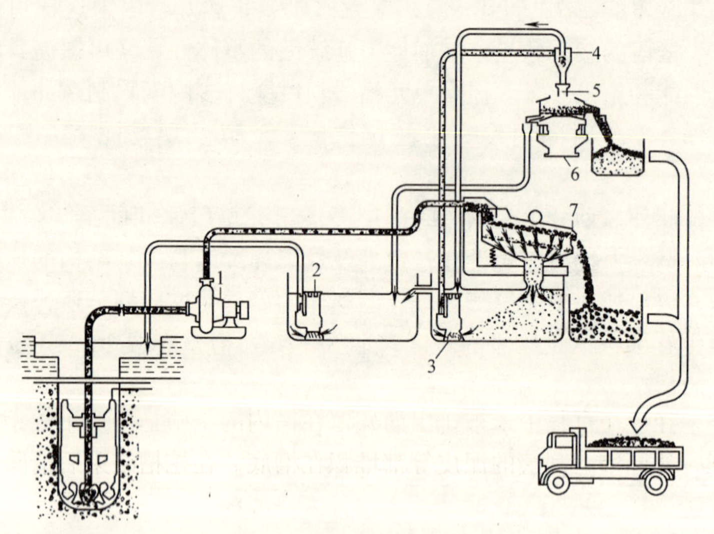

图4-20　反循环出土的泥浆处理

1—吸力泵；2—回流泵；3—旋流器供给泵；4—旋流器；5—排渣管；6—脱水机；7—振动筛

（5）当遇到坚硬地层或遇到局部岩层无法钻进时，可辅以冲击钻将其破碎，用空气吸泥机或砂泵将土渣吸出地面。

（6）成槽进要随时掌握槽孔的垂直精度，应利用钻机的测斜装置经常观测偏斜情况，不断调整钻机操作，并利用纠偏装置来调整下钻偏斜。

（7）挖槽时应加强观测，如槽壁发生较严重的局部坍落时，应及时回填并妥善处理。槽段开挖后结束后，应检查槽位、槽深、槽宽及槽壁垂直度等项目，合格后方可进行清槽换浆。在挖槽过程中应做好施工记录。

（8）槽段施工允许偏差，见表 4-16 所列。

地下连续墙施工允许偏差　　表 4-16

槽段长度	槽段厚度	槽段倾斜度
±50mm(沿轴线方向)	±10mm	≤1/150

4-34　什么叫清槽（底）？清底有哪几种方法？清底有哪些要求？

（1）地下连续墙挖槽，槽段挖至设计标高后，用钻机的钻头或超声波等方法测量槽段断面，如误差超过规定的精度则需修槽，修槽可用冲击钻或锁口管并联冲击。对于槽段接头处亦需清理，可用刷子清刷或用压缩空气压吹。此后就应进行清底（有的在吊放钢筋笼后、浇筑混凝土前再进行一次清底）。

挖槽结束后，悬浮在泥浆中的土颗粒将逐渐沉淀到槽底，此外，在挖槽过程中未被排出而残留在槽内的土碴，以及吊放钢筋笼时从槽壁上刮落的泥皮等都堆积在槽底。在挖槽结束后清除以沉渣为代表的槽底沉淀物的工作称为清底。

（2）清底的方法，一般有沉淀法和置换法两种。沉淀法是在土渣基本都沉淀到槽底之后再进行清底；置换法是在挖槽结束之后，对槽底进行认真修理，然后在土碴还没有再沉淀之前就用新泥浆把槽内的泥浆置换出来，使槽内泥浆的相对密度在 1.15 以下。我国多用置换法进行清底。但是不论哪种方法都有从槽底清除沉淀土碴的工作。

清除沉渣的方法，常用的有：1）砂石吸力泵排泥法；2）压缩空气升液排泥法；3）带搅动翼的潜水泥浆泵排泥法；4）抓斗直接排泥法。前三种应用尤多，其工作原理图如图 4-21 所示。

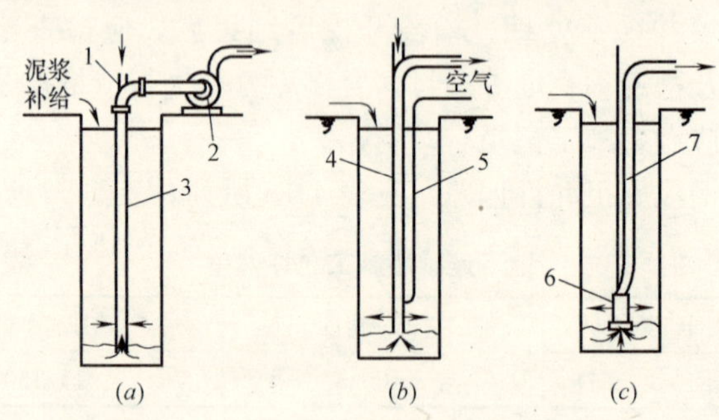

图 4-21　清底方法

（a）砂石吸力泵排泥；（b）压缩空气升液排泥；（c）潜水泥浆泵排泥

1—接合器；2—砂石吸力泵；3—导管；4—导管或排泥管；5—压缩空气管；6—潜水泥浆泵；7—软管

不同的方法清底的时间亦不同。置换法是在挖槽之后立即进行。对于以泥浆反循环法进行挖槽的施工，可在挖槽后紧接着进行清底工作。沉淀法一般在插入钢筋笼之前进行清底，如插入钢筋笼的时间较长，亦可在浇筑混凝土之前进行清底。

单元槽段接头部位的土碴会显著降低接头处的防渗性能。这些土碴的来源，一方面是在混凝土浇筑过程中，由于混凝土的流动推挤到单元槽段的接头处；另一方面是在先施工的槽段接头面上附有泥皮和土碴。因此，宜用刷子刷除或用水枪喷射高压水流进行冲洗。

（3）清槽要求

1）当挖槽达到设计深度后，应停止钻进，仅使钻头空转，将槽底残留的土打成小颗粒，然后开启砂泵，利用反循环抽浆，持续吸渣 10～15min，将槽底钻渣清除干净。也可用空气吸泥机进行清槽。

2）当采用正循环清槽时，将钻头提高槽底 100～200mm，空转并保持泥浆正常循环，以中速压入泥浆，把槽孔内的浮渣置换出来。

3）对采用原土造浆的槽孔，成槽后可使钻头空转不进尺，同时射水，待排出泥浆相对密度降到 1.1 左右，即认为清槽合格。但当清槽后至浇灌混凝土间隔时间较长时，为防止泥浆沉淀和保证槽壁稳定，应用符合要求的新泥浆将槽孔的泥浆全部置换出来。

4）清理槽底和置换泥浆结束 1h 后，槽底沉渣厚度不得大于 200mm；浇混凝土前槽底沉渣厚度不得大于 300mm，槽内泥浆相对密度为 1.1～1.25，黏度为 18～22S，含砂量应小于 8%。

4-35 如何进行地下连续墙钢筋笼的制作与安放?

（1）钢筋笼的加工制作，要求主筋净保护层为 70～80mm。为防止在插入钢筋笼时擦伤槽面，并确保钢筋保护层厚度，宜在钢筋笼上设置定位钢筋环、混凝土垫块。纵向钢筋底端距槽底的距离应为 100～200mm，当采用接头管时，水平钢筋的端部至接头管或混凝土及接头面应留有 100～150mm 间隙。纵向钢筋应布置在水平钢筋的内侧。为便于插入槽内，钢筋底端宜稍向内弯折。钢筋笼的内空尺寸，应比导管连接处的外径大 100mm 以上。

钢筋笼长度不宜超过 10m，否则需要分段连接。若钢筋笼过长，要加剪刀斜撑加固。

（2）为了保证钢筋笼的几何尺寸和相对位置准确，钢筋笼宜在制作平台上成型。钢筋笼每棱边（横向及竖向）钢筋的交点处应全部点焊，其余交点处采用交错点焊。对成型时临时绑扎的钢丝，宜将线头弯向钢筋笼内侧。为保证钢筋笼在安装过程中具有足够的刚度，除结构受力要求外，尚应考虑增设斜拉补强钢筋，将纵向钢筋形成骨架并加适当附加钢筋。斜拉筋与附加钢筋必须与设计主筋焊牢固。钢筋笼的接头当采用搭接时，为使接头能够承受吊入时的下段钢筋自重，部分接头应焊牢固。

(3) 钢筋笼制作允许偏差值为：主筋间距±10mm；箍筋间距±20mm；钢筋笼厚度和宽度±10mm；钢筋笼总长度±50mm。

(4) 钢筋笼吊放应使用起吊架，采用双索或四索起吊，以防起吊时固钢索的收紧力而引起钢筋笼变形。同时要注意在起吊时不得拖拉钢筋笼，以免造成弯曲变形。为避免钢筋吊起后在空中摆动，应在钢筋笼下端系上溜绳，用人力加以控制。

钢筋笼起吊时，顶部要用一根横梁（常用工字钢），其长度要和钢筋笼尺寸相适应。钢丝绳须吊住四个角。为了不使钢筋笼在起吊时产生弯曲变形、常用两台吊车同时操作，也可用一台吊车的两个吊钩进行工作，一钩吊住顶部（B 钩），一钩吊住中间部位（A 钩）如图 4-22 所示。

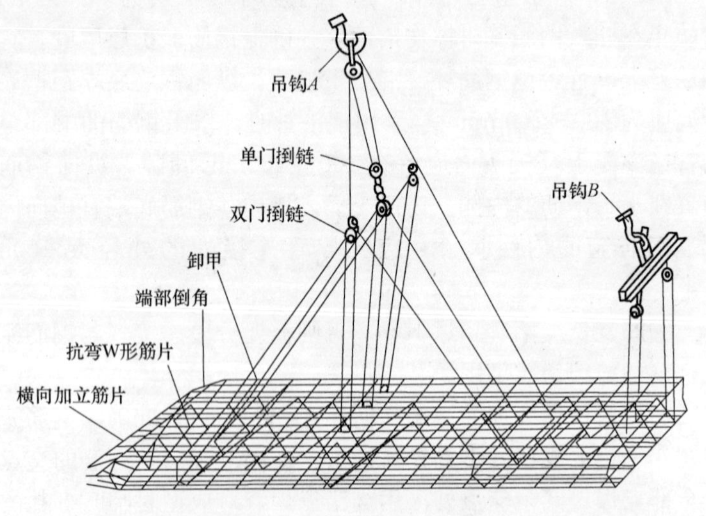

图 4-22　双钩吊装钢筋笼

（5）钢筋笼需要分段吊入接长时，应注意不得使钢筋笼产生变形，下段钢筋笼入槽后，临时穿钢管搁置在导墙上，再焊接接长上段钢筋笼。钢筋笼吊入槽内时，吊点中心必须对准槽段中心，竖直缓慢放至设计标高，再用吊筋穿管搁置在导墙上。如果钢筋笼不能顺利地插入槽内，应重新吊出，查明原因，采取相应措施加以解决，不得强行插入。

（6）所有用于内部结构连接的预埋件、预埋钢筋等，应与钢筋笼焊牢固。

4-36 地下连续墙浇筑混凝土前的准备工作有哪些？

混凝土浇筑前，有关槽段的准备工作，如图 4-23 所示。

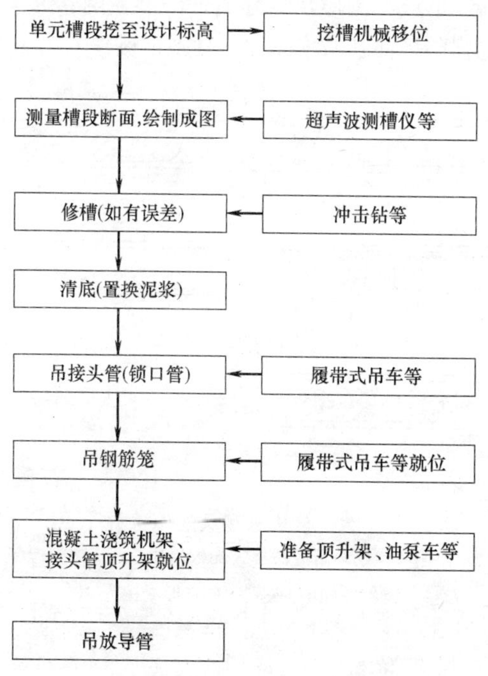

图 4-23 地下连续墙混凝土浇筑前的准备工作

4-37 地下连续墙混凝土浇筑墙体接头一般常用的方法是什么?

接头管（亦称锁口管）接头，这是当前地下连续墙施工应用最多的一种施工接头。施工时，待一个单元槽段土方挖好后，于槽段端部用吊车放入接头管，然后吊放钢筋笼并浇筑混凝土，待浇筑的混凝土强度达到 0.05～0.20MPa 时（一般在混凝土浇筑后 3～5h，视气温而定），开始用吊车或液压顶升架提拔接头管，上拔速度应与混凝土浇筑速度、混凝土强度增长速度相适应，一般为 2～4m/h，应在混凝土浇筑结束后 8h 以内将接头管全部拔出。接头管直径一般比墙厚小 50mm，可根据需要分段接长。接头管拔出后，单元槽段的端部形成半圆形，继续施工即形成两相邻单元槽段的接头，它可以增强整体性和防水能力，其施工过程如图 4-24 所示。

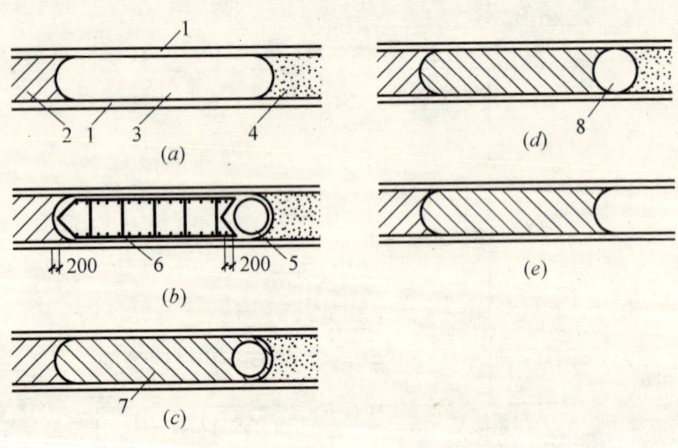

图 4-24 接头管接头的施工程序

（*a*）开挖槽段；（*b*）吊放接头管和钢筋笼；（*c*）浇筑混凝土；（*d*）拔出接头管；（*e*）形成接头

1—导墙；2—已浇筑混凝土的单元槽段；3—开挖的槽段；4—未开挖的槽段；5—接头管；6—钢筋笼；7—正浇筑混凝土的单元槽段；8—接头管拔出后的孔洞

4-38　地下连续墙混凝土浇筑有哪些要求？

（1）混凝土配合比应符合下列要求：混凝土的实际配制强度等级应比设计强度等级高一级；水泥用量不宜少于 370kg/m^3；水灰比不应大于 0.6；坍落度宜为 18～20cm，并应有一定的流动度保持率；坍落度降低至 15cm 的时间，一般不宜小于 1h；扩散度宜为 34～38cm；混凝土拌合物含砂率不小于 45%；混凝土的初凝时间，应能满足混凝土浇灌和接头施工工艺要求，一般不宜低于 3～4h。

（2）接头管和钢筋就位后，应检查沉渣厚度并在 4h 以内浇灌混凝土。浇灌混凝土必须使用导管，其内径一般选用 250mm，每节长度一般为 2.0～2.5m。导管要求连接牢靠，接头用橡胶圈密封，防止漏水。导管接头若用法兰连接，应设锥形法兰罩，以防拔管时挂住钢筋。导管在使用前要注意认真检查和清理，使用后要立即将粘附在导管上的混凝土清除干净。

（3）在单元槽段较长时，应使用多根导管浇灌，导管内径与导管间距的关系一般是：导管内径为 150mm、200mm、250mm 时，其间距分别为 2m、3m、4m，且距槽段端部均不得超过 1.5m。为防止泥浆卷入导管内，导管在混凝土内必须保持适宜的埋置深度，一般应控制在 2～4m 为宜。在任何情况下，不得小于 1.5m 或大于 6m。

（4）导管下口与槽底的间距，以能放出隔水栓和混凝土为度，一般比栓长 100～200mm。隔水栓应放在泥浆液面上。为防止粗骨料卡住隔水栓，在浇筑混凝土前宜先灌入适量的水泥砂浆。隔水栓用钢丝吊住，待导管上口贮斗内混凝土的存量满足首次浇筑，导管底端能埋入混凝土中 0.8～1.2m 时，才能剪断钢丝，继续浇筑。

（5）混凝土浇灌应连续进行，槽内混凝土面上升速度一般不宜小于 2m/h，中途不得间歇。当混凝土不能畅通时，应将导管上下提动，慢提快放，但不宜超过 300mm。导管不能做横向移动。提升导管应避免碰挂钢筋笼。

（6）随着混凝土的上升，要适时提升和拆卸导管，导管底端埋入混凝土以下一般保持 2～4m。不宜大于 6m，并不小于 1m，严禁把导管底端提出混凝土面。

（7）在一个槽段内同时使用两根导管灌注混凝土时，其间距不宜大于 3.0m，导管距槽段端头不宜大于 1.5m，混凝土应均匀上升，各导管处的混凝土表面的高差不宜大于 0.3m，混凝土浇筑完毕，混凝土面应高于设计要求 0.3～0.5m，此部分浮浆层以后凿去。

（8）在浇灌过程中应随时掌握混凝土浇灌量，应有专人每 30min 测量一次导管埋深和管外混凝土标高。测定应取三个以上测点，用平均值确定混凝土上升状况，以决定导管的提拔长度。

4-39 地下连续墙混凝土浇筑接头施工有哪些要求?

（1）连续墙各单元槽段间的接头形式，一般常用的为半圆形接头。方法是在未开挖一侧的槽段端部先放置接头管，后放入钢筋笼，浇灌混凝土，根据混凝土的凝结硬化速度，徐徐将接头管拔出，最后在浇灌段的端面形成半圆形的接合面，在浇筑下段混凝土前，应用特制的钢丝刷子沿接头处上下往复移动数次，刷去接头处的残留泥浆，以利新旧混凝土的结合。

（2）接头管一般用 10mm 厚钢板卷成。槽孔较深时，做成分节拼装式组合管，单节长度为 6m、4m、2m 不等，便于根据槽深接成合适的长度。外径比槽孔宽度小 10～20mm，直径误差在 3mm 以内。接头管表面要求平整光滑，连接紧密可靠，一般采用承插式销接。各单节组装好后，要求上下垂直。

（3）接头管一般用起重机组装、吊放。吊放时要紧贴单元槽段的端部和对准槽段中心，保持接头管垂直并缓慢地插入槽内。下端放至槽底，上端固定在导墙或顶升架上。

(4) 提拔接头管宜使用顶升架（或较大吨位吊车），顶升架上安装有大行程（1～2m）、起重量较大（50～100t）的液压千斤顶两台，配有专用高压油泵。

(5) 提拔接头管必须掌握好混凝土的浇灌时间、浇灌高度、混凝土的凝固硬化速度，不失时机地提动和拔出，不能过早、过快和过迟、过缓。如过早、过快，则会造成混凝土壁坍落；过迟、过缓，则由于混凝土强度增长，摩阻力增大，造成提拔不动和埋管事故。一般宜在混凝土开始浇灌后 2～3h 即开始提动接头管，然后使管子回落。以后每隔 15～20min 提动一次，每次提起 100～200mm，使管子在自重下回落，说明混凝土尚处于塑性状态。如管子不回落，管内又没有涌浆等异常现象，宜每隔 20～30min 拔出 0.5～1.0m，如此重复。在混凝土浇灌结束后 5～8h内将接头管全部拔出。

4-40 地下连续墙施工应注意的质量问题有哪些？

(1) 地下连续墙施工，应制定出切实可行的挖槽工艺方法、施工程序和操作规程，并严格执行。挖槽时，应加强检测，确保槽位、槽深、槽宽和垂直度等要求。遇有槽壁坍塌事故，应及时分析原因，妥善处理。

(2) 钢筋笼加工尺寸，应考虑结构要求、单元槽段、接头形式、长度、加工场地、现场起吊能力等情况，采取整体式分节制作，同时应具有必要的刚度，以保证在吊放时不致变形或散架，一般应适当加设斜撑和横撑补强。钢筋笼的吊点位置、起吊方式和固定方法应符合设计和施工要求。在吊放钢筋笼时，应对准槽段中心并注意不要碰伤槽壁壁画，不能强行插入钢筋笼，以免造成槽壁坍塌。

(3) 在施工过程中，应注意保证护壁泥浆的质量，彻底进行清底换浆，严格按规定灌注水下混凝土，以确保墙体混凝土的质量。

（4）槽底沉渣过厚：护壁泥浆不合格，或清底换浆不彻底，均可导致大量沉渣积聚于槽底，在灌注水下混凝土前，应测定沉渣厚度，符合设计要求后，才能灌注水下混凝土。

（5）槽孔偏斜：当出现槽孔偏斜时，应查明钻孔偏斜的位置和程度，对偏斜不大的槽孔，一般可在偏斜处吊住钻机，上下往复扫钻，使钻孔正直；对偏斜严重的钻孔，应回填砂与黏土混合物到偏孔处 1m 以上，待沉积密实后，再重复施钻。

4-41 地下连续墙施工质量检验有何要求？

（1）地下连续墙的钢筋笼检验标准应符合《建筑地基基础工程施工质量验收规范》GB 50202—2002 的规定。

（2）地下连续墙施工质量检验标准应符合表 4-17 的规定。

地下连续墙施工质量检验标准　　表 4-17

<table>
<tr><th>项目</th><th>序号</th><th colspan="2">项　目</th><th>允许偏差(mm)</th><th>检查方法</th></tr>
<tr><td rowspan="2">主控项目</td><td>1</td><td colspan="2">墙体结构</td><td>设计要求</td><td>查试件记录或取芯试压</td></tr>
<tr><td>2</td><td colspan="2">垂直度:永久结构
临时结构</td><td>1/300
1/150</td><td>测声波测槽仪或成槽机上的监测系统</td></tr>
<tr><td rowspan="11">一般项目</td><td rowspan="3">1</td><td rowspan="3">导墙尺寸</td><td>宽度</td><td>W+40</td><td>用钢尺量,W 为地下连续墙设计厚度</td></tr>
<tr><td>墙面平整度</td><td><5</td><td>用钢尺量</td></tr>
<tr><td>导墙平面位置</td><td>±10</td><td>用钢尺量</td></tr>
<tr><td>2</td><td colspan="2">沉渣厚度:永久结构
临时结构</td><td>≤100
≤200</td><td>垂锤测或沉积物测定仪测</td></tr>
<tr><td>3</td><td colspan="2">槽深</td><td>+100</td><td>垂锤测</td></tr>
<tr><td>4</td><td colspan="2">混凝土坍落度</td><td>180～220</td><td>坍落度测定器</td></tr>
<tr><td>5</td><td colspan="2">钢筋笼尺寸</td><td colspan="2">见《建筑地基基础工程施工质量验收规范》GB 50202—2002</td></tr>
<tr><td rowspan="3">6</td><td rowspan="3">地下墙表面平整度</td><td>永久结构</td><td><100</td><td rowspan="3">此为均匀黏土层,松散及易塌土层由设计决定</td></tr>
<tr><td>临时结构</td><td><150</td></tr>
<tr><td>插入式结构</td><td><20</td></tr>
<tr><td rowspan="2">7</td><td rowspan="2">永久结构时的预埋件位置</td><td>水平向</td><td>≤10</td><td>用钢尺量</td></tr>
<tr><td>垂直向</td><td>≤20</td><td>水准仪</td></tr>
</table>

（十）土钉墙支护结构

4-42 什么叫土钉墙支护结构？其构造和适用范围有哪些？

（1）土钉墙支护，系在开挖边坡表面铺钢筋网喷射细石混凝土，并每隔一定距离埋设土钉，使与边坡土体形成复合体，共同工作，从而有效提高边坡稳定的能力，增强土体破坏的延性，变土体荷载为支护结构的一部分，它与上述被动起挡土作用的围护墙不同，而是对土体起到嵌固作用，对土坡进行加固，增加边坡支护锚固力，使基坑开挖后保持稳定。

（2）土钉墙支护由密集的土钉群、被加固的原位土体、喷射混凝土面层等组成。其构造做法如图 4-25 所示，墙面的坡度不宜大于 1∶0.1；土钉必须和面层有效连接，应设置承压板或加强钢筋与土钉螺栓连接或钢筋焊接连接；土钉钢筋宜采用 HRB335 级、HRB400 级钢筋，钢筋直径宜为 16～32mm，土钉长度宜为开挖深度的 0.5～1.2 倍，土钉墙支护土钉间距宜为 1～2m，呈矩形或梅花形布置，与水平夹角宜为 5°～20°。钻孔直径宜为 70～150mm；注浆材料宜采用水泥浆或水泥砂浆，其强度等级不宜低于 M10；喷射混凝土面层宜配置钢筋网，钢筋直径宜为 6～10mm，间距宜为 150～300mm；面层中坡面上下段钢筋搭接长度应大于 300mm；喷射混凝土强度等级不宜低于 C20，面层厚度不宜小于 80mm。在土钉墙的顶部，应采用砂浆或混凝土护面。在坡顶和坡脚应设排水设施，坡面上可根据具体情况设置泄水孔，坡面上下段钢筋网搭接长度应不小于一个网格边长或 300mm，如为搭接焊则焊接长度单面不小于网片钢筋

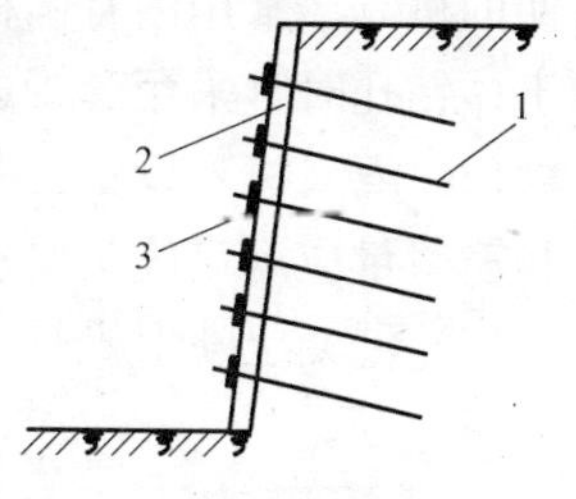

图 4-25 土钉墙支护
1—土钉；2—喷射混凝土面层；3—垫板

直径的10倍。

（3）土钉墙支护工程的适用范围

1）适用于可塑、硬塑或坚硬的黏性土；胶结或弱胶结（包括毛细水粘结）的粉土、砂土和角砾；填土、风化岩层等。

2）深度不大于12m的基坑支护或边坡加固，一般应用期限不宜超过18个月。

3）基坑侧壁安全等级为二、三级。

4-43 土钉墙施工对材料和机具的选用有何要求?

1. 材料

（1）土钉钢筋宜采用HRB335级、HRB400级钢筋，钢筋直径宜为16～32mm。使用前应调直、除锈、除油；

（2）优先使用普通硅酸盐水泥；

（3）采用干净的中粗砂，含泥量应小于5%；

（4）使用速凝剂时，应做与水泥的相容性试验及水泥浆凝结效果试验；

（5）钢筋网，钢筋直径宜为6～10mm，间距宜为150～300mm。

2. 机具设备

（1）成孔机具：一般宜选用体积较小、重量较轻、装拆移动方便的机具。常用的有锚杆钻机、地质钻机、洛阳铲。在易塌孔的土体钻孔时宜采用套管成孔或挤压成孔设备。

（2）灌浆机具设备：有注浆泵、灰浆搅拌机等，其规格、压力和输浆量应满足施工要求。

（3）混凝土喷射机具：有Z-5混凝土喷射机和空压机等。

4-44 土钉墙施工工艺有哪些要求?

（1）土钉墙的施工顺序为：按设计要求自上而下分段、分层开挖工作面→修整坡面（平整度允许偏差±20mm）绑扎钢筋钢→成孔→安设土钉→注浆→安设连接件→喷射混凝土面层。

（2）排水设施的设置

1）水是土钉支护结构最为敏感的问题，不但要在施工前做好降排水工作，还要充分考虑土钉支护结构工作期间地表水及地下水的处理，设置排水构造措施。

2）基坑四周地表应加以修整并构筑明沟排水和水泥砂浆或混凝土地面，严防地表水向下渗流。

3）基坑边壁有透水层或渗水土层时，混凝土面层上要做泄水孔，按间距1.5～2.0m均布插设长0.4～0.6m、直径40mm的塑料排水管，外管口略向下倾斜。

4）为了排除积聚在基坑内的渗水和雨水，应在坑底设置排水沟和集水井。排水沟应离开坡脚0.5～1.0m，严防冲刷坡脚。排水沟和集水井宜采用砖砌并用砂浆抹面以防止渗漏。坑内积水应及时排除。

（3）基坑开挖

1）基坑开挖应按设计要求分层分段开挖，分层开挖高度由设计要求土钉的竖向距离确定，超挖不低于土钉向下0.5m；分层开挖长度也宜分段进行，分段长度按土体可能维持不塌的自稳时间和施工流程相互衔接情况而定，一般可取10～20m。

在完成上一层作业面土钉与喷射混凝土面层达到设计强度的70%以前，不得进行下一层土层的开挖。

当基坑面积较大时，允许在距离基坑四周边坡8～10m的基坑中部自由开挖，但应注意与分层作业区的开挖相协调。

2）挖土要选用对坡面土体扰动小的挖土设备和方法，严禁边壁出现超挖或造成边壁土体松动。坡面经机械开挖后要采用小型机械或人工进行切削清坡，以使坡度与坡面平整度达到设计要求。

3）边坡处理：为防止基坑边坡的裸露土体塌陷，对于易塌的土体可采取下列措施：

① 对修整后的边坡，立即喷上一层薄的混凝土，强度等级不宜低于 C20，凝结后再进行钻孔。

② 在作业面上先构筑钢筋网喷射混凝土面层，钢筋保护层厚度不宜小于 20mm，面层厚度不宜小于 80mm，而后进行钻孔和设置土钉。

③ 在水平方向上分小段间隔开挖。

④ 先将作业深度上的边壁做成斜坡，待钻孔并设置土钉后再清坡。

⑤ 在开挖前，沿开挖面垂直击入钢筋或钢管，或注浆加固土体。

（4）钻孔

1）钻孔前应根据设计要求定出孔位并做出标记和编号，钻孔时要保证位置正确（上下左右及角度），防止高低参差不齐和相互交错。

2）钻进时要比设计深度多钻进 100～200mm，以防止孔深不够。

3）采用的机具应符合土层的特点，满足设计要求，在进钻和抽钻杆过程中不得引起土体塌孔。在易塌孔的土体中钻孔时宜采用套管成孔或挤压成孔。

4）钻孔方法，可用螺栓钻、冲击钻、地质钻机和工程钻机，当土质较好，孔深度不大，也可用洛阳铲成孔。成孔的尺寸允许偏差为：孔深±50mm；孔径±2mm；孔距±100mm。

（5）土钉插设

1）若土层地质条件较差时，在每步开挖后应尽快做好面层，即对修整后的边壁立即喷上一层薄混凝土或砂浆；若土质较好的话，可省去该道面层。

2）插入土钉钢筋：插入土钉钢筋前要进行清孔检查，若孔中出现局部渗水、塌孔或掉落松土，应立即处理。土钉钢筋置入孔中前，要先在钢筋上安装对中定位支架，以保证钢筋处于孔位中心且注浆后其保证层厚度不小于 25mm。支架沿钉长的间距可为 2～3m 左右，支架可为金属或塑料件，以不妨碍浆体自由流动为宜。

（6）注浆

1）注浆材料宜选用水泥浆、水泥砂浆。注浆用水泥砂浆的水灰比不宜超过 0.4～0.45，配合比宜为 1∶1～1∶2（重量比）；当用水泥净浆时水灰比不宜超过 0.45～0.5，并宜加入适量的速凝剂等外加剂以促进早凝和控制泌水。水泥浆、水泥砂浆应拌合均匀，随拌随用，一次拌合的水泥浆、水泥砂浆应在初凝前用完。

2）注浆前要验收土钉钢筋安设质量是否达到设计要求。

注浆前应将孔内残留或松动的杂土清除干净。

3）注浆开始或中途停止超过 30min 时，应用水或稀水泥浆润滑注浆泵及其管路；注浆时，注浆管应插至距孔底 250～500mm 处，孔口部位宜设置止浆塞及排气管。土钉钢筋插入孔内应设定位支架，间距 2.5m，以保证土钉位于孔的中央。

4）一般可采用重力、低压（0.4～0.6MPa）或高压（1～2MPa）注浆，水平孔应采用低压或高压注浆。压力注浆时应在孔口或规定位置设置止浆塞，注满后保持压力 3～5min。重力注浆以满孔为止，但在浆体初凝前需补浆 1～2 次。

5）对于向下倾角的土钉，注浆采用重力或低压注浆时宜采用底部注浆方式，注浆导管底端应插至距孔底 250～500mm 处，在注浆同时将导管匀速缓慢地撤出。注浆过程中注浆导管口应始终埋在浆体表面以下，以保证孔中气体能全部逸出。

6）注浆时要采取必要的排气措施。对于水平土钉的钻孔，应用孔口部压力注浆或分段压力注浆，此时需配排气管并与土钉钢筋绑扎牢固，在注浆前与土钉钢筋同时送入孔中。

7）向孔内注入浆体的充盈系数必须大于 1。每次向孔内注浆时，宜预先计算所需的浆体体积并根据注浆泵的冲程数计算出实际向孔内注入的浆体体积，以确认实际注浆量超过孔内容积。

8）注浆材料应拌合均匀，随拌随用，一次拌合的水泥浆、水泥砂浆应在初凝前用完。

9）为提高土钉抗拔能力，还可采用二次注浆工艺。

（7）铺设钢筋网

1）在喷混凝土之前，先按设计要求绑扎、固定钢筋网。面层内钢筋网片应牢固固定在边壁上并符合设计规定的保护层厚度要求。钢筋网片可用插入土中的钢筋固定，但在喷射混凝土时不应出现振动。

2）钢筋网片可焊接或绑扎而成，网格允许偏差为±10mm。铺设钢筋网时每边的搭接长度应不小于一个网格边长或300mm，如为搭接焊则单面焊接长度不小于网片钢筋直径的10倍。网片与坡面间隙不小于20mm。

3）土钉与面层钢筋网的连接可通过垫片、螺母及土钉端部螺纹杆固定。垫片钢板厚8～10mm，尺寸为200mm×200mm～300mm×300mm。垫板下空隙需先用高强水泥砂浆填实，待砂浆达到一定强度后方可旋紧螺母以固定土钉。土钉钢筋也可通过井字加强钢筋直接焊接在钢筋网上等措施。

4）当面层厚度大于120mm时且采用双层钢筋网，第二层钢筋网应在第一层钢筋网被混凝土覆盖后铺设。

（8）喷射混凝土

1）喷射混凝土的配合比应通过试验确定，粗骨料最大粒径不宜大于12mm，水灰比不宜大于0.45，并应通过外加剂来调节所需工作度和早强时间。喷射混凝土的强度等级不宜低于C20，水泥用强度级别为32.5级，石子粒径不大于15mm，水泥与砂石的质量比宜为1∶4～1∶4.5，砂率宜为45%～55%，水灰比为0.40～0.45。喷射作业应分段进行，同一分段内喷射顺序应自下而上，一次喷射厚度不宜小于40mm。

2）喷射混凝土前，应对机械设备，风、水管路和电路进行全面检查和试运转。

为保证喷射混凝土厚度达到均匀的设计值，可在边壁上隔一定距离打入垂直短钢筋段作为厚度标志。喷射混凝土的射距宜保持在 0.6～1.0m 范围内，并使射流垂直于壁面。在有钢筋的部位可先喷钢筋的后方以防止钢筋背面出现空隙。喷射混凝土的路线可从壁面开挖层底部逐渐向上进行，但底部钢筋网搭接长度范围以内先不喷混凝土，待与下层钢筋网搭接绑扎之后再与下层壁画同时喷射混凝土。混凝土面层接缝部分做成 45°角斜面搭接。当设计面层厚度超过 100mm 时，混凝土应分两层喷射，一次喷射厚度不宜小于 40mm，且接缝错开。混凝土接缝在继续喷射混凝土之前应清除浮浆碎屑，并喷少量水润湿。

3）面层喷射混凝土终凝后 2h 应喷水养护，养护时间宜在 3～7d，养护视当地环境条件可采用喷水、覆盖浇水或喷涂养护剂等方法。

4）喷射混凝土强度可用边长为 100mm 的立方体试块进行测定。制作试块时，将试模底面紧贴边壁，从侧向喷入混凝土，每批至少留取 3 组（每组 3 块）试件。

（9）土钉现场测试

土钉支护施工必须进行土钉的现场抗拔试验，应在专门设置的非工作钉上进行抗拔试验。

（10）施工监测

1）土钉的施工监测应包括下列内容：

支护位移、沉降的观测；地表开裂状态（位置、裂宽）的观察；附近建筑物和重要管线等设施的变形测量和裂缝宽度观测；基坑渗、漏水和基坑内外地下水位的变化。

在支护施工阶段，每天监测不少于 1～2 次；在支护施工完成后、变形趋于稳定的情况下每天 1 次。监测过程应持续至整个基坑回填结束为止。

2）观测点的设置：每个墓坑观测点的总数不宜少于 3 个，间距不宜大于 30m。其位置应选在变形量最大或局部条件最为不利的地段。观测仪器宜用精密水准仪和精密经纬仪。

3）当基坑附近有重要建筑物等设施时，也应在相应位置设置观测点，在可能的情况下，宜同时测定基坑边壁不同深度位置处的水平位移，以及地表距基坑边壁不同距离处的沉降。

4）应特别加强雨天和雨后的监测，以及对各种可能危及支护安全的水害来源（如场地周围生产、生活用水，上下水管、贮水池罐、化粪池漏水，人工井点降水的排水，因开挖后土体变形造成管道漏水等）进行观察。

5）在施工开挖过程中，基坑顶部的侧向位移与当时的开挖深度之比超过3‰（砂土中）和4‰（一般黏性土）时应密切加强观察，分析原因并及时对支护采取加固措施，必要时增用其他支护方法。

4-45 土钉墙施工应注意的质量问题有哪些？

（1）成孔：孔径、孔深要保证，孔中杂物、碎土块及泥浆要清除干净。

（2）推送土钉主筋就位：土钉主筋应位于钻孔中心轴上，并保证推送过程中的钻孔壁不损坏，孔中无碎土泥浆堵塞。

（3）土钉主筋与锚头的连接要牢固可靠。

（4）喷射混凝土：保证正确的配合比、水灰比及外加剂掺量比，并按实际操作规程进行养护。

（5）注浆：土钉一般采用压力注奖，注浆时一定要注满整个钉孔，以免减弱土钉的作用，影响土钉墙的稳定性。

（6）应合理安排施工顺序，夜间作业应有足够的照明设备，防止砂浆配合比不准确。

4-46 土钉墙施工质量检验有何要求？

1. 主控项目

土钉的长度应符合设计要求。

2. 一般项目

（1）土钉工程所用原材料、钢材、水泥浆、水泥砂浆性能必须符合设计要求。

(2) 土钉的直径、标高、深度和倾角必须符合设计要求。

(3) 土钉的试验和监测必须符合设计和施工规范的规定。

(4) 土钉墙支护工程质量检验标准见表 4-18 所列。

土钉墙支护工程质量检验标准 **表 4-18**

项目	序号	检查项目	允许偏差或允许值		检查方法
			单位	数值	
主控项目	1	土钉长度	mm	±30	用钢尺量
	2	土钉抗拔试验	设计要求		现场测试
一般项目	1	土钉位置	mm	±100	用钢尺量
	2	钻孔倾斜度	°	±1	测钻孔机具倾角
	3	浆体强度	设计要求		试样送检
	4	注浆量	大于理论计算浆量		检查计量数据
	5	土钉墙面厚度	mm	±10	用钢尺量
	6	面层混凝土强度	设计要求		试样送检

(十一) 土层锚杆

4-47 什么是土层锚杆 (土锚) 支护体系? 其构造是怎样的? 有何特点?

土层锚杆支护体系是将锚杆的一端(锚固段)固定在开挖基坑的稳定地层中，另一端与工程构筑物(钢板桩、挖孔桩、灌注桩以及地下连续墙等)相连接，用以承受由于土压力、水压力等施加于构筑物的推力，从而利用地层的锚固力以维持构筑物(或土层)的稳定如图 4-26 所示。它的最大的特点是在基坑内部施工时，开挖土方与支撑互不干扰，尤其是在不规则的复杂施工场所，以锚杆代替挡土横撑，便于施工。

锚杆的构造由锚头、锚具、锚筋(粗钢筋、钢绞线)、塑料

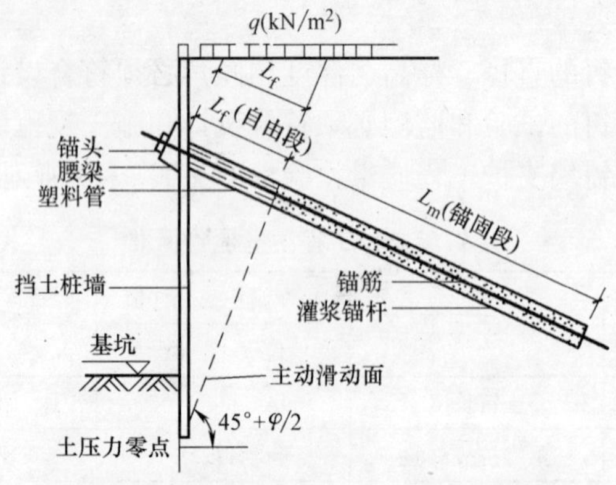

图 4-26　锚杆与挡土桩、墙连接示意图

套管、分隔器及腰梁组成，如图 4-27～图 4-32 所示。

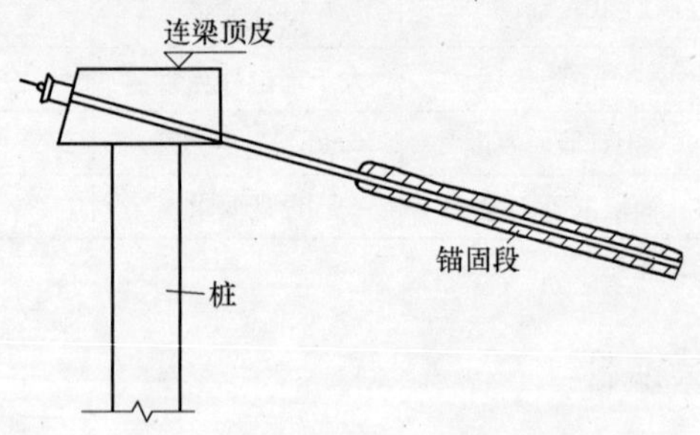

图 4-27　锚杆与桩上连接圈连梁示意图

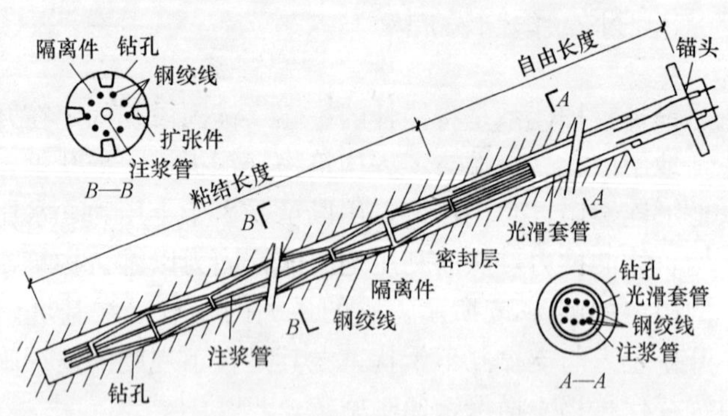

图 4-28　临时多股钢绞线锚杆示意图

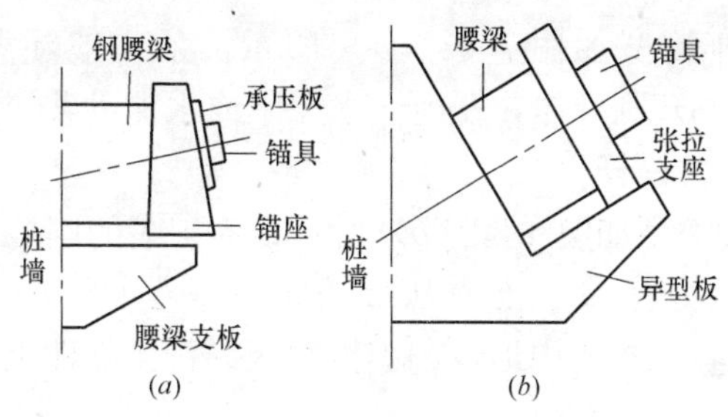

图 4-29　锚具腰梁示意图
（a）直梁式腰梁；（b）斜梁式腰梁

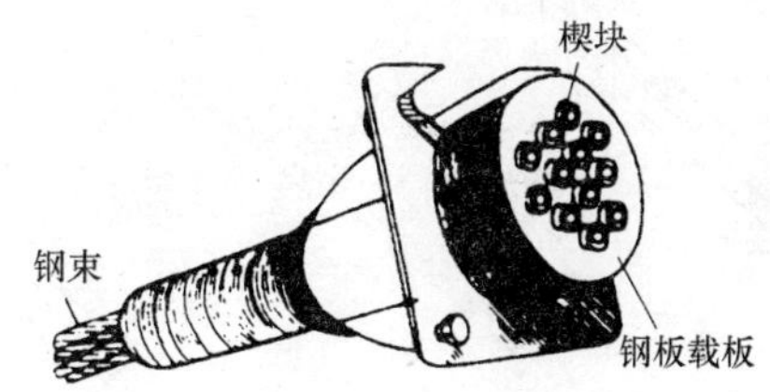

图 4-30　多根钢束锚杆头装置示意图

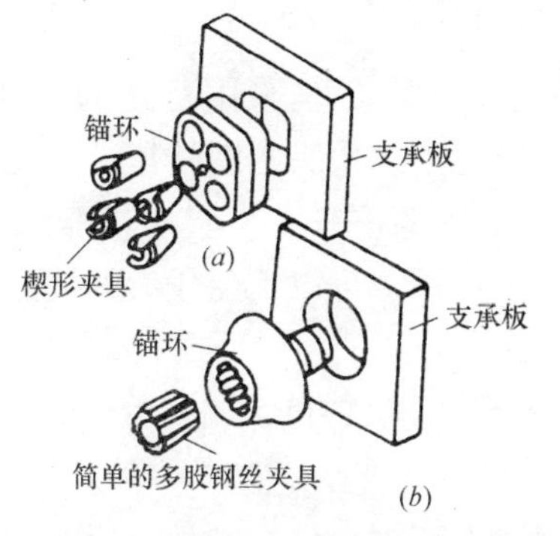

图 4-31　钢铰线及钢丝索锚夹具示意图
（a）钢绞线以楔片卡住；（b）多股钢丝索夹具

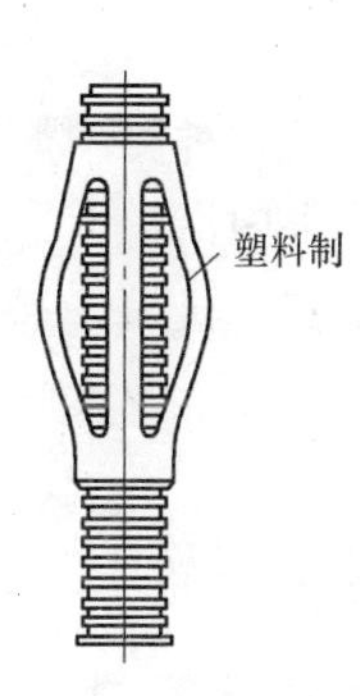

图 4-32　塑料定位分隔器

4-48　土层锚杆主要有哪些类型?

锚杆有三种基本类型，如图 4-33 所示。

第一种类型如图 4-33（a）所示，系一般注浆（压力为 0.3～0.5kPa）圆柱体，孔内注水泥浆或水泥砂浆，适用于拉力不高，临时性锚杆。

第二种类型如图 4-33（b）所示，为扩大的圆柱体或不规则体，系用压力注浆，压力从 2MPa（二次注浆）到高压注浆 5MPa 左右，在黏土中形成较小扩大区，在无黏性土中可以扩大较大区。

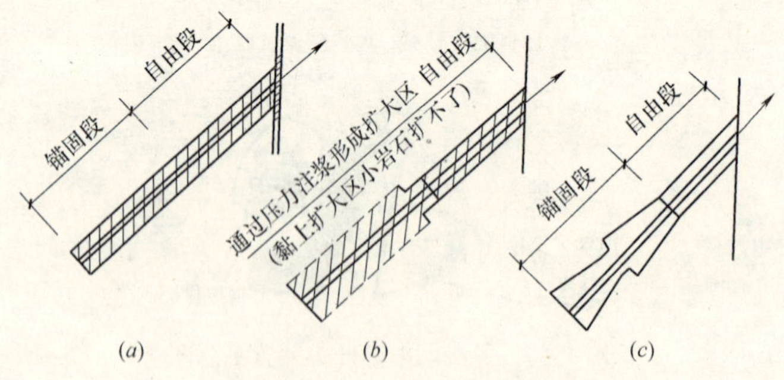

图 4-33　锚杆的基本类型

第三种类型如图 4-33（c）所示，是采用特殊的扩孔机具，在孔眼内沿长度方向扩一个或几个扩大头的圆柱体。这类锚杆用特制扩孔机械，通过中心杆压力将扩张式刀具缓缓张开削土成型，在黏土及无黏性土中都可适用，可以承受较大的抗拔力。

4-49　锚杆的抗拔作用是如何形成的?

锚杆之所以能锚固在土层中作用一种新型受拉杆件，主要是由于锚杆在土层中具有一定的抗拔力，如图 4-34 所示。当锚固段锚杆受力，首先通过锚索（粗钢筋或钢绞线）与周边水泥砂浆的握裹力传到砂浆中，然后通过砂浆传到周围土体。传递过程随着荷载增加，锚索与水泥砂浆粘结力（握裹力）逐渐发展到锚杆下端，待锚固段内发挥最大粘结力时，就发生与土体的相对位移，随即发生土与锚杆的摩阻力，直到极限摩阻力。

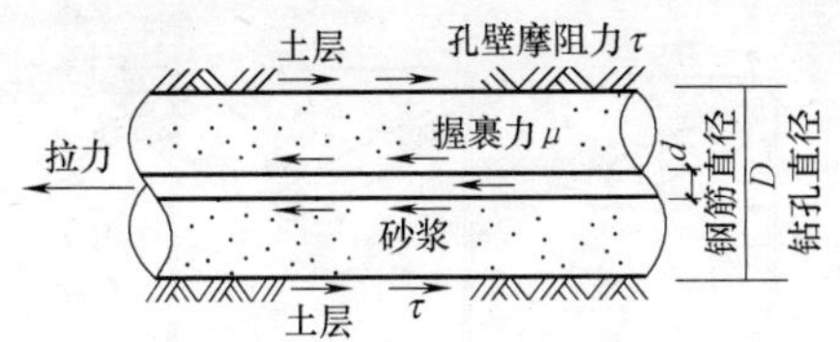

图 4-34　锚杆受力机理

τ—孔壁对砂浆的平均摩阻应力；μ—砂浆对钢筋的平均握裹应力

抗拔试验证明，拔力小时锚杆位移量极小；拔力增大，位移增大；拉拔力达一定量时，位移不稳定，甚至不加力，位移仍不停止，此时，认为锚杆已达到破坏阶段，也就是锚杆与土层间的摩阻力超过了极限状态。

4-50　土层锚杆施工工艺有哪几种？工艺流程是怎样的？

土层锚杆最早用于地铁工程。20 世纪 80 年代初用于高层建筑深基坑支护。锚筋由粗钢筋发展到钢绞线，注浆一般采用低压力灌浆，也有二次灌浆及高压力灌浆。目前较多采用预应力锚杆。施工工艺分为干作业成孔和湿作业成孔，其工艺流程（图 4-35）如下：

1. 干作业

干作业的工艺流程是：

施工准备→移机就位→校正孔位调整角度→钻孔→接螺旋钻杆，继续钻孔到预定深度→退螺旋钻杆→插放钢筋或钢绞线→插入注浆管→灌水泥浆→养护→上腰梁及锚头（如地下连续墙或桩顶圈梁则不需腰梁）→预应力张拉→锁紧螺栓或楔片→锚杆施工完继续挖土。

2. 湿作业

湿作业的工序中增加用水冲钻入，采用内外套管钻进并拔出，在有地下水、卵石、岩石的情况下施工便利。

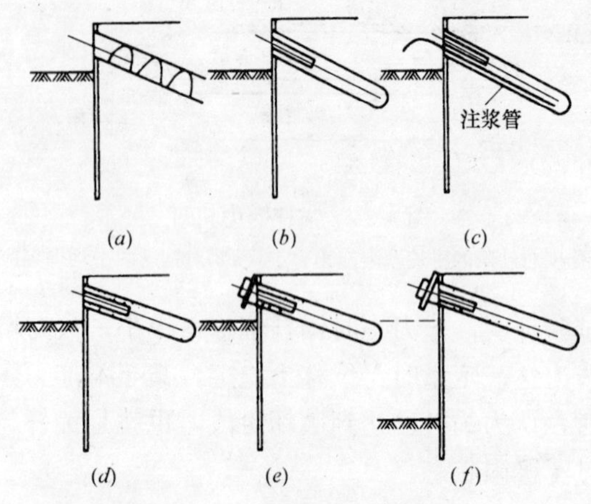

图 4-35　锚杆施工顺序示意图

（a）钻孔；（b）插放钢筋或钢绞线；（c）灌浆；
（d）养护；（e）安装锚头，预应力张拉；（f）挖土

湿作业工艺流程为：

施工准备→移机就位→安钻杆校正孔位调整倾角→打开水源→钻孔→反复提内钻杆冲洗→安内套管钻杆及外套管→继续钻进→反复提内钻杆冲洗到预定深度→反复提内钻杆冲洗至孔内出清水→停水→拔内钻杆（按节拔出）→插放钢绞线束及注浆管→灌浆→用拔管机拔外套管（按节拔出），二次灌浆→养护→安装腰梁→安锚头锚具→预应力张拉→楔片锁紧→锚杆完后挖土。

4-51　土层锚杆支护结构施工前要做好哪些准备工作？

1. 材料准备

（1）预应力杆体材料宜选用钢绞线、高强度钢丝或高强螺纹钢筋。当预应力值较小或锚杆长度小于 20m 时，预应力筋也可采用 HRB335 级或 HRB400 级钢筋。

（2）水泥浆体材料：水泥应选用普通硅酸盐水泥，必要时可

采用抗硫酸盐水泥，不得使用高铝水泥。细骨料应选用粒径小于2mm的中细砂。采用符合要求的水质，不得使用污水，不得使用pH值小于4.5的酸性水。

(3) 外加剂：外加剂的加入应保证水泥浆拌合后，水泥浆中的氯化物总含量不超过水泥重量的0.1%。

(4) 润滑脂：不得将不同材质的润滑脂混合使用。

(5) 隔离架应由钢、塑料或其他对杆体无害的材料制作，不得使用木质隔离架。

(6) 防腐材料：在锚杆服务年限内，应保持其耐久性，在规定的工作温度内或张拉过程中不开裂、变脆或成为流体，不得与相邻材料发生不良反应，应保持其化学稳定性和防水性，不得对锚杆自由段的变形产生约束。

(7) 湿作业用塑料套管材料：应具有足够的强度，保证其在加工和安装过程中不致损坏，具有抗水性和化学稳定性，与水泥砂浆和防腐剂接触无不良反应。

2. 主要机具准备

(1) 成孔机具设备：有螺旋式钻孔机、旋挖冲击式钻孔机及湿作业套筒成孔机械。

(2) 灌浆机具设备：有灰浆泵、灰浆搅拌机等。

(3) 张拉设备：可选用YC-60型穿心式千斤顶，配SY-60型油泵油压表等。

3. 作业条件准备

施工前除做好锚杆施工分项组织设计外，还应做好以下工作：

(1) 与挖土方作业配合，使挖方作业面低于锚杆头标高50～60cm，并平整好锚杆操作范围内的场地，以便于钻孔机施工。

(2) 采用湿作业施工时，要挖好排水沟、沉淀池、集水坑，准备好潜水泵，使成孔时排出的泥水通过排水沟到沉淀池，再入集水坑用水泵抽出，同时准备好钻孔用水。

(3) 开挖边坡，按锚杆尺寸取2根进行钻孔、穿筋、灌浆、张拉、锚定等工艺试验，并做抗拔试验，检验锚杆质量及施工工艺和施工设备的适应性。

4. 多股钢绞线的锚索制作

常用钢绞线锚索，7ϕ5 及 7ϕ4 其力学强度为：7ϕ5，$A=138mm^2$，标准强度 1470MPa，设计强度 1000MPa；7ϕ4，$A=88mm^2$，标准强度 1570MPa，设计强度 1070MPa。钢绞线的制作是通过分隔器（隔离件）组成，其距离为1.0～1.5m，一般钢绞线由 3 棍、5 棍、7 棍、9 棍根成索。

4-52　土层锚杆支护结构施工要点有哪些？

（1）钻孔

1）钻孔前按设计及土层定出孔位做出标记。

2）锚杆水平力方向孔距误差不大于 50mm，垂直方向孔距误差不大于 100mm。钻孔底部偏斜尺寸，不大于长度的3%，可用钻孔测斜仪控制钻孔方向。

3）湿作业成孔，先启动水泵，注水钻进，并根据地质条件控制钻进速度，每节钻杆在接杆前，一定要反复冲洗外套管内的泥水，直到清水溢出。接外套管时要停止供水，把丝扣处泥沙清除干净，抹上少量黄油，要保证接的套管与原有套管在同一轴线上。钻进过程中随时注意速度、压力及钻杆轴线平直。钻进到离设计深度 20cm 时，用清水反复冲洗管中泥砂，直到外套管内溢出清水，然后退出内钻杆，逐节拔出后，用塑料管测深并做记录。护壁套管应在钻孔灌浆后方可拔出。

4）干作业成孔，要随时注意钻进速度，避免“憋钻杆”，应把土充分倒出后再拔钻杆，以减少孔内虚土，方便拔杆。

（2）清孔

1）湿式钻机应采用清水将孔内泥土冲洗干净。待冲洗干净后停水，然后退出内钻杆，逐节拔出后，用测量工具测深并做记录。

2）干式钻机应采用洛阳铲等手工方法将附在孔壁上的土屑

或松散土清除干净。

(3) 插放钢绞线束及注浆管

1) 每根钢绞线的下料长度＝锚杆设计长度＋腰梁的宽度＋锚索张拉时端部最小长度（与选用的千斤顶有关）。

2) 钢绞线自由段部分应涂满黄油，并套入塑料管，两端绑牢，以保证自由段的钢绞线能自由伸缩。

3) 捆扎钢绞线隔离架，沿锚杆长度方向按设计间距设置。

4) 锚索加工完成，经检查合格后，小心运至孔口。入孔前将 ϕ15 镀锌管（做注浆管）平行并入一起，然后将锚索与注浆管同步送入孔内，直到孔口外端剩余最小张拉长度为止。如发现锚索安插入管内困难，说明钻管内有黏土堵管，不要再继续用力插入，使钢绞线与隔离架脱离，随后把钻管拔出，清除出孔内的黏土，重新在原位钻孔到位。

(4) 一次注浆

1) 宜选用灰砂比为 1∶1～1∶2，水灰比为 0.38～0.45 的水泥砂浆或水灰比为 0.45～0.50 的纯水泥浆，必要时间加入一定的外加剂或掺合料。

2) 在灌浆前将管口封闭，接上压浆管，即可进行注浆，浇筑锚固体，灌浆是土层锚杆施工中的一道关键工序，必须认真执行，并做好记录。

3) 一次灌浆法只用一根灌浆管，利用泥浆泵进行灌浆，灌浆管端距孔底 300～500mm 处，待浆液流出孔口时，用水泥袋纸等捣塞入孔口，并用湿黏土封堵孔口，严密捣实，再以 2～4MPa 的压力进行补灌，要稳压数分钟灌浆才告结束。

4) 第一次灌浆，其压力为 0.3～0.5MPa，流量为 100L/min。水泥砂浆在上述压力作用下流向钻孔。每一次灌浆量根据孔径和锚固段的长度而定。第一次灌浆后可将灌浆管拔出，以重复使用。

(5) 二次高压灌浆

1) 宜选用水灰比为 0.45～0.55 的纯水泥浆。

2）待第一次灌注的浆液初凝后，进行第二次灌浆，控制压力为 2.5～5MPa 左右，并稳压 2min，浆液冲破第一次灌浆体，向锚固体与土的接触面之间扩散，使锚固体直径扩大，增加径向压应力。由于压力注浆，使锚固体周围的土受到压缩，孔隙比减小，含水量减少，也提高了土的内摩擦角。因此，二次灌浆法可以显著提高土层锚杆的承载能力。

3）二次灌浆法要用两根灌浆管，第一次灌浆用灌浆管的管端距离锚杆末端 50cm 左右，筒底出口处用黑胶布等封住，以防沉放时土进入管口。第二次灌浆用灌浆管的管端距离锚杆末端 100cm 左右，管底出口处亦用黑胶布封住，且从管端 50cm 处开始向上每隔 2m 左右做出 1m 长的花管，花管的孔眼为 $\phi 8$，花管段数视锚固段长度而定。

4）注浆前用水引路，润湿，检查输浆管道；注浆后及时用水清洗搅浆、压浆设备和灌浆管等，在灌浆体硬化之前，不能承受外力或由外力引起的锚杆位移。

（6）灌浆完毕后进行养护。

（7）腰梁加工与安装

腰梁的加工安装要保证异型支承板承压面在一条直线上，才能使梁受力均匀，护坡桩施工过程中，各桩偏差大，不可能在同一平面上，有时甚至偏差较大，必须在腰梁安装中予以调整。方法是：在现场测量桩的偏差，在现场加工异型支撑板，进行调整，使腰梁承压面在同一平面上，对锚杆点也同样进行标高实测，找出最大偏差和平均值，对有腰梁的两根工字钢间距进行调整。

腰梁安装可采取直接安装和先组装成梁后整体吊装的两种方法。

直接安装法：把工字钢按设计要求放置在挡土桩上，用枕木垫平，然后焊缀板组成箱梁，其特点是安装方便省事。但后焊缀板不能通焊立缝，不易保证质量。

组装成梁后整体吊装法：在现场基坑上面将梁分段组装焊接，再运到坑内整体吊装安装。采用此法须预先测量长度，要有吊运机具，安装时用人较多，但质量可靠。可以在基坑上面同时施工，与锚杆施工平行流水作业，缩短工时。

（8）预应力强拉

1）张拉前要校核千斤顶，检查锚具硬度，清擦孔内油污、泥浆。还要处理好腰梁表面锚索孔口使其平整，避免张拉应力集中，加垫钢板，然后用 0.1～0.2 倍的轴向拉力设计值 N_t 对锚杆预张拉 1～2 次，使杆体完全平直，各部位接触紧密。

2）正式张拉前，应取设计拉力的 10%～20%，对锚杆预张拉 1～2 次，使各部位接触紧密，杆体与土体紧密，产生初剪。

3）张拉力要根据实际所需的有效张拉力和张拉力的可能松弛程度而定，一般按设计轴向力的 75%～85%进行控制。

4）当锚固段的强度大于 15MPa 并达到设计强度等级的 75%后方可进行张拉。

5）为避免相邻锚杆张拉的应力损失，可采用“跳张法”，即隔 1 拉 1 的方法。

6）张拉时宜先使横梁与托架紧贴，然后再用千斤顶进行整排锚杆的正式张拉。宜采用跳拉法或往复式张拉法，以保证钢筋或钢绞线与横梁受力均匀。

7）张拉过程中，按照设计要求张拉荷载分级及观测时间进行，每级加荷等级观测时间内，测读锚头位移不应少于 3 次。当张拉等级达到设计拉力时，保持 10（砂土）～15（黏性土）3 次，每次测读位移值不大于 1mm 才算变位趋于稳定，否则继续观察其变位，直至趋于稳定方可。

（9）锚头锁定

1）考虑到设计要求张拉荷载要达到设计拉力，而锁定荷载为设计拉力的 70%，因此张拉时的锚头处不放锁片，张拉荷载达到设计拉力后，卸荷到 0，然后在锚头处安插锁片，再张拉到锁定荷载。

2）张拉到锁定荷载后，锚片锁紧或拧紧螺母，完成锁定工作。

（10）分层开挖并做支护，进入下一层锚杆施工。

4-53 土层锚杆施工质量检验有何要求？

1. 主控项目

（1）锚杆工程所用原材料、钢材、水泥浆及水泥砂浆强度等级必须符合设计要求。

（2）锚固体的直径、标高、深度和倾角必须符合设计要求。

（3）锚杆的组装和安放必须符合《岩土锚杆（索）技术规程》CECS 22—2005 的要求。

（4）锚杆的张拉、锁定和防锈处理必须符合设计和施工规范的要求。

（5）土层锚杆的试验和监测必须符合设计和施工规范的规定。

2. 一般项目

（1）水泥、砂浆及接驳器必须经过试验，并符合设计和施工规范的要求，有合格的试验资料。

（2）在进行张拉和锁定时，台座的承压面应平整，并与锚杆的轴线方向垂直。

（3）进行基本试验时，所施加量大试验荷载（Q_{max}）不应超过钢丝、钢绞线、钢筋强度标准值的 0.8 倍。

（4）杆体外露长度不宜小于 1.2m，锚具应有防腐措施。

（5）土层锚杆施工质量检验标准应符合表 4-19 的规定。

土层锚杆施工质量检验标准　　表 4-19

项目	检查项目	允许偏差或允许值	检查方法
主控项目	锚杆长度(mm)	±30	钢尺量
	锚杆锁定力	符合设计要求	测力计
一般项目	锚杆位置(mm)	±100	钢尺量
	钻孔倾斜度(°)	±1	测钻机倾角
	注浆量(m^3)	大于理论计算浆量	检查计量数据

4-54　土层锚杆施工应注意的质量问题有哪些？

（1）在钻孔过程中，应认真控制钻进参数，合理掌握钻进速度，防止埋钻、卡钻、坍孔、掉块、涌砂和缩预等各种通病的出现，一旦发生孔内事故，应尽快进行处理并配备必要的事故处理工具。

（2）水作业钻机拔出钻杆后，外套留在孔内不会塌孔，但不宜时间过长，以防流砂涌入管内，造成堵塞。

干作业钻机拔出钻杆后要立即下钢绞线注浆，以防塌孔。

（3）锚杆安装应按设计要求，正确组装，正确绑扎，认真安插，确保锚杆安装质量。

（4）锚杆灌浆应按设计要求，严格控制水泥浆、水泥砂浆配合比，做到搅拌均匀，并使灌注设备和管路处于良好工作状态。

（5）施加预应力应根据所用锚杆类型正确选用锚具，并正确安装台座和张拉设备，保证数据准确可靠。

（6）注浆压力应高于承压水头压力且不低于1MPa。注浆前用水润湿，检查输浆管道，注浆后及时用水清洗注浆设备及注浆管。

（十二）复合土钉墙

4-55　什么是复合土钉墙支护技术？

复合土钉墙是将普通土钉墙与一种或几种单项支护技术或截水技术有机组合成的复合支护、截水体系，它的构成要素主要有土钉（钢筋土钉或钢管土钉）、预应力锚杆（索）、截水帷幕、微型桩（树根桩）、挂网喷射混凝土面层、原位土体等。

普通土钉墙，系指利用钢筋土钉和挂网喷射混凝土面层与原位土体共同形成的支挡结构，其土钉对土体虽有加固作用，但其基本受力机理仍类似于重力式挡墙，这一作用是靠土体的变形而被动发挥挡土作用的。而复合土钉墙的受力机理可归纳为截水作用与支护作用的结合；浅部土体加固与深部锚拉作用的结合；局部稳定与整体稳定的结合。

4-56 复合土钉墙支护结构的基本形式有哪几种？

复合土钉墙的基本形式有以下三种：

（1）由于钉墙和止水帷幕及预应力锚杆组合而成，如图4-36所示。

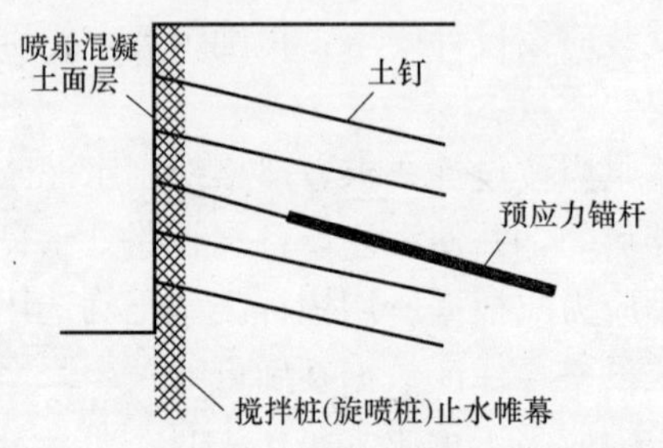

图 4-36 土钉墙＋止水帷幕＋预应力锚杆

（2）由土钉墙和微型桩及预应力锚杆组合而成，如图 4-37所示。

（3）由土钉墙、止水帷幕、微型桩和预应力锚杆组合而成，如图 4-38 所示。

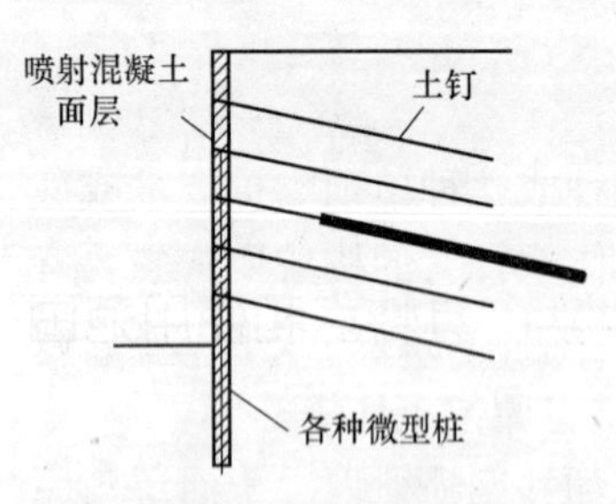

图 4-37 土钉墙＋微型桩＋预应力锚杆

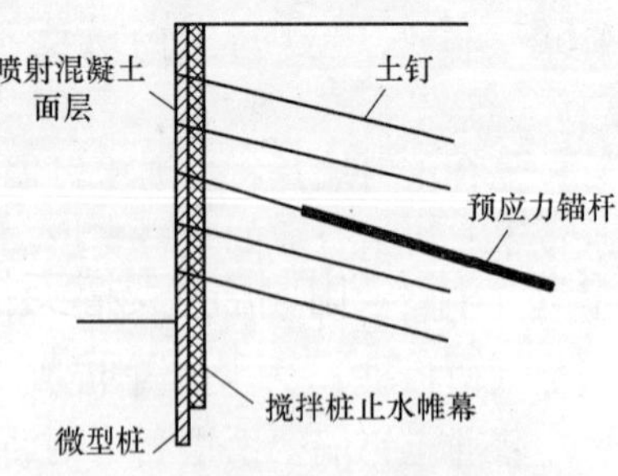

图 4-38 土钉墙＋止水帷幕＋微型桩＋预应力锚杆

4-57 复合土钉墙的适用范围是什么?

复合土钉墙的研发和成功应用，突破了普通土钉墙的使用禁区，扩大了其使用范围，主要表现在以下几个方面：

(1) 对地质条件适应性：普通土钉墙一般只适用于有一定胶结和密实程度，自立性能较好的地层。复合土钉墙对复杂地质条件适应性强，常见工程地质条件均可采用，包括回填土、淤泥质土、砂层等。

(2) 对地下水适应性：普通土钉墙一般只适用于地下水位以上或经过人工降水的地层。复合土钉墙可用于未经降水的富含水地层，截水型复合土钉墙具有“截水—支档”双重作用。

(3) 边坡形式：普通土钉墙由于地质和施工工艺要求，一般宜做成放坡型，复合土钉墙可根据需要做成放坡型、直立型或混合型。

(4) 工程规模：普通土钉墙由于基对土体加固和约束能力的限制，一般适用于基坑开挖深度较小（一般 5～12m），土质较好，具有一定坡度而且变形要求不太严格的边坡和基坑。复合土钉墙可借助预应力锚杆（索）、微型桩等加强措施提高其对地层的加固和变形控制能力，在深度 16m 以内的深基坑均可根据具体条件，灵活、合理地推广使用。

（十三）排桩内支撑支护结构

4-58 什么叫排桩内支撑支护结构? 其特点和使用范围是什么?

排桩内支撑结构体系，一般由挡土结构和支撑结构组成，二者构在一个整体，共同抵挡外力。支撑结构一般由围檩（横挡)、水平支撑、八字撑和立柱等组成（图 4-39)。围檩固定在排桩墙上，将排桩承受的侧压力传给纵、横支撑；支撑为受压构件，当长度超过一定限度时，稳定性降低，一般再在中间加设立柱，以承受支撑自重和施工荷载。立柱下端插入工程桩内，当其下无工程桩时再在其下设置专用专设桩。这样每道支撑形成一个平面支承系统，以承受平面支护桩所传来的水平力。

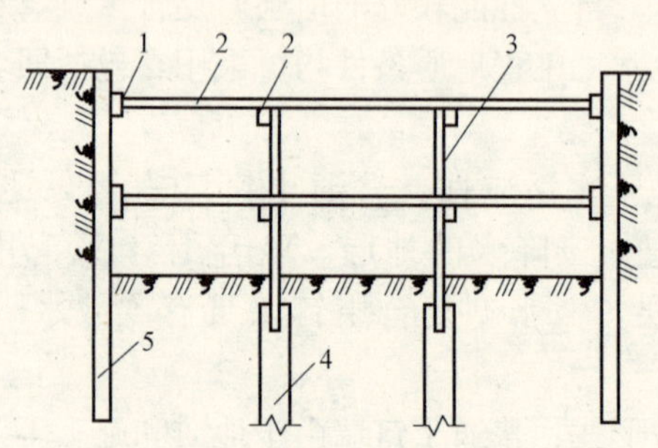

图 4-39 内支撑结构构造

1—围檩；2—纵、横向水平支撑；3—立柱；

4—工程桩或专设桩；5—围护排桩（或墙）

排桩内支撑支护结构的特点是：受力合理，安全可靠，易于控制围护排桩墙的变形；但内支撑的设置给基坑内挖土和地下室结构的施工带来不便，需要通过不断换撑来加以克服，一次投资费用较大。

排桩内支撑支护结构适用于各种不易设置锚杆的松软土层及软土地基支护。

4-59 排桩内支撑支护结构的布置是如何设置的?

（1）深基础基坑的平面形状常常是不规则的，因此支撑结构的设计要根据不同的情况因地制宜，经济合理地布置。在实际工程中，布置有很多种经过优化的施工结构支撑平面形式。支撑的平面结构形式与基坑的平面形状结合起来主要的可分为长方形、三角形、L 形、接近正方形等几种，如图 4-40～图 4-42 所示。

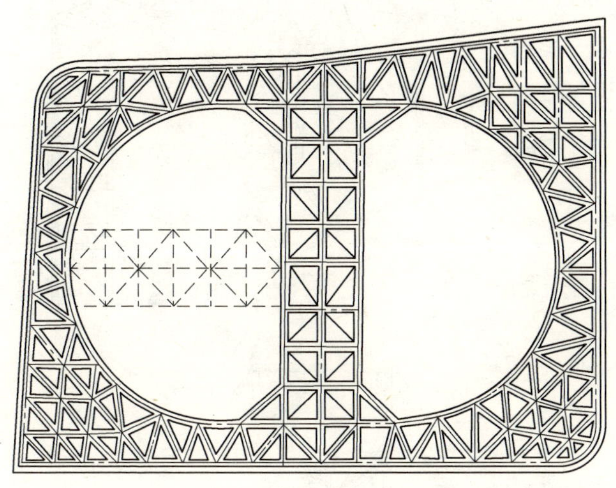

图 4-40 长方形基坑支撑结构布置

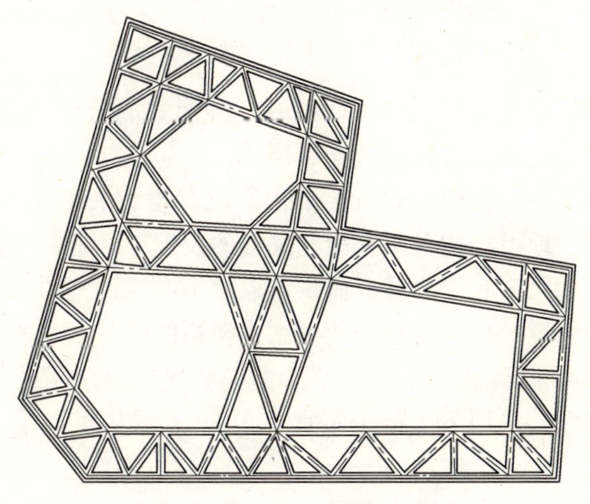

图 4-41 L 形平面支撑布置

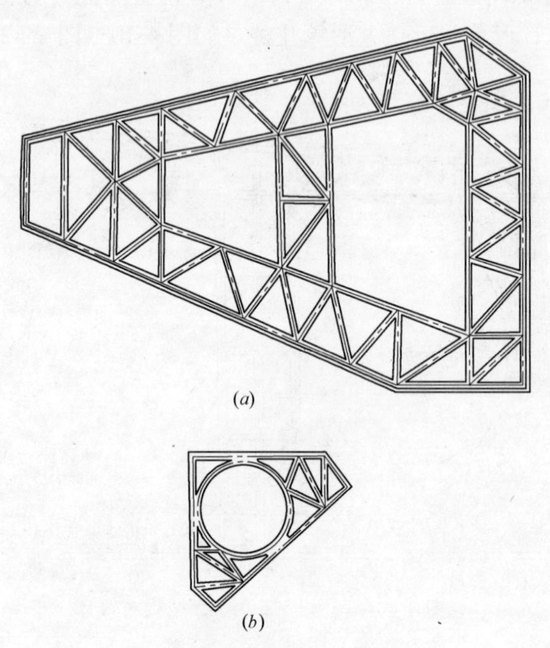

(*a*)

(*b*)

图 4-42　三角形平面支撑布置

（*a*）不等边三角形；（*b*）近似等边三角形

不同形状的支撑结构可两种或三种形式混合使用，可因地、因工程制宜地选用最合适的支撑形式。

（2）支撑在竖向的布置主要由基坑深度、围护排桩墙种类、挖土方式、地下结构各层楼面和底板的位置等确定。支撑的层数由排桩墙的刚度和受力情况而定，以使不产生过大的弯矩和变形为合适。设置的标高要避开地下结构楼板的位置，一般宜布置在楼面上下不小于 600mm，以便于支模浇筑地下结构的换撑。支撑竖向间距：采用人工挖土不宜小于 3m，采用机械挖土，不宜小于 4m。

关于支撑结构的竖向布置，下面举两个例子，一个是两道支撑的竖向布置（图 4-43），一个是三道支撑的竖向布置（图 4-44）。

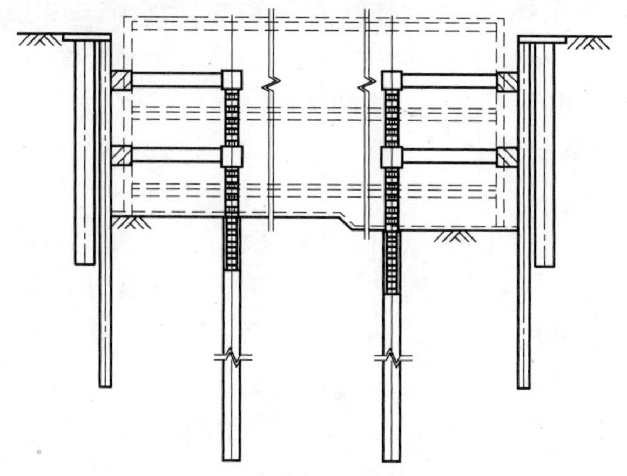

图 4-43　两道支撑竖向布置图

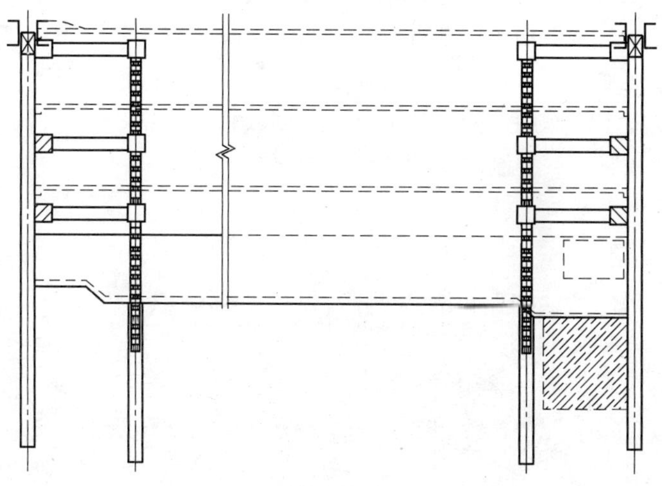

图 4-44　三道支撑竖向布置图

4-60　排桩内支撑支护一般采用哪些材料？各自的特点是什么？

支撑材料一般有钢支撑和钢筋混凝土支撑两类。

（1）钢支撑常用者有钢管和型钢，前者多采用直径为609mm、580mm、406mm钢管，壁厚有10mm、12mm、14mm等；后者多用H型钢，常用规格（mm）有200×200×8×12（高×宽×腹板厚×上下翼板厚）、250×250×9×14、300×300×10×15、350×350×12×19、400×400×13×21、594×302×14×12等，以适应不同的承载力。在纵、横向水平支撑交叉部位，可用上下叠交固定（图4-45），只纵横向支撑不在一个平面内，整体刚度要差，也可用专门制作的“十”字形定型接头，以便连接纵、横向支撑构件，使纵、横支撑处于一个平面内、刚度大，受力性能好。在端头设活络接头和琵琶式斜撑的构造，如图4-46所示。所用支撑也可做成定型工具式的，每节长度为3m、6m等，以便组合。通过法兰盘用螺栓组装成支撑所需长度，每根支撑端部有一节为活络接头，可调节长短，作为对支撑施加顶紧力之用。钢支撑的特点是：装卸方便、快速，能较快发挥支撑作用，减小变形，并可回收重复使用，可以租赁，可施加顶紧力，控制围护墙变形发展。

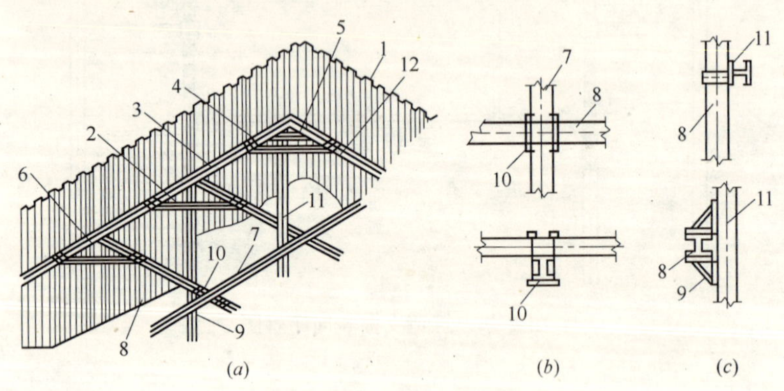

图4-45 型钢内支撑构造

（*a*）透视图；（*b*）纵、横支撑连接；（*c*）支撑与立柱连接

1—钢板式排桩；2—型钢围檩；3—连接板；4—斜撑连接件；5—角撑；6—斜撑；7—横向支撑；8—纵向支撑；9—三角托架；10—交叉部紧固件；11—立柱；12—角部连接件

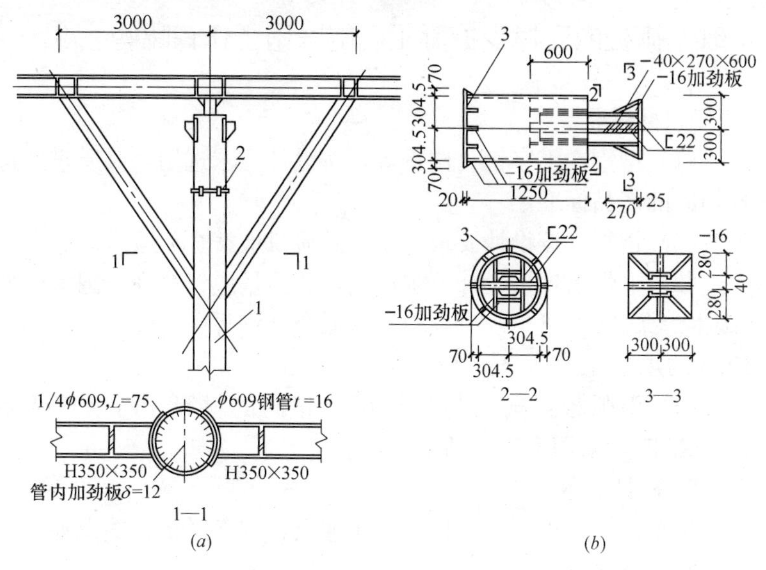

(*a*)　　(*b*)

图 4-46　琵琶撑与活络接头
(*a*) 琵琶撑；(*b*) 活络接头
1—琵琶撑；2—活络接头；3—法兰

(2) 钢筋混凝土支撑是采取随着挖土的加深，按支撑设计规定的位置，现场支模浇筑支撑，截面经计算确定，围檩和支撑截面尺寸有：600mm × 800mm（高 × 宽）、800m × 1000mm、800mm×1200mm 和 1000mm×1200mm，配筋由计算确定，对平面尺寸较大的基坑，在支撑交叉点处设支柱，以支承平面支撑。立柱可用四个角钢组成的格构式钢柱，钢管或型钢，立柱插入工程灌注桩内深度不小于 2m，当无工程桩时，则应另设专用灌注桩。

钢筋混凝土支撑的特点是：形状可多样化，可根据基坑平面形状，浇筑成最优化的布置形式，承载力高，整体性好，刚度大，变形小，使用安全可靠，有利于保护邻近建筑物和环境。但现浇费工费时，拆除困难，不能重复利用。

4-61 排桩内支撑支护施工前的准备工作有哪些?

1. 材料准备

(1) 型钢：工字钢、槽钢等，按设计要求选用，其质量应符合相应的产品标准。

(2) 钢管：按设计要求选用，其质量应符合相应产品标准。

(3) 电焊条：按设计要求选用，其质量应符合现行国家标准《碳钢焊条》GB/T 5117—1995、《低合金钢焊条》GB/T 5118—1995 的规定。

(4) 引弧板：选用与焊接母材相同的材料。当钢材选用 15MnV 时，采用 E5015 焊条。

2. 机具准备

吊车、电焊机、千斤顶、液压油泵、焊条烘箱、铁楔等。

3. 现场施工准备

(1) 支护结构（桩或地下连续墙）施工完毕并验收合格。

(2) 基坑土方开挖满足首层钢支撑施工条件。

(3) 立柱施工完毕。

(4) 支撑运输、拼装条件具备。吊装机械通道、作业场地加固均达到施工要求。

4-62 排桩内支撑支护结构施工要点有哪些?

(1) 支护结构施工基坑开挖应按“分层开挖，先撑后挖”的原则进行。

(2) 工艺流程

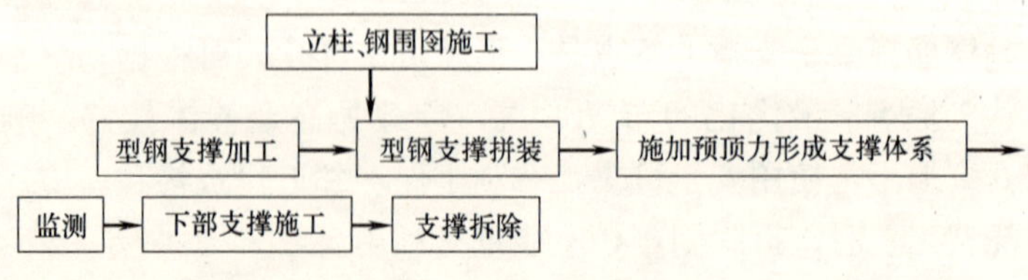

（3）型钢支撑加工

1）按设计图纸加工钢支撑。接头宜设在跨度中央 1/4～1/3 范围内。焊接工艺和焊缝质量应符合国家现行标准《建筑钢结构焊接技术规程》JGJ 81—2002 的规定。

2）加工好的型钢支撑应在加工场所进行质量验收，并编号码放。

3）钢支撑长度较长时，可分段加工制作，组装可采用法兰连接。

（4）立柱、钢围囹施工

1）立柱通常由型钢组合而成。立柱施工采用机械钻孔至基底标高，孔内放置型钢立柱，经测量定位、固定后浇筑混凝土，使其底部形成型钢混凝土柱。施工时应保证型钢嵌固深度，确保立柱稳定。立柱施工应严格控制柱顶标高和轴线位置。

2）围囹通常由型钢和钢缀板焊接而成。钢围囹通过牛腿固定到围护结构。牛腿与围护结构通过高强膨胀螺栓或预埋钢件焊接连接与钢围囹焊为一体。

3）当支护结构为连续墙时可不设钢围囹，型钢直接支撑在连续墙预埋钢板上；当支撑在帽梁上时也可取消钢围囹。

（5）型钢支撑拼装

1）待支护结构立柱、钢围囹施工验收完毕，并且土方开挖至设计支撑拼装高程，开始进行钢支撑拼装，采用吊车分段将钢支撑吊放至设计标高，并按照节点详图进行拼装。

2）钢支撑拼装组装时要求两端高程一致，水平方向不扭转，轴心成一直线。

（6）施加预顶力形成支撑体系

1）施加预顶力应根据设计轴力选用液压油泵和千斤顶，油泵与千斤顶需经标定。

2）支撑安装完毕后应及时检查各节点的连接状况，经确认符合要求后方可施加预顶力。

3）钢支撑施加预顶力时应在支撑两侧同步对称分级加载，

每级为设计值的 10%，加载时应进行变形观测。如发现实际变形值超过设计变形值时，应立即停止加荷，与设计单位研究处理。

4）钢支撑预顶锁定后，支撑端头与钢围囹或预埋钢板应焊接固定。

5）为确保钢支撑整体稳定性，各支撑之间通常采用连接杆件联系，系杆可用小断面工字钢或槽钢组合而成，通过钢箍与支撑连接固定。

（7）监测

1）钢支撑水平位移观测：主要适用经纬仪或全站仪，观测点埋设在同一支撑固定端与活端头处。

2）钢支撑挠曲变形检测：包括水平挠曲变形和竖向挠曲变形，测点布设在端部及跨中，跨度较大的支撑杆件应适当增加测点。

3）立柱竖向变形监测：测点布设在立柱顶部，使用水准仪进行监测。

4）水平位移、挠曲变形、立柱竖向变形监测在基坑支护过程中应每天测量 1 次，基坑土方开挖至槽底、基坑变形稳定后，根据实际情况确定观测频率。

5）钢支撑的轴力监测

① 钢支撑轴力测试采用测力计，测力计安装在钢支撑活接头一端，每层均应布设测力计。

② 轴力测试前对测力计进行校验并读初始数值，开始时每天读两次，土方开挖至槽底，可三天或一周读一次。

6）对各项检测记录应随时进行分析，当变形数值过大或变形速率过快时，应及时采取措施，确保基坑支护安全。

（8）当采用钢筋混凝土支撑，如构件长度较长，支撑系统宜分段浇筑，待混凝土完成主要收缩后再浇筑封闭，或再在混凝土中掺 UEA 微膨胀剂。

（9）支撑拆除

支撑拆除应按照施工方案规定的顺序进行，拆除顺序应与支撑结构的设计计算工况相一致。

4-63 排桩内支撑支护结构施工质量检验有何要求？

（1）支撑系统所用钢材的材质应符合现行国家标准《钢结构工程施工质量验收规范》GB 50205—2001 的要求。焊接质量应符合国家现行标准《建筑钢结构焊接技术规程》JGJ 81—2002 的规定。

（2）钢支撑系统工程质量检验标准应符合表 4-20 的规定。

钢支撑系统工程质量检验标准 **表 4-20**

项目	检查项目	允许偏差或允许值	检查方法
主控项目	支撑位置：标高(mm) 平面(mm)	30 100	水准仪，用钢尺量
	预加顶力(kN)	±50	油泵读数或传感器
一般项目	围囹标高(mm)	30	水准仪
	立柱位置：标高(mm) 平面(mm)	30 50	水准仪，用钢尺量
	开挖超深(开槽放支撑不在此范围)(mm)	<200	水准仪
	支撑安装时间	按照设计要求	用钟表估测

4-64 排桩内支撑支护结构施工应注意的质量问题有哪些？

（1）施工前应熟悉支撑系统的图纸及各种计算工况，掌握开挖及支撑设置的方式、预应力及周围环境保护的要求。

（2）施工过程中应严格控制开挖和支撑的程序和时间，对支撑的位置（包括立柱及立柱桩的位置）、每层开挖深度、预加顶力（如需要时）、钢围囹与支护体或支撑与围囹的密贴度应做周密检查。

(3) 型钢支撑安装时必须严格控制平面位置和高程，以确保支撑系统安装符合设计要求。

(4) 应严格控制支撑系统的焊接质量，确保杆件连接强度符合设计要求。

(5) 支护结构出现渗水、流砂升开挖面以下冒水，应及时采取止水堵漏措施，土方开挖应均衡进行，以确保支撑系统稳定。

(6) 施工中应加强监测，做好信息反馈，出现问题及时处理。全部支撑安装结束后，需维持整个系统的安全可靠，直至支撑全部拆除。

(十四) 逆作法施工

4-65 什么是逆作法施工技术？它的特点有哪些？

逆作法是施工高层建筑多层地下室常用的有效方法。

逆筑法的工艺原理是：先沿建筑物地下室轴线（地下连续墙也是地下室结构承重墙）或周围（地下连续墙等只用做支护结构）施工地下连续墙或其他支护结构，同时在建筑物内部的有关位置（柱子或隔墙相交处等，根据需要计算确定）浇筑或打下中间支承柱，作为施工期间于底板封底之前承受上部结构自重和施工荷载的支撑。然后施工地面一层的梁板楼面结构，作为地下连续墙刚度很大的支撑，随后逐层向下开挖土方和浇筑各层地下结构，直至底板封底。与此同时，由于地面一层的楼面结构已完成，为上部结构施工创造了条件，所以可以同时向上逐层进行地上结构的施工。如此地面上、下同时进行施工（图 4-47），直至工程结束。但是在地下室浇筑钢筋混凝土底板之前，地面上的上部结构允许施工的层数要经计算确定。

逆筑法施工，以地面一层楼面结构是封闭还是敞开，分为封闭式逆筑法和开敞式逆筑法。前者可以地面上、下同时进行施

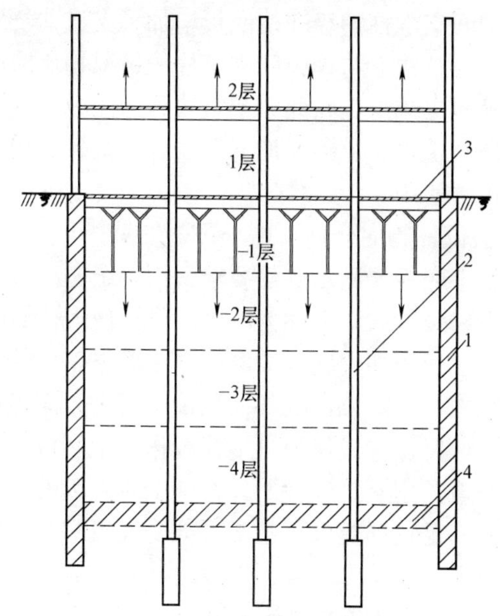

图 4-47 逆筑法的工艺原理

1—地下连续墙；2—中间支承柱；3—地面层楼面结构；4—底板

工；后者上部结构不能与地下结构同时施工，只是地下结构自上而下逐层施工。

与传统施工方法比较，用逆筑法施工多层地下室有下述优点：

1. 缩短工程施工的总工期

带多层地下室的高层建筑，如采用传统方法施工，其总工期为地下结构工期加地上结构工期，再加装修等所占之工期。而用逆筑法施工，一般情况下只有－1 层占绝对工期，其他各层地下室可与地上结构同时施工，不占绝对工期，因此可以缩短工程的总工期。

2. 基坑变形小，相邻建筑物等沉降少

采用逆筑法施工，是利用逐层浇筑的地下室结构作为周围支护结构地下连续墙的内部支撑。由于地下室结构与临时支撑相比刚度大得多，所以地下连续墙在侧压力作用下的变形就小得多。

此外，由于中间支承柱的存在使底板增加了支点，浇筑后的底板成为多跨连续板结构，与无中间支承柱的情况相比跨度减小，从而使底板的隆起也减少。因此，逆筑法施工能减少基坑变形，使相邻的建（构）筑物、道路和地下管线等的沉降减少，在施工期间可保证其正常使用。

3. 使底板设计趋向合理

钢筋混凝土底板要满足抗浮要求。用传统方法施工时，底板浇筑后支点少，跨度大，上浮力产生的弯矩值大，有时为了满足施工时抗浮要求而需加大底板的厚度，或增强底板的配筋。而当地下和地上结构施工结束，上部荷载传下后，为满足抗浮要求而加厚的混凝土，反过来又作为自重荷载作用于底板上，因而使底板设计不尽合理。用逆筑法施工，在施工时底板的支点增多，跨度减小，较易满足抗浮要求，甚至可减少底板配筋，使底板的结构设计趋向合理。

4. 可节省支护结构的支撑

深度较大的多层地下室，如用传统方法施工，为减少支护结构的变形需设置强大的内部支撑或外部拉锚，不但需要消耗大量钢材，施工费用亦相当可观。而用逆筑法施工，土方开挖后是利用地下室结构本身来支撑，作为支护结构的地下连续墙，可省去支护结构的临时支撑。

逆筑法是自上而下施工，上面已覆盖，施工条件较差，尤其是挖运土方，需采用一些特殊的施工技术，保证施工质量的要求更加严格。

（十五）降低地下水位

4-66 在基坑（槽）施工中为什么要降低地下水位？降水方法有哪几种？

在地下水位较高地区开挖深基坑时，土的含水层被切断，地下水会不断地渗流入基坑内。为了保证施工的正常进行，防止出现流砂、边坡失稳和地基承载能力下降，必须做好基坑的降水工作。降水方法有集水井降水和井点降水两类。

4-67 什么是集水井降水?

集水井降水属重力降水，是在开挖基坑时沿坑底周围开挖排水沟（最小纵向坡度为0.2%～0.5%），每隔一定距离（最大30～40m）设集水井，使基坑内挖土时渗出的水经排水沟流向集水井，然后用水泵排出基坑。排水沟和集水井的截面尺寸取决于基坑的涌水量。但是，当基坑开挖深度较大，地下水的动水压力和土的组成有可能引起流砂、管涌、坑底隆起和边坡失稳时，则宜采用井点降水方法。

4-68 井点降水有哪些特点? 井点降水方法有哪几种? 其适用降水深度如何?

井点降水是高地下水位地区基础工程施工的重要措施之一。它能克服流砂现象，稳定基坑边坡，降低承压水位防止坑底隆起和加速土的固结，使位于天然地下水位以下的基础工程能在较干燥的施工环境中进行施工。

井点降水法有轻型井点、喷射井点和电渗井点，此外还有管井法和深井泵法。

管井法是围绕开挖的基坑每隔一定距离（20～50m）设置一个管井，每个管井单独用一台水泵（离心泵、潜水泵）进行抽水，以降低地下水位，适用于土渗透系数较大（K=20～200m/d）、地下水量大的土层中。

当降水深度更大，在管井内用一般的水泵降水不能满足要求时，可改用特制的深井泵，即深井泵法。

降水方法和设备的选择，可根据土层的渗透系数、要求降水的深度和工程特点，经过技术经济和节能比较后确定。各种降水方法适用的降水深度和土的种类，可参考表 4-21。各种土的渗透系数可参考表 4-22。

降水方法适用的降水深度和土的种类　　　　表 4-21

<table>
<tr><th rowspan="2">降水深度
(m)</th><th colspan="4">土的种类</th></tr>
<tr><th>粉质黏土、砂质粉土、淤泥质土</th><th>细砂、中砂</th><th>粗砂、砾砂</th><th>砾石、卵石
(含砂粒)</th></tr>
<tr><td>3～6</td><td>单层轻型井点(真空法、电渗法)</td><td>单层轻型井点</td><td colspan="2">集水井(明排水)、轻型井点(有可能水力下沉井点时)、管井法</td></tr>
<tr><td>6～12</td><td rowspan="2">多层轻型井点、2.5 型喷射井点(真空法、电渗法)</td><td colspan="2">多层轻型井点</td><td rowspan="2">—</td></tr>
<tr><td>8～20</td><td>2.5 型或 4 型喷射井点</td><td>—</td></tr>
<tr><td>>15</td><td>—</td><td>—</td><td colspan="2">深井泵法</td></tr>
</table>

土的渗透系数参考表　　　　表 4-22

土的种类	渗透系数 K(m/d)
黏土	0.001
粉质黏土	0.001～0.05
黏质粉土	0.05～0.1
砂质粉土	0.1～0.5
粉砂	0.5～1.0
细砂	1.0～5.0
中砂	5～20
粗砂	20～50
砾石	>50

4-69　什么是表面排水或明沟与集水井降水法？

在开挖基坑的一侧、两侧或四周，或在基坑中部设置排水明沟，在四角或每隔 20～30m 设一集水井，使地下水流汇入集水井内，再用水泵将地下水排出基坑。

排水沟深度应始终保持比挖土面低 0.5m 左右；集水井应比

排水沟低0.5～1m，或深于抽水泵进水阀的高度，并随基坑的挖深而加深，使地下水位低于开挖基坑底的0.5m。

一侧排水沟应设在地下水的上游。一般小面积基坑排水沟深0.3～0.6m，底宽应不小于0.2～0.3m，沟底设有0.2%～0.5%的纵坡，使水流不致阻塞。较大面积基坑排水时，沟和井的截面积应适当加大。

集水井一般截面为0.6m×0.6m～0.8m×0.8m，井壁用木方、木板或竹筐支撑加固，井底应填以碎石或卵石层，水泵抽水龙头应包以滤网。

本法适用于土质情况较好，地下水不很旺的一般基础和中等面积基础群的基坑排水。

4-70 什么是分层明沟排水?

当基坑开挖土层由多种土组成，中间夹有透水性强的砂类土，为避免上层地下水冲刷基坑下部边坡，造成直接经济损失塌方，可在基坑边坡上设置2～3层明沟及相应的集水井，分层阻截并排除上部土层中的地下水。排水沟与集井水的设置，应注意防止上层排水沟的地下水溢流向下层排水沟，冲坏、掏空下部边坡，造成塌方。本法可保持基坑边坡稳定，减少边坡高度和扬程。适用于深度较大、地下水位较高，且上部有透水性强的土层的建筑物基坑排水。

4-71 什么是深层明沟排水?

当地下基坑相连，土层渗水量和排水面积大，为减少大量设置排水沟的复杂性，可在基坑外距坑边6～30m或是基坑内深基础部位开挖一条纵、长、深的明排水沟作为主沟，使附近基坑地下水沟均通过深沟自行流入下水道。在建（构）筑物四周或内部设支沟与主沟连通，将水流引入主沟排走，排水沟的沟底应比最深基坑底低 0.5～1.0m。主沟比支沟低 50～70cm，通过基础部位用碎石及砂子做盲沟，以后在基坑回填前分段用黏土回填夯实截断，以免地下水在沟内继续流动破坏地基土。深层明沟亦可设在厂房内或四周的永久性排水沟位置，集水井宜设在深基础部位或附近。

本法适用于深度大的大面积地下室、箱基、设备基础群等施工时降低地下水位。

4-72 什么是暗沟排水？

在场地狭窄、地下水很大的情况下，设置明沟较困难，可结合工程设计，在基础底板四周设暗沟（又称盲沟）。暗沟的排水沟坡向集水井。在挖土时先挖排水沟，随挖随加深，形成连通基坑内外的暗沟系统，以控制地下水位，至基坑底板后做成暗沟，使基础周围地下水流向永久性下水道或集中到永久性排水井，用水泵将地下水抽走。

本法适用于基坑深度较大、场地狭窄、地下水较旺的构筑物基坑排水。

4-73 什么是轻型井点降水？

轻型井点降水系在基坑的四周或一侧埋设井点管深入含水层内，井点管的上端通过连接弯管与集水总管连接，集水总管再与真空泵和离心水泵相连，起动抽水设备，地下水便在真空泵吸力的作用下，经滤水管进入井点管和集水总管，排除空气后，由离心水泵的排水管排出，使地下水位降到基坑底以下（图 4-48）。本法具有机具简单、使用灵活、装卸方便、降水效果好、防止流砂现象发生、提高边坡稳定、费用较低等优点，但需配置一套井点设备。适用于渗透系数为 0.1～50m/d 的土以及土层中含有大量的细砂和粉砂的土，或明沟排水易引起流砂、塌方等情况。

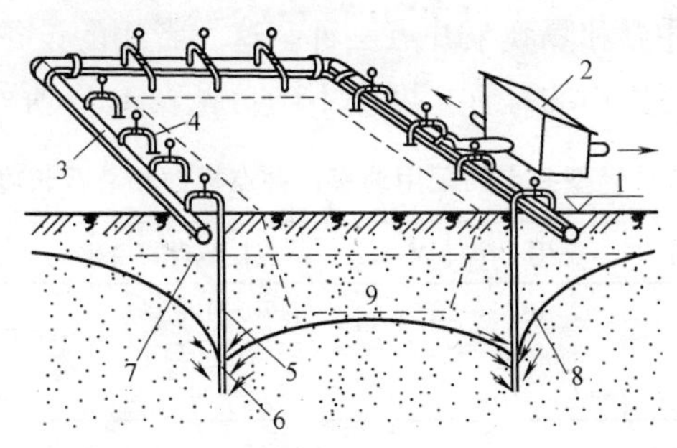

图 4-48　轻型井点降低地下水位全貌图

1—地面；2—水泵房；3—总管；4—弯联管；5—井点管；6—滤管；
7—原有地下水位线；8—降低后地下水位线；9—基坑

4-74　轻型井点设备包括哪些？

轻型井点设备主要包括：井管（下端为滤管）、集水总管、水泵和动力装置等。

1. 井管

井管长 6m，滤管长 1.0～1.2m，井管与滤管用螺栓套头连接。滤管的骨架管为外径 38mm 或 51mm 的无缝钢管，管面上钻有 $\phi12$ 的星棋状排列的滤孔，滤孔面积为滤管表面积的20%～25%。滑架管外面包以两层孔径不同的塑料布滤网。为使水流畅通，在骨架管与滤网之间用梯形钢丝隔开，梯形钢丝沿骨架管绕成螺旋形。滤网外面再绕一层粗钢丝保护网，滤管下端为铸铁塞头。

2. 集水总管

集水总管为内径 127mm 的无缝钢管，每段长约 4m，其上装有与井管连接用的短接头，间距 0.8m 或 1.2m。总管与井管用 90°弯头或塑料管连接。

3. 水泵和动力设备

根据水泵和动力设备的不同，轻型井点分为干式真空泵井点、射流泵井点和隔膜泵井点三种。这三者用的设备不同，其所配用功率和能负担的总管长度亦不同，见表 4-23 所列。

各种轻型井点的配用功率、井点根数和总管长度　表 4-23

轻型井点类别	配用功率(kW)	井点根数(根)	总管长度(m)
干式真空泵井点	18.5～22	70～100	80～120
射流泵井点	7.5	25～40	30～50
隔膜泵井点	3	30～50	40～60

(1) 干式真空泵井点的抽水机组由干式真空泵、离心水泵和气水分离箱组成（图 4-49）。主机的工用原理是：开动干式真空泵 19，将气水分离箱 10 内部抽成一定程度的真空，在真空吸力作用下，地下水经滤管 1、井管 2 吸上，经弯管和阀门进入总管

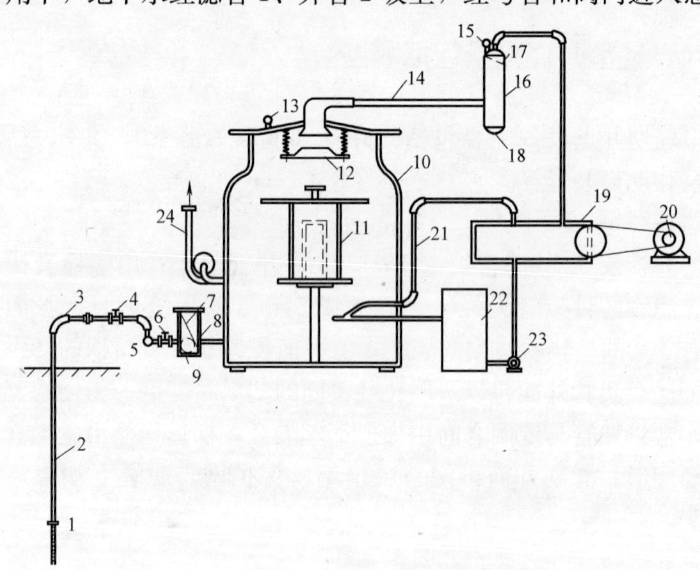

图 4-49　轻型井点设备主机原理图

1—滤管；2—井管；3—弯管；4—阀门；5—集水总管；6—集水总管的闸门；7—滤网；8—过滤室；9—掏砂孔；10—气水分离箱；11—浮筒；12—进气管阀门；13—真空计；14—进水管；15—真空计；16—分水室；17—挡水板；18—放水口；19—真空泵；20—电动机；21—冷却水管；22—冷却水箱；23—冷却循环水泵；24—离心泵

5，由此再经过滤室 8（进一步过滤泥沙，以免其进入离心泵引起磨损）进入气水分离箱 10，气水分离箱内有一浮筒 11，沿中间导杆升降，当气水分离箱内的水多起来时，浮筒上升，此时开动离心泵 24 将气水分离箱内的水排出。

为防止水进入干式真空泵，在真空泵与进水管之间装一分水室 16。为对真空泵进行冷却，特设一冷却循环水泵 23。

这种井点是应用最早的一种，对不同渗透系统的土具有较大的适应性，排水和排气能力大。一套抽水机组通常设干式真空泵 1 台，离心水泵 2 台，2 台离心水泵既作为互相备用，又可在地下水量大时一起开泵排水。干式真空泵和离心水泵根据土的渗透系数和涌水量选用。常用的干式真空泵为 W_1 型、W_3 型，其抽气速率分别为 370m³/h、200m³/h。常用离心水泵为 BA 型水泵，有各种型号（从 2BA-6 到 8BA-25），根据需要选用。

（2）射流泵井点，由喷射扬水器（亦称喷嘴混合室）、BA 型（或 BL 型）离心水泵和循环水箱组成。目前多用 3BA-9 型离心水泵，电动机功率 7.5kW。射流泵能产生较高真空度，但排气量小，稍有漏气则真空度易下降，因此它带动的井点根数较少。但它耗电较少，重量轻，体积小，机动灵活。喷嘴易磨损，直径变大则效率降低。使用时保持水质清洁极为重要。

（3）隔膜泵井点是单根井点平均消耗功率最少的井点。它均用双缸隔膜泵，配 3kW 电动机，机组构造简单。隔膜泵的底座应安装得平整稳固，泵出水口的排水管应平接不得上弯，否则影响泵功能。隔膜泵内皮碗易磨损，要注意安装质量。

4-75 轻型井点降水的井点是如何进行平面布置的？

一些施工经验成熟的地区和单位，从实践中掌握了一定的规律，按一般常用的间距进行布置。但是对于多层井点系统、近河岸处的井点、渗透系数很大的土中的井点以及非标准的井点系统，仔细地进行完整的计算还是必要的。

井点系统的平面布置，主要取决于基坑的平面形状和要求降低水位的深度。应尽可能将要施工的建筑物的各主要部分都包围在井点系统之内。开挖窄而长的沟槽时，可按线状井点布置，如沟槽宽度不大于 6m，水位降低又不大于 5m 时，可用单排线状井点，布置在地下水流的上游一侧，两端适当加以延伸（一般不小于沟槽宽度）。如沟槽宽度大于 6m，或土质不良，宜用双排线状井点。面积较大的基坑宜用环状井点（图 4-50），有时亦可布置成 U 形。环状井点的四角部分应适当加密。井管距离基坑壁一般不小于 0.5m，以防漏气。

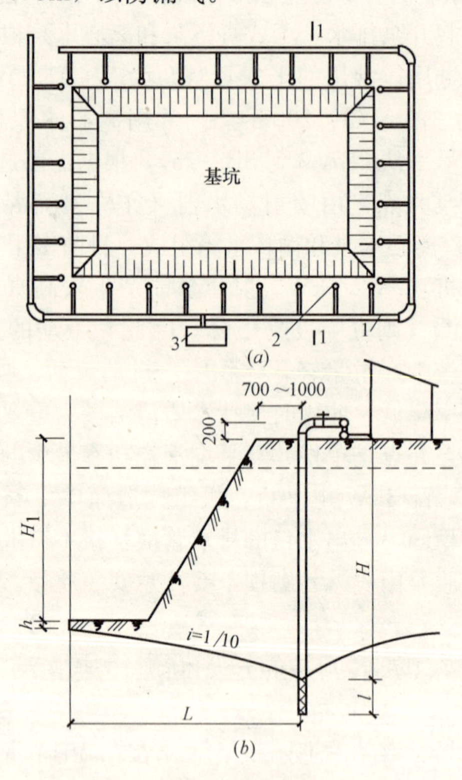

图 4-50 环状井点

（a）平面布置；（b）高程布置

1—总管；2—井管；3—泵站

进行井点系统的高程布置时，井管的埋设深度 H（不包括滤管）按下式计算（图 4-50）：

$$H \geqslant H_1 + h + iL(\mathrm{m})$$

式中 H_1——井管埋设面至基坑底的距离（m）；

h——基坑轴线上降低后的地下水位至基坑底的距离，一般不小于 0.5m；

i——地下水降落坡度，环状井点为 1/10，单排线状井点为 1/5；

L——井管至基坑轴线的水平距离（m）。

此外，确定井管埋设深度时，还要考虑到井管一般要露出地面 0.2m 左右。

如算出之 H 值大于井管长度，地下水位如距离地面较深，则可设法降低总管的标高，使其接近地下水位。否则，则表示一层井点达不到规定的降水深度，应改用两层井点。

各段总管和滤管最好设在同一水平面上，不宜高差悬殊。

4-76 轻型井点降水施工工艺要点有哪些？

本工艺要点适用的含水层为人工填土、黏性土、粉质黏土和砂土，含水层的渗透系数 $K=0.1\sim20.0\mathrm{m/d}$；适用的降水深度：单级井点 3～6m，多级井点 6～12m。

1. 施工准备

（1）材料

主要包括井点管、砂滤层（黄砂和小砾石）、滤网、黏土（用于井点管上口密封）和绝缘沥青（用于电渗井点）等。

（2）主要机具

成孔设备有：钻孔法成孔时，采用长螺旋钻机；冲孔法成孔时，采用起重机和冲水机具。

洗井设备：用空气压缩机。

降水设备：主要有井点管、连接软管、集水总管、抽水机组和排水管。

2. 工艺要点

(1) 测设井位、铺设总管

1) 根据设计要求测设井位、铺设总管。为增加降深，集水总管平台应尽量放低，当低于地面时，应挖沟使集水总管平台标高符合要求，平台宽度为1.0～1.5m。当地下水位降深小于6m时，宜用单级真空井点；当井深为6～12m且场地条件允许时，宜用多级井点，井点平台的级差宜为4～5m。

2) 开挖排水沟。

3) 根据实地测放的孔位排放集水总管，集水总管应远离基坑一侧。

4) 布置观测孔。观测孔应布置在基坑中部、边角部位和地下水的来水方向。

(2) 钻机就位

1) 当采用长螺旋钻机成孔时，钻机应安装在测设的孔位上，使其钻杆轴线垂直对准钻孔中心位置，孔位误差不得大于150mm。使用双侧吊线坠的方法校正调整钻杆垂直度，钻杆倾斜度不得大于1%。

2) 当采用水冲法成孔时，起重机安装在测设的孔位上，用高压胶管连接冲管与高压水泵，起吊冲管对准钻孔中心，冲管倾斜角度不得大于1%。

(3) 钻（冲）井孔

1) 对于不易产生塌孔缩孔的地层，可采用长螺旋钻机施工成孔，孔径为300～400mm，孔深比井深大0.5m。易塌土冲孔需加套管，其成孔工艺可参见“长螺旋成孔灌注桩施工工艺标准”相关的内容。

2) 对易产生塌孔缩孔的松软地层采用水冲法成孔时，使用起重设备将冲管起吊插入井点位置，开动高压水泵边冲边沉，同时将冲管上下左右摆动，以加剧土体松动。冲水压力根据土层的坚实程度确定：砂土层采用0.5～1.25MPa；黏性土采用0.25～

1.50MPa。冲孔深度应低于井点管底0.5m。冲孔达到预定深度后应立即降低水压，迅速拔出冲管，下入井点管，投放滤料，以防止孔壁坍塌。

（4）沉设井点管

沉设井点管应缓慢，保持井点管位于井孔正中位置，禁止剐蹭井壁和插入井底，发现有上述现象发生，应提出井点管对过滤器进行检查，合格后重新沉设。井点管应高于地面300mm，管口应临时封闭以免杂物进入。

（5）投放滤料

1）滤料应从井管四周均匀投放，保持井点管居中，并随时探测滤料深度，以免堵塞架空。滤料顶面距离地面应为2m左右。

2）向井点内投入的滤料数量，应大于计算值的5%～15%，滤料填好后再用黏土封口。

（6）洗井

1）投放滤料后应及时洗井，以免泥浆与滤料产生胶结，增大洗井难度。洗井可用清水循环法和空压机法。应注意采取措施防止洗出的浑水回流入孔内。洗井后如果滤料下沉应补投滤料。

2）清水循环法：可用集水总管连接供水水源和井点管，将清水通过井点管循环洗井，浑水从管外返出，水清后停止，立即用黏性土将管外环状间隙进行封闭以免塌孔。

3）空压机法：采用直径20～25mm的风管将压缩空气送入井点管底部过滤器位置，利用气体反循环的原理将滤料空隙中的泥浆洗出。宜采用洗、停间隔进行的方法洗井。

（7）黏性土封填孔口：洗井后应用黏性土将孔口填实封平，防止漏气和漏水。

（8）连接、固定集水总管：井点管施工完成后应使用高压软管与集水总管连接，接口必须密封。各集水总管之间宜设置阀门，以便对井点管进行维修。各集水总管宜稍向管道水流下游方向倾斜，然后将集水总管进行固定。为减少压力损失，集水总管的标高应尽量降低。

(9) 安装抽水机组：抽水机组应稳固地设置在平整、坚实、无积水的地基上，水箱吸水口与集水总管处于同一高程。机组宜设置在集水总管中部，各接口必须密封。

(10) 安装排水管：排水管径应根据排水量确定，并连接严密。

(11) 抽水：轻型井点管网安装完毕后，进行试抽。当抽水设备运转一切正常后，整个抽水管路无漏气现象，可以投入正式抽水作业。开机一周后，将形成地下降水漏斗，并趋向稳定，土方工程一般可在降水10d后开挖。

(12) 井点拆除：地下建（构）筑物竣工并进行回填土后，方可拆除井点系统，井点管拆除一般多借助于倒链、起重机等，所留孔洞用土或砂填塞，对地基有防渗要求时，地面以下2m应用黏土填实。

4-77 轻型井点降水施工质量检验有何要求?

(1) 滤料、管材、过滤器的产品质量应符合设计要求。

(2) 降水期间，在基坑底任何部位的实际降水深度应不低于设计预定的降水深度。

(3) 各组井点系统的真空度应保持在55.3～66.7kPa之间，压力应保持在0.16MPa。

(4) 轻型井点施工质量检验标准见表4-24所列。

轻型井点施工质量检验标准　　表4-24

检查项目		允许偏差或允许值	检查方法
过滤器	骨架管孔隙率(%)	≥15	用钢尺测量、计算
	缠丝间隙＝滤料 D_{10} 的倍数	1.0	取土样做筛分试验
	网眼尺寸＝砂土类含水层 d_{50} 的倍数	1.5～2.5	

续表

检查项目		允许偏差或允许值	检查方法
滤料规格	D_{50}＝砂土类含水层 d_{50} 的倍数	6～8	
	D_{50}＝砂石土类含水层 d_{20} 的倍数	6～8	
	不均匀系数 η	≤2	
抽排水含砂量(体积比)		＜1/1000	取水样做试验
井管间距(与设计对比)(mm)		≤150	用钢尺量
井管垂直度(%)		1	插管时目测
井管插入深度(与设计对比)(mm)		≤200	水准仪
过滤砂砾料填灌(与设计对比)(%)		≤5	检查回填料用量
井管真空度(kPa)		＞6	真空度表
降水深度		符合设计要求	稳定 24h

4-78 轻型井点降水季节施工要求有哪些?

1. 雨期施工

(1) 雨期降水时，集水总管平台地面应硬化处理，并挖好排水沟和集水坑，及时将井孔周围的积水排走，确保场地内无积水。

(2) 地面水不得渗入和流入基坑，遇大雨或暴雨必须及时排除基坑内积水。

(3) 抽水机组应架设防雨设施

2. 冬期施工

(1) 应及时排除井孔周围的积水，防止积水。

(2) 冬季时抽水机组应有避风、防冻的保温措施，以防冻坏井管。

(3) 停泵时应及时放空导管和水泵内的存水。

4-79 轻型井点降水施工应注意的质量问题有哪些？

（1）为防止滤网损坏，在井管放入前，应认真检查，以保证滤网完好。

（2）降水期间应对抽水设备的运行状况进行维护检查，每天不应少于3次并做好记录。发现有地下水管线漏水、地表水入渗时，应及时采取断水、堵漏、降水等措施进行治理。

（3）当发现井点管不出水时，应判别井点管是否淤塞。发现井点失效，严重影响降水效果时，应及时拔管进行处理。

（4）井点系统应以单根集水总管为单位，围绕基坑布置。当井点环境度超过40m时，可征得设计同意，在中部设置临时井点系统进行辅助降水。当井点环不能封闭时，应在开口部位向基坑外侧延长1/2井点环宽度作为保护段，以确保降水效果。

（5）在抽水过程中，特别是开始抽水时，应检查有无井点淤塞的死井，如死井数量超过10%，则严重影响降水效果，应及时采取措施，采用高压水反复冲洗处理。

（6）井点位置应距坑边2～2.5m，以防止井点设置影响边坑土坡的稳定性。

（7）井点抽水时应保持要求的真空度，除降水系统做好密封外，还应采取保护坡面的措施，以避免随着开挖的进行使坡面因暴露造成漏气。

（8）降水设计所采用的含水层渗透系数必须可靠，重大工程的井点降水应做现场抽水试验确定，以防因设计不当影响降水。

4-80 什么是喷射井点？

当降水深度超过6m时，一层轻型井点即不能收到预期效果，就需要采用多级轻型井点。这样会增大基坑挖土量，增加设备用量和延长工期。为此，可考虑采用喷射井点。

喷射井点是在井点管内部装设特制的喷射器，用高压水泵或空气压缩机通过井点管中的内管向喷射器输入高压水（喷水井点）或压缩空气（喷气井点）形成水气射流，将地下水经井点外管与内管之间的间隙抽出排走。本法设备较简单，排水深度大，可达 8～20m，比多层轻型井点降水设备少，基坑土方开挖量少，施工快，费用低。喷射井点适用于基坑开挖较深、降水深度大于 6m、土渗透系数为 3～50m/d 的砂土或系数为 0.1～3m/d 的粉砂、淤泥质土、粉质黏土中使用。

喷射井点的工作原理如图 4-51、图 4-52 所示。喷射井点的主要工作部件是喷射井管内管底端的扬水装置——喷嘴和混合室（图 4-52），当喷射井点工作时，由地面高压离心水泵供应的高压工作水，经过内外管之间的环形空间直达底端，在此处高压工作水由特制内管的两侧进水孔进入至喷嘴喷出，在喷嘴外由于过

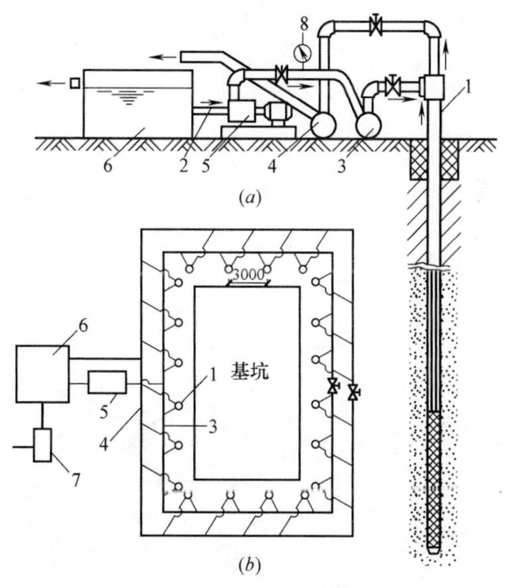

图 4-51　喷射井点布置图

(a) 喷射井点设备简图；(b) 喷射井点平面布置图

1—喷射井管；2—滤管；3—供水总管；4—排水总管；

5—高压离心水泵；6—水池；7—排水泵；8—压力表

水断面突然收缩变小，使工作水流具有极高的流速（30～60m/s），在喷口附近造成负压（形成真空），因而将地下水经滤管吸入，吸入的地下水在混合室与工作水混合，然后进入扩散室，水流从动能逐渐转变为位能，即水流的流速相对变小，而水流压力相对增大，把地下水连同工作水一起扬升出地面，经排水管道系统排至集水池或水箱，由此再用排水泵排出。

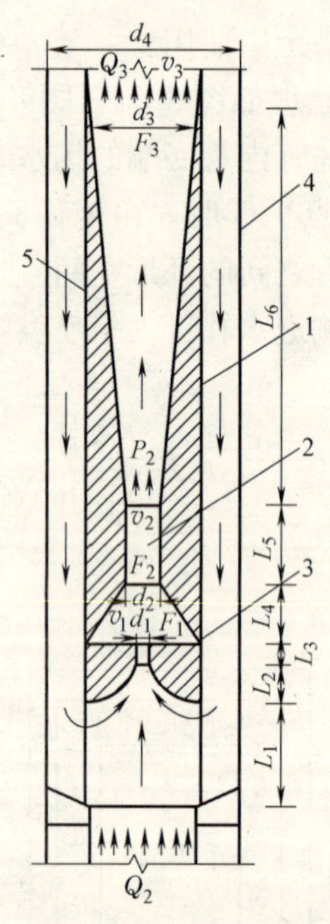

图 4-52　喷射井点扬水装置（喷嘴和混合室）构造

1—扩散室；2—混合室；3—喷嘴；4—喷射井点外管；5—喷射井点内管；L_1—喷射井点内管底端两侧进水孔高度；L_2—喷嘴颈缩部分长度；L_3—喷嘴圆柱部分长度；L_4—喷嘴口至混合室距离；L_5—混合室长度；L_6—扩散室长度；d_1—喷嘴直径；d_2—混合室直径；d_3—喷射井点内径直径；d_4—喷射井点外管直径；Q_2—工作水加吸入水的流量（$Q_2=Q_1+Q_0$）；P_2—混合室末端扬升压力（MPa）；F_1—喷嘴断面积；F_2—混合室断面积；F_3—喷射井点内管断面积；v_1—工作水从喷嘴喷出时的流速；v_2—工作水与吸入水在混合室的流速；v_3—工作水与吸入水排出时的流速

4-81　喷射井点的布置和使用应注意哪些问题?

（1）采用喷射井点时，当基坑宽度小于 10m 可单排布置，大于 10m 则双排布置，当基坑面积较大时，宜环形布置。井点间距一般为 2～3m。埋设时冲孔直径约 400～600mm，深度应大于滤管底 1m 以上。

（2）利用喷射井点降低地下水位，扬水装置加工的质量和精度非常重要。如喷嘴的直径加工不精确，尺寸加大，则工作水流量需要增加，否则真空度将降低，影响抽水效果。如果喷嘴、混合室和扩散室的轴线不重合，产生偏差，则不但会降低真空度，而且由于水力冲刷，磨损较快，需经常更换，会给施工带来麻烦。

（3）工作水要干净，不得含泥沙和其他杂物，尤其在工作初期更应注意工作水的干净，因为此时抽出的地下水可能较混浊，如不经过很好的沉淀即用做工作水，会使喷嘴、混合室等部位很快的磨损。如果扬水装置已磨损，在使用前应及时更换。

用喷射井点降水，为防止产生工作水反灌现象，在滤管下端最好增设逆止球阀。

（4）喷射井点曾有 2.5、4、6 三种型号，其喷嘴直径分别为 7mm、12mm，18mm，分别适用于渗透系数 0.1～5m/d、8～10m/d、20～50m/d 的土层。但目前主要使用 2.5 型的喷射井点，因为它在弱透水层中能充分发挥其深层真空降水作用。在透水性大的土层中，地下水易进入井点，采用重力降水就可解决问题，此时降水设备的主要作用是把井内的地下水提升到地面排出。由于喷射井点的能量转换次数多，效率降低，此种情况下就不如采用深井泵节能效益好，深井泵在深基坑降水中应用渐多。一般喷射井点适用的渗透系数上限为 2m/d。

4-82　什么是电渗井点?

电渗井点是在降水井点管的内侧打入金属棒（钢筋、钢管等），连以导线。以井点管为阴极，金属棒为阳极，通入直流电后，土颗粒自阴极向阳极移动，称电泳现象，使土体固结；地下水自阳极向阴极移动，称电渗现象，使软土地基易于排水，如图4-53所示。它用于渗透系数小于0.1m/d的土层。

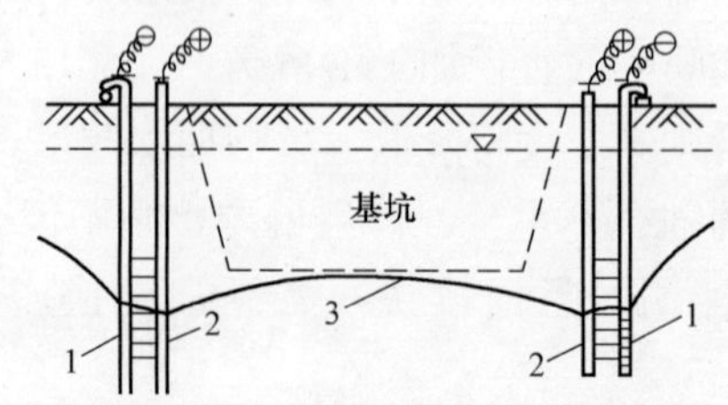

图4-53　电渗进点原理图

1—井点管；2—金属棒；3—地下水降落曲线

在饱和黏性土中，特别是在淤泥和淤泥质土中，由于土的渗透系数很小，使用重力或真空作用的一般轻型井点降水效果很差，此时宜采用电渗井点排水。它是利用黏土中的电渗现象和电泳特征，使黏性土空隙中的水流动加快，起到一定的疏干作用，从而使软土地基排水效率得到提高。本法与轻型井点或喷射井点结合使用效果更好，与电渗一起产生的电泳作用，能使阳极周围土体加密，并可防止黏土颗粒淤塞井点管的过滤网，保证井点正常抽水，增加的费用甚微。

电渗井点是以轻型井点管或喷射井点管作阴极，ϕ20～ϕ25的钢筋或ϕ50～ϕ75的钢管为阳极，埋设在井点管内侧，与阴极并列或交错排列。当用轻型井点时，两者的距离为0.8～1.0m；当用喷射井点时则为1.2～1.5m。阳极入土深度应比井点管深500mm，露出地面200～400mm。阴、阳极数量相等，分别用电线联成通路，接到直流发电机或直流电焊机的相应电极上。

电渗井点降水的工作电压不宜大于60V。土中通电的电流密度宜为0.5～1.0A/m^2。为避免大部分电流从土表面通过，降低电渗效果，通电前应清除阴阳极间地面上的导电物，使地面保持干燥，如涂一层沥青则绝缘效果更好。通电时，为消除由于电解作用产生的气体积聚在电极附近，使土体电阻增大，加大电能消耗，宜采用间隔通电法，即每通电24h，停电2～3h。在降水过程中，应量测和记录电压、电流密度、耗电量及水位变化。

4-83　什么是管井井点?

管井井点由滤水井管、吸水管和抽水机械等组成。管井井点设备较为简单，排水量大，降水较深，较轻型井点具有更大的降水效果，可替换多组轻型井点作用，水泵设在地面，易于维护。管井井点适用于渗透系数较大，地下水丰富的土层、砂层或用明沟排水法易造成土粒大量流失，引起边坡塌方及用轻型井点难以满足要求的情况下使用。但管井属于重力排水范畴，吸程高度受到一定限制，要求渗透系数较大（20～200m/d），降水深度仅为3～5m。

4-84　什么是深井井点?

深井井点是在深基坑的周围埋置深于基底的井管，通过设置在井管内的潜水电泵将地下水抽出，使地下水位低于坑底。本法具有排水量大，降水深（>15m），不受吸程限制，排水效果好；井距大，对平面布置的干扰小；可用于各种情况，不受土层限制；成孔用人工或机械均可，易于解决；井点制作、降水设备及操作工艺、维护均较简单，施工速率快；如果井点管采用钢管、塑料管，可以整根拔出重复使用；单位降水费用低等优点。深井井点适用于渗透系数较大（10～250m/d），砂类土、地下水丰富、降水深、面积大、时间长的情况，对于流砂的地区和重复挖填土方地区使用，效果尤佳。

参考文献

[1] 建筑施工手册编写组. 建筑施工手册 第四版. 北京：中国建筑工业出版社，2003.

[2] 杨嗣仪，侯君伟. 高层建筑施工手册 第二版. 北京：中国建筑工业出版社，2005.

[3] 赵志缙，于晓音. 地下与基础工程百问. 北京：中国建筑工业出版社，2001.

[4] 北京建工集团有限责任公司. 建筑分项工程施工工艺标准. 北京：中国建筑工业出版社，2008.

[5] 江正荣. 建筑施工工程师手册 第三版. 北京：中国建筑工业出版社，2009.